中国青少年成长必读书

青少年自然常识一本通

石　侃/编著

珍藏版

当代世界出版社

图书在版编目（CIP）数据

青少年自然常识一本通/石侃编著：—北京：当代世界出版社，2010. 8

ISBN 978 -7 -5090 -0664 -1

Ⅰ. ①青…　Ⅱ. 石…　Ⅲ. ①自然科学—青少年读物　Ⅳ. ①N49

中国版本图书馆 CIP 数据核字（2010）第 142962 号

书　　名：青少年自然常识一本通
出版发行：当代世界出版社
地　　址：北京市复兴路 4 号（100860）
网　　址：http：//www. worldpress. com. cn
编务电话：（010）83908400
发行电话：（010）83908410（传真）
（010）83908408
（010）83908409
（010）83908423（邮购）
经　　销：新华书店
印　　刷：香河宏润印刷有限公司
开　　本：710 × 1000　1/16
印　　张：16
字　　数：200 千字
版　　次：2011 年 5 月第 1 版
印　　次：2011 年 5 月第 1 次印刷
书　　号：ISBN 978 -7 -5090 -0664 -1
定　　价：29. 80 元

前　言

自然界里千变万化的一物，吸引着每一个好奇好问的青少年，在他们的脑海里，有着许许多多的为什么，多么希望得到及时的解答啊！

为了满足广大青少年的求知需要，帮助他们了解自然界的客观规律，插上理想的翅膀去探索大自然的奥秘，长大为人类造福，编著了这本《青少年自然常识一本通》。

什么是自然？自然是和人为相对的。自然是非人力所造的。

现在的研究证明，大约在50亿年前，从太阳星云中分离出一些大大小小的星云团块。它们一边绕太阳旋转，一边自转。在运动过程中，互相碰撞，有些团块彼此结合，由小变大，逐渐成为原始的地球。星云团块碰撞过程中，在引力作用下急剧收缩，加之内部放射性元素蜕变，使原始地球不断受到加热增温；当内部温度达到足够高时，地内的物质包括铁、镍等开始熔解。在重力作用下，重的下沉并趋向地心集中，形成地核；轻者上浮，形成地壳和地幔。在高温下，内部的水分汽化与气体一起冲出来，飞升入空中。但是由于地心的引力，它们不会跑掉，只在地球周围，成为气水合一的圈层。

位于地表的一层地壳，在冷却凝结过程中，不断地受到地球内部剧烈运动的冲击和挤压，因而变得褶皱不平，有时还会被挤破，形成地震与火山爆发，喷出岩浆与热气。开始，这种情况发生频繁，后来渐渐变少，慢慢稳定下来。这种轻重物质分化，产生大动荡、大改组的过程，大概是在45亿年前完成了。

地壳经过冷却定形之后，地球就像个久放而风干了的苹果，表面皱纹密布，凹凸不平。高山、平原、河床、海盆，各种地形一应俱全了，于是，有了日月星，江河湖海和植物，动物，和人类……这些都非人力所造，当称之为自然！

可见，自然中的一切事物包括山川、河流、微生物、植物、动物等等，都属于大自然的范畴；研究大自然的科学是自然科学，包括数学、物理、化学、生物学、地理学等科学，而这些科学的分支学科是非常多而繁杂的，如：

生物科学又可分为微生物学、植物学、动物学三大学科；再而又可以分出分子生物学、细胞学、遗传学、生理学等；各学科交叉又会衍生出许多分支学科，如生物化学，生物物理学，分子结构生物学等等。

迄今为止，人类还不能准确的知道地球上究竟有多少生物物种，直到60年代中期，科学家们认为，地球物种大约为300万种，现在则认为至少有500万种。但许多专家指出，保守的估计是1000万种。根据物种的发现增产率来预测动物物种的最终总数为：哺乳动物4300种，鸟类约8000种，爬行动物6000种，两栖动物3500种，鱼类2.3万种。最近，根据对秘鲁热带森林中昆虫进行的调查，发现了许多新物种，因而有人估计地球物种总数超过3000万种。在世界上，亚马逊和扎伊尔盆地被认为是物种最丰富的地区。其余物种中20%生长于亚马逊以外的拉丁美洲森林中，另外20%生长于亚洲森林和除扎伊尔盆地以外的非洲森林中。迄今为止，已被鉴定的物种总数只有140万－174万种。约87%的哺乳动物、爬行动物、两栖动物、鸟类、鱼类已被鉴定，而无脊椎动物和微生物的大部分还未认识，全部植物的90%以上尚未开展研究。因此，人类至今对丰富的物种资源的认识还十分有限，已利用的更是其中的小部分。

大自然里有各种生物，其中包括三大类：植物，动物，细菌和真菌。大自然是一个包含各种生态系统的地方！

大自然的元素分为：光，暗，水，火，风，雷，土，七种，自然对这些东西的平衡进行控制。

每一天，日升日落，风永远吹着，草永远生长着，河水不停地流着，一切都在连贯性着，从来没有开始，也从来没有结束，地球是圆的，万物的规律似乎也是圆形循环往复的，从起点回到起点，永远不能找到它的开始与结束。

大自然的奥秘有许多被揭示出来了。但这只是开始，正如一位科学家所说的，我们周围不是只有几个空白点，而是有一大片神秘莫测的海洋。在科学面前有着许多巨大的尚未解决的难题，比如，如何将人的平均寿命延长到150~200岁，消灭传染病，将非传染疾病减少到最低限度，战胜衰老和疲劳，学会从非必然死亡中挽救生命；如何使一切自然界力量如太阳能和风能、地热等为人服务，学会把能储存起来，并无需导线把它输送到任何地方；如何预报各种灾害，如地震和其他灾难，并彻底使之不能为害。大自然的奥秘是永远揭示不完的。

科学研究也是永无止境的。大自然中的知识和奥秘永远探索不完。这本书只是管窥自然的一个窗口。

目　录

第一章　地球家园

第二章 植物王国

第三章 动物世界

第四章　自然灾害

第五章　气象百科

第六章 农业科技

第七章 资源矿产

第八章　军事科学

第九章　名胜古迹

第十章　未解之谜

第一章　地球家园

地球是怎样形成的

关心我们这个地球和热爱它的人，难免会提出这样的问题：我们生活的这个地球是如何形成的？具有一定科学知识的当代人，当然不会满足上帝“创世说”这样的答案。实际上，早在 18 世纪，法国生物学家布封就以他的彗星碰撞说打破了神学的禁锢。然而，人们也许还不知道，随着科学的进步，关于地球成因的学说已多达 10 多种，它们主要是：

1. 彗星碰撞说。认为很久很久以前，一颗彗星进入太阳内，从太阳上面打下了包括地球在内的几个不同行星（1749 年）。

2. 陨星说。认为陨星积聚形成太阳和行星（1755 年，康德在《宇宙发展史概论》中提出的）。

3. 宇宙星云说。认为星云（尘埃）积聚，产生太阳，太阳排出气体物质而形成行星（1796 年，法国拉普拉斯在《宇宙体系论》中提出）。

4. 双星说。认为除太阳之外，曾经有过第二颗恒星，行星都是由这颗恒星产生的。

5. 行星平面说。认为所有的行星都在一个平面上绕太阳转，因而太阳系才能由原始的星云盘而产生。

6. 卫星说。认为海王星、地球和土星的卫星大小大体相等，也可能存在过数百个同月球一样大的天体，它们构成了太阳系，而我们已知的卫星则是被遗留下来的“未被利用的”材料。

以上众多的学说当中，康德的陨星假说与拉普拉斯的宇宙星云说，虽然在具体说法上有所不同，但二者都认为太阳系起源于弥漫物质（星云）。因此，后来把这个假说统称为康德—拉普拉斯假说，而被相当多的科学家所认可。

但随着科学的发展，人们发现“星云假说”也暴露了不少不能自圆其说的新问题。如逆行卫星和角动量分布异常问题。根据天文学上观察到的事实：在太阳系的系统内，太阳本身质量占太阳系总质量的99.87%，角动量只占0.73%；而其他九大行星及所有的卫星、彗星、流星群等总共只占太阳系总质量的0.13%，但它们的角动量却占99.27%。这个奇特现象，天文学上称为太阳系角动量分布异常问题。星云说对产生这种分布异常的原因“束手无策”。

另外，现代宇航科学发现越来越多的太空星体互相碰撞的现象，1979年8月30日美国的一颗卫星P78—l拍摄到了一个罕见的现象：一颗彗星以每秒560公里的高速，一头栽入了太阳的烈焰中。照片清晰地记录了彗星冲向太阳被吞噬的情景，12小时以后，彗星就无影无踪了。

1887年，也发生了一次“太空车祸”，人们观测到两颗彗星在行经近日点时，彗星被太阳吞噬；1945年，也有一颗彗星在近日点“失踪”。

前苏联天文学家沙弗洛诺夫还认为，地球所以侧着身子围绕太阳转，是地球形成一亿年后被一颗直径1 000公里，重达1012亿吨的小行星撞斜的……

既然宇宙间存在天体相撞的事实，那么，布封的“彗星碰撞”说的可能性依然存在，于是新的灾变说应运而生。

今天，关于地球起源的学说层出不穷，但地球是怎样形成的，仍是一个谜。

冰期是怎样形成的

所谓冰期，是指地球历史上大规模的寒冷时期。在这个时期里，不仅地球的两极和高山顶上有冰川分布，就是一些纬度较低的温带地区和低矮山岭上，也分布着许多冰川。地球历史告诉我们，全球各地的历史中曾发生过三次大冰期，即震旦纪冰期、石炭纪一二叠纪冰期和第四纪冰期。而每次大冰期又是由许多小冰期组成的。最近的一次大冰期是70万年前开始的，至今已发生过7次小冰期，每次持续时问为9万年之久，而两次冰期之间总是伴随着大约1万年长的温暖的间冰期。

科学家们推测，第7次冰期在1万年前已结束，我们目前正生活在第7次温暖的间冰期末尾，再过5000年，我们居住的地球又将进入一次小冰期，那时整个地球将重新银装素裹，全球的每个人都会生活在类似今天南极的冰天雪地之中。

面对这一预言,人们难免会问:为什么地球上会出现寒冷的冰期呢?对此,科学家提出了许多假说予以解释:

首先进行推测的是德国地质学家希辛格尔。他在1831年提出,第四纪冰期的出现与第三纪的造山运动有关。后人发展了他的观点,认为冰期的发生是由于造山运动所造成的海陆分布不同。在造山运动以后,地球上出现了一些高耸的大山,为山岳冰川的形成创造了条件。山的升高和冰雪堆积的增厚,还使山区附近的气候发生变化,气温下降,并逐渐扩展影响到全球,使整个地球的平均温度下降,导致冰期出现。反之,当造山运动平静后,山地受到侵蚀,高度不断降低,海水有可能侵入大陆上被削平的低洼地区,使其成为浅海。因为海水的热容量较大,能储存较多的热量,所以当海洋面积扩大并积蓄较多热量之后,气候开始逐渐转暖,出现了间冰期。一旦造山作用重新发生,山脉再次升高,冰期便又重新来到。但是人们很快发现,造山运动剧烈的时期与冰期并不完全吻合。

1896年,瑞典地球物理学家阿列尼乌斯提出了植物可能是产生冰期的祸首。他认为空气中二氧化碳若增加到现在含量(0.03%)的2—3倍时,地球的年平均温度就会升高8~9摄氏度。据此可以解释第三纪的温暖气候。温暖的气候和二氧化碳含量的高浓度,促使植物大量繁殖。但是,植物大量繁殖的结果,又使二氧化碳大量消耗,使其在空气中所占的比例下降。当它降低到现在含量的一半时,就会使地球的年平均温度下降4—5摄氏度,足以导致中、高纬度地区广泛发育冰川,产生冰期。冰期的出现又会减缓植物生长,从而使二氧化碳的含量逐渐恢复正常。于是气温又逐渐升高,冰川消退,出现间冰期,植物又开始繁盛起来,为另一次冰期的到来储备了条件。

但是,历史上的植物十分茂盛时期之后,并没有出现冰期,相反在6-7亿年前的古代,生物运动没有现在繁盛,却有震旦纪大冰川的出现。因此上述说法缺乏充分依据。

为了弥补这一说法的不足,有人提出了"尘幔说",认为是出于地球上火山的猛烈喷发,大量的火山灰尘给地球撑起了一把尘埃大伞,张起了一道尘幔,于是,阳光就再也照不到地球了,冰期由此而生。然而,造山运动是火山极盛时期,但并不是每次造山运动后都有冰期接踵而来。

1920年,南斯拉夫塞尔维亚的天体物理学家米兰柯维奇提出了天文说,认为地球上所以有周期性的冷暖变化,根本原因在于地表受到太阳光热不均匀,而造成受热不均匀,无非是地轴偏斜,地球的颤动以及地球本身是椭圆的,在围绕太阳转动时有近日点和远日点之差等等造成的。

目前这一天文假说成为当前最受拥护的冰期成因假说。但这一假说也并非完美无缺,它充其量只能解释一个大冰期中的冰期与间冰期的交替,而没能回答整个冰期产生的原因。

近年来,在探索冰期形成机制的各种理论中,又出现了一个新的假说,认为,地球冰期的发生与太阳率领它的家族通过银河旋臂的时间有关。

我们的银河系是一个漩涡状星系,它具有4条旋臂。根据星系旋臂形成假说,太阳及其家族在绕银河系核旋转时,每隔2亿多年就要通过一次旋臂。而在旋臂里星际物质比较密集。因此有人认为,当太阳通过旋臂时,大量星际尘埃的存在,使星际空间的透明度减小。太阳辐射出来的光和热受到星际尘埃的反射和折射,到达地球表面的能量有明显的削弱,就使地球的年平均温度下降,冰期发生。这一理论的重要证据是,地球上三次大冰期发生的间隔时期,正好与通过旋臂的时间吻合。

但是,旋臂附近的星际空间是否真有那么多星际尘埃,却是令人怀疑的。而且这一假说是建立在另一假说的基础上。

因此,尽管人们长期以来不断地探讨冰期的成因,也有了许多科学假说,但这仍然是悬而未决的地学之谜。

何时揭开冰期循环原因

现在科学界正在大声疾呼,声言地球日益被二氧化碳所污染,其后果是所谓"温室效应",也即地球有如闷在一个玻璃花房中,温度将逐渐增高,据说到21世纪初,全球平均温度可能上升2摄氏度。这意味着南北极的冰山会溶化一部分,海平面将升高,一批沿海城市都将陷于汪洋之中。可是从地球的长期气候周期来看,这只不过是芝麻小事,原来地球一直处在冰期—冰间期(较暖和)—冰期的循环中,约在2万年前,地球和绝大部分陆地,都被厚厚的冰层所覆盖,某些地方,冰层厚达几千米。由于大量的水囤于冰中,那时的海平面要比现在的低100多米。

一个多世纪来,许多科学家企图解释冰期的成因,但未获圆满的解答。直至最近,研究者根据冰期循环这一现象,分析了南极和格陵兰冰帽中的气泡,揭示出冰期的大气成分与现今的大不相同,特别是饱含温室气体和尘粒,所有这些，在冷却地球中起着重要作用。

一个最有成果的研究，是前苏联和法国联合开发的伏斯托克钻孔。这是一项极为艰辛的工作，他们花了 14 年的工夫，在冰天雪地的南极洲，挖掘一个据说是世界最深的人工洞穴，并从深处取得一个长达 2 公里的冰芯。为何要在深处取冰，原来那里的冰层含有 10 多万年前的大气样品。他们在 1988 年把它运到法国地球物理和冰河学实验室进行研究。

伏斯托克冰芯的取得，被誉为 20 年来这一研究领域中最大的成就。它隐藏着有关南极和世界其他区域 16 万年来的气候消息。这一时间跨度十分重要，因为它覆盖了一个大于完整冰期的时间。我们现在处在一个冰期结束以后的冰间期，而这个冰芯经历了最近一个长达 10 万年的冰期，还有其他四个来自南极和格陵兰的大冰芯，但它们年龄之长比不上前者。

在上述这些冰芯中，含有许多气泡，而这些气泡，保存了冰期的大气样品，使得科学家第一次看到了大气在冰期循环中所起的巨大作用。在研究了冰芯和深海芯后，科学家找到了一个冰期循环的模式：地球慢慢地滑入了约延续 10 万年的冰期，此时冰川横行，到处皆水，而后在一个短暂的冰间期中，气候转暖，我们今天正享受着这个短暂的暖期，现今的冰间期约始于 1.1 万年前，它将再继续上万年的时间，然后再度进入寒冷世界，这样看来，冰暖相互交替，但严寒占上风，构成了 5∶1 的时间比例。

那么究竟是什么原因触发了这种冷暖循环呢？大部分科学家认为，这起因于地球轨道形状的变化。但在做了深入研究后，人们感到轨道效应虽是一个“最初一击”的力量，但由此引起的日照面变化，对地球温度的影响甚微，仅 0.4 摄氏度，更为奇妙的是，为何冰期的时期是 10 万年左右？而对应的地球轨道变化中则 10 万年又是变化最小的一种周期。

现在科学家面临两个难题：轨道效应，温度变化并不大，那么是通过什么放大机制，而使地球变得严寒到冰川铺地？又是什么原因，使得地球对 10 万年周期如此敏感？

科学家的研究从地面开始，进而转向天上，现在再一次回到地面，重新研究冰层，它是过去长期覆盖 1/4 大陆面积的冰期的标志。他们设想，当地球轨道发生变化，我们这颗行星上的敏感区域，首先受到日照面变化的影响。具体地说，在夏季，若加拿大北部日照减弱，那么其冬季留下的积雪将终年不化，如此般地年复一年，这个区域本来冬积夏溶的冰层，现在就一年一年地扩大，最终可向南伸展直至美国纽约。这一大规模的冰川，显然成了寒冷的放大器。原先日照面变小仅限于加拿大北部，相应地变冷的地方也仅限于那一区域，可是随着冰川日益扩大，它在更大面积上反射日光，这就大大降低气温，因而十分显著地加剧了轨道效应。

大面积的厚冰层也可解释10万年周期。因为冰层变厚，它下面的大地被压得慢慢下沉，甚至在今天，我们还可以见到一个反证，如斯堪的那维亚半岛和其他一度埋于厚冰之下的区域，它们今天因释去了冰层的重负，而在缓慢地升起。由于地壳对冰的压力反应很慢，在时间上，它是一个几万年数量级的过程，一些专家提出，地质学上的惰性时间，可能将气候变化时间调节到10万年的周期上。

尽管用冰层和其他物理机制来解释冰期的过程相当成功，但最近从伏斯托克冰芯的研究揭示出，化学物质和生命物质的变化，也是这种大气候循环的重要媒剂。

科学家们发现，在大气成分变化中，二氧化碳并不是唯一的参与者，其他物质，如甲烷和硫酸盐粒子也是，它们的密度水平与温度密切相关。在冰期中，甲烷降低而硫酸盐粒子处于峰值，从冰芯中可看到，这些尘粒在南极洲有较多积累。在众多复杂的因素中，理清了这些物质跟温度的关系后，其原因几乎不解自明，因为它们皆属温室气体的成分，有助于加热大气，而硫酸盐粒子则相反，它具有促进云层生成的作用，进而助长云层对日光的反射，而使大气冷却。

大气中这些化学成分的变化，代表了冰期世界有关状态的信息。理论家和电脑专家合作，利用这些数据，他们在电脑上作模拟试验，十分逼真地重现了这种大气候系统的周期变化。令人感兴趣的是，大气与温度的变化，似乎默契合作，配合得十分巧妙。例如，冰间期开始时，气温即上升，温室气体的密度也增加。它们之间的关系是如此“亲密”，以致科学家碰上了一个“鸡和蛋”的问题，很难搞清谁先谁后。这一过程好像是这样的：随着日照面的变化，引起了大气成分的变化，继而全球温度发生变化，反过来看，仅最初的温度变化对大气有影响，继而大气作为一种温度放大器，发挥其作用。

科学家们相信，化学物质的变化，具有很大的意义。其中二氧化碳的变化似乎更关键，这使得人们立即想到海洋，因为大气中二氧化碳的含量仅及海洋的1/50。他们在研究中的确看到，海洋中二氧化碳的含量，与冰期中二氧化碳（密度）的起伏跟得很紧。既然海洋参与这一大气候系统，那么海洋中的生物也不甘落后。许多电脑模拟，说明了海洋生物的光合作用如何影响了气候。且在冰期开始时，海平面和海洋流都有变化，浮游生物可能大量繁殖。它们的光合作用，使得大气候中的二氧化碳含量减少，从而促进了全球趋向寒冷，不仅如此，它们还有可能产生硫化物，这些分子一旦进入大气，即形成硫酸粒子，促进云层的扩大而反射更多的日光。

科学界还不能说已彻底搞清冰期循环之谜，但基本上已搞清其轮廓，传统的地球轨道效应仅是因素之一，现在可看到，它的成因要复杂得多，既有天文的，也有地质和物理的，最后生物学因素也来凑热闹。

大陆漂移学说

20 世纪以前，海陆位置固定论一直是地学界的主导思想，即人们一向认为海陆的变迁都是在原地垂直升降的，海洋和太阳的基本轮廓和相对位置是一成不变的。1915 年，德国气象学家魏格曼在《海陆的起源》一书中，提出大陆漂移理论，从此使海陆位置固定论失去了原有的地位。

年轻的魏格曼在对地球仪的仔细观察中，发现南美洲的东海岸和非洲西海岸的轮廓十分相似，而且这两个海岸，在对应的位置上能找到对应的山脉和对应的矿山，后来，他又搜集了许多古气候、古生物的证据，认为大约 3 亿年前，地球上只有一块陆地，陆地周围是一片广阔的海洋。由于地球自转的离心力，使原始的大陆产生了裂缝。地球在不停地由西向东的旋转中，美洲陆地渐渐落后了，日久天长便形成了今天的大西洋。

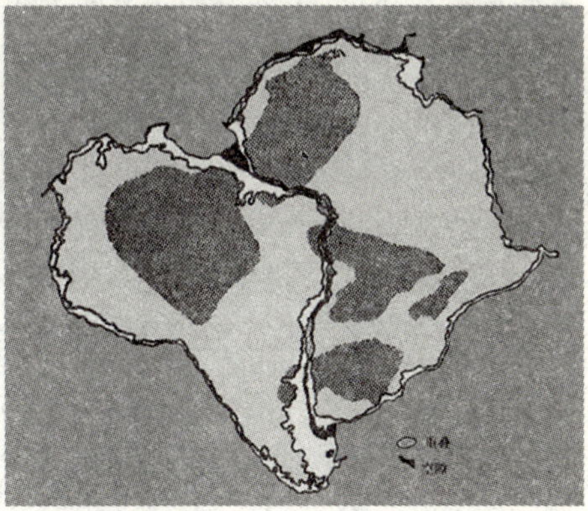

然而，大陆漂移理论刚问世时，就遭到了许多地质学家的反对，直到 50 年代，古地磁学的兴起，以及后来放射性同位素的发现，才为大陆漂移提供了可靠的证据。各大洋中间海岭两侧的古地磁异常带，以及正向和逆向带都呈对称分布；两侧岩石的年龄也大致对称排列，而且离海岭越近越年轻，越远年代越老；再者，海底岩石年龄一般不超过 2 亿年，这比大陆岩石年轻得多。

今天的人们对大陆漂移说不再怀疑了，但对造成大陆漂移的原动力仍有种种推测，莫衷一是。

大陆漂移的动力何在？有人提出了地幔对流的假说，认为地球犹如一只尚未煮熟的鸡蛋，地幔就是还能流动的蛋清，正是流动着的地幔物质提供了大陆漂移的动力。然而，地幔如何流动呢？地质学家发现，它处于一种“对流”的运动状态。所谓对流，简言之，就是物质的一种循环流动。举例来说，一壶水在加热过程中。就存在对流：直接加热的水，因升温而向上流动，然后再向四周流散开去，同时四周的水，再向加热中心涌来，如此周而复始，形成了壶中水的对流。与此相仿，处于高温熔融状态的地幔物质也是这样。

地质学家发现，在世界各大洋洋底的中部都有一列巨大的山脉，称为“大洋中脊”，恰似洋底的脊梁；中脊的最高处都有一条巨大裂谷，这正是地幔物质的出口处。当熔融的岩流从裂谷中溢出时，低温海水使它冷却凝结，形成新的大洋壳，颁在中脊的两侧，还未溢出的岩流则在洋壳下“兵分两路”，向中脊两侧运动，同时，“驮”着新的洋底一起移动；当“驮”到大陆与大洋交界处的海沟时，固体洋壳就“俯冲”下去，重新成为地幔的“成员”。这就是地幔对流的模型，它成功地充当了大陆漂移理论的“牛顿”。

然而，有些科学家对这种作为大陆漂移说、海底扩张说以及板块构造基础的地幔对流模型颇为怀疑。他们认为，在该模型中，洋中脊和上升岩流是相互依存的，洋中脊是上升岩流的出口，有上升岩流的地方才有洋中脊。实际上，地质学家发现洋中脊并不是连续分布，而是形成阶梯的形状。令人费解的是，上升岩流怎么可能严格地随梯形的洋中脊转向呢？此外，洋中脊也不是固定在上升岩流位置，而是在自由移动着。譬如，非洲板块几乎被洋中脊包围，由于海底不断扩张，使得非洲板块不断增大，两侧洋中脊的距离正在变大。对地幔对流模型威胁最大的要数阿留申海沟了，科学家发现那里的洋中脊正在俯冲进入海沟，这简直不可思议。那里的洋底探测表明，从洋中脊到海沟，洋壳岩石的年龄越来越小，这分明是发生了洋中脊的俯冲，这与传统的模型恰好背道而驰。

这些反常现象预示，以往的地幔对流模型并非完美无缺，大陆漂移的动力源之谜尚未完全揭晓，仍期待着新地幔对流模型的诞生！

地球转动为何快慢不一

众所周知，地球在一个椭圆形轨道上围绕太阳公转，同时又绕地轴自转。由于这种不停地公转和自转，地球上才有了季节变化和昼夜交替。然而，是什么力量驱使地球这样永不停息地运动呢？地球运动的过去、现在、将来又会怎样的呢？

人们最容易产生的错觉，是认为地球的运动是一种标准的匀速运动，否则，一日的长短就会改变。伟大的牛顿就是这样认为的。他将整个宇宙天体的运动，看成是上好发条的机械，准确无误，完善无缺。

其实，地球的运动是在不断变化着的，而且极不稳定。根据"古生物钟"的研究发现，地球公转和自转速度在逐年变慢。如在4.4亿年的晚奥陶纪，地球公转一周要412天；到4.2亿年前的中志留纪，每年只有400天；3.7亿年前的中泥盆纪，一年为398天。到了1亿年前的晚石炭纪，每年约为385天；6 500万年前的白垩纪，每年约为376天；而现在一年只有365.25天。天体物理学的计算，也证明了地球自转正在变慢。科学家将此现象解释为，是由于月球和太阳对地球的潮汐作用的结果。

石英钟的发明，使人们能更准确地测量和记录时间。通过石英钟计时观测日地的相对运动，发现在一年内地球自转存在着时快时慢的周期性变化：春季自转变慢，秋季加快。

科学家经过长期观测认为，引起这种周期性变化的原因，与地球上的大气和冰的季节性变化有关。此外，地球内部物质的运动，如重元素下沉向地心集中，轻元素上浮、岩浆喷发等，都会影响地球的自转速度。

除了地球的自转外，地球的公转也不是匀速运动。这是因为地球公转的轨道是一椭圆形，最远点与最近点相差约500万公里。当地球由远日点向近日点运动时，离太阳越近，受太阳引力的作用越强，速度就越快。由近日点到远日点时则相反，运行速度减慢。

还有，地球自转轴与公转轨道并不垂直；地轴也并不稳定，而是像一个陀螺在地球轨道面上做圆锥形的旋转。地轴的两端并非始终如一地指向天空中的某一个方向，如北极点，而是围绕着这个点不规则地画着圆圈。地轴指向的这种不规则，是地球的运动所造成的。

科学家还发现，地球运动时，地轴向天空划的圆圈并不规整。就是说地轴在天空上的点迹根本就不是在圆周上的移动，而是在圆周内外做周期性的摆动，摆幅为9"。

由此可以看出，地球的公转和自转是许多复杂运动的组合，而不是简单的线速或角速运动。地球就像一个年老体弱的病人，一边时快时慢、摇摇摆摆地绕日运动着，一边又颤颤巍巍地自己旋转着。

地球还随太阳系一道围绕银河系运动，并随着银河系在宇宙中飞驰。地球在宇宙中运动不息，这种奔波可能自它形成时起便开始了。

就现在地球在太阳系中的运动而言，其加速或减速都离不开太阳、月亮及太阳系其他行星的引力。人们一定会问，地球最初是如何运动起来的呢？未来将如何运动下去，其自转速度会一直变慢吗？

也许，人们还会问，地球运动需要消耗能量吗？若是这样，它消耗的能量又是从何而来？它若不需消耗能量，那它是“永动机”吗？最初又是什么使它开始运动的呢？存在着所谓第一推动力吗？

第一推动力至今还只是一种推断。牛顿在总结发现的三大运动定律和万有引力定律之后，曾尽其后半生精力来研究、探索第一推动力。

他的研究结论是：上帝设计并塑造了这完美的宇宙运动机制，且给予了第一次动力，使它们运动起来。而现代科学的回答是否定的。那么，地球，乃至整个宇宙的运动之谜的谜底究竟是什么呢？

地球气温变化的奥秘

地球的光和热主要源于太阳，是太阳赋予地球以阳光、大气和生命，所以谈到地球的冷热变化，人们往往会联想到太阳。

但是，在地球形成的地质年代中，曾经发生过近百次冷与热的交替，地球最冷时，极地冰川可能延伸到某些较低纬度地区，在我国南部的亚热带地区也曾有过山谷冰川的发育。地球最热时，能使南、北极地冰川融化，在极地不仅发现有代表湿热气候的石炭二叠系煤层，而且还有热带的动、植物化石存在。

地球历史上的冷热现象是怎样产生的，难道是太阳忽冷忽热导致了地球冷热变化？太阳能否热得使地球极地成为热带气候，反之又冷到使赤道附近变为寒冷地带？于是研究太阳、探索地球气温的演变，就成了人类千百年来追溯地球冷热变化的谜团。

20 世纪下半叶以来，随着科学的高速发展，天文学家们经研究确认：在地球生成的 40 多亿年中，太阳没有发生过明显的忽冷忽热变化，在未来的 50 亿年中，太阳也不会发生这种变化。太阳只存在着 11 年为一个周期的黑子变化，这种变化是强磁场产生的粒子辐射现象，虽然对地球的气候有周期性小波动影响，但决不会构成地球长周期的大规模冷热变化。既然太阳不会暴冷暴热，那么地球为什么在某些地质年代会变得寒冷,而在某些地质年代又变得那么炎热呢？极地的热带气候究竟是如何形成,热带的冰川又是怎样发育的呢？围绕这些地球之谜,在科学界曾引起了许多争论。

争论情况大致认为:

(1)地球大规模冰进与冰退,即地质年代中冰期与间冰期冷和热的交替,显然不能归结于太阳的冷热变化;

(2)也不是地球旋转轴发生位移,造成地球 90 度大倾斜,而导致了极地和赤道的位置互换;

(3)更不是源于宇宙物质——宇宙尘,彗星、小行星等对地球的影响,以及地球的外界营力所致。

从地球近日寒冬、远日酷夏这一现象看,也说明地球的冷热变化主要不取决于距太阳的远近,而春、夏、秋、冬四季的冷热差异,也不在于太阳的能量变化,主要在于地球的偏转运动。因此可以认定:太阳的能量是不变的,地球的冷热变化主要不在于太阳,而在于地球的本身变化,所以对地球历史上和现代所发生的冷热之谜,也只能在地球本身上来寻觅这个难解的谜底。

地球自身气候变暖的原因一般认为有三种:(1)地球内热;(2)火山喷发;(3)人为热。这些因素确实也能给地球增加一些热量。

可是"地热"、"火山"是局部或短期存在的,不能导致全球长期变热,而"人为热"又不能解释地球史上变热的原因,因为在恐龙生存的年代并没有人类存在,也产生过白垩纪炎热气候。所以地热、火山、人为热都不足以解释地球变热,当然更无法解释地球变冷的原因。

有种学说认为:地球形成时,均质的原始地球在旋转、收缩、分异中,重物质旋入中心,轻物质分离外围,"分异"使它首先拥有大气并被原始海洋所掩盖;"收缩"则使能量集中,能量的储存使地核发生变化,并使地幔中熔融物质上涌,在冷却凝固后形成陆地,陆地是其后产生的。

地球是个中间膨胀造陆地,大陆向两极移动的天体。低纬度在自转离心力、地内营力和日、月引力共同作用下,地壳不仅由东向西撕裂,同时海底扩张和新生陆地把古陆地向两极推移。由此发生地球上各种振荡运动及自然界许多物理变化,也是地球冷热之谜的起因。

地球呈现低纬度海退成陆,中纬度褶皱造山,高纬度陆地受极地引力收缩。太阳直射低纬度造陆区,此区如果陆地多而洋面少,陆地反射太阳辐射热强,便会导致大气温度增高,形成全球性变热(冰退),反之洋面多而陆地少,单位面积海水吸热能力强，又会导致大气温度下降，形成全球性寒冷（冰进）。

地质年代中发生的震旦纪、二叠纪、第四纪三次大冰期，都是陆地移向较高纬度的结果，而泥盆纪、三叠纪、白垩纪三次炎热气候的形成，又是陆地在低纬度生成，海水变浅所致。

天体大都呈椭圆体，地球“梨形”体产生，是南极大陆被极地引力收缩（非冰帽压沉），北半球陆地尚未移到极地所致。据上所论：极地所以有热带动、植物化石，不是极地有过热气候，而是陆地移到了极地。低纬度冰川产生，是低纬度陆地移走后，海水变深，洋面扩大，太阳辐射能减弱促使了冰进。总之，地球的冰热变化决定了低纬度海陆分布状况，这便是地球冷热之谜所在。

20 世纪以来，随着高纬度冰川退缩，地球气温明显升高，大多数人认为：人为因素导致了地球变热。理由是：近一个世纪以来，随着现代工业和运输业的迅猛发展，大量的煤炭、石油等化工燃料被燃烧，数以万吨的二氧化碳被释放到大气中去，严重干扰了大气中二氧化碳的循环的动态平衡，另一方面，近年来乱砍滥伐森林现象日益加剧，使森林面积逐年减少，光合作用固定的二氧化碳的数量大幅度下降，结果使大气中的二氧化碳连年增加。由此产生地球“温室效应”而导致地球变热。

但持有不同意见的人认为：人为因素对整个地球来说微不足道，在没有任何人为因素的上万年前，大气中二氧化碳含量也具有与今相同的级量，地球变热的原因其责任不完全在人，也有自然因素存在。面对两种不同看法，采取什么对策为好？为此，地球变暖问题在科学界引起高度重视，每两年便召开一次各国首脑会议。在第一届首脑会议上，地球变暖问题成为会议的中心议题。

科学家们为提供有力依据，查找几十年、几百年，甚至上千年的气候史，想找出规律性东西，结果发现，近几十年地球温度虽有升高，但不是均衡有规律地持续性上升，而是暖中有冷。大气中二氧化碳确有所增加（主要表现在城市上空），但不是按每年烧掉的煤、石油、天然气、甲烷、木材等应有量增加，大量二氧化碳却不知哪里去了。美国气象卫星对大气测定十多年表明：高空大气并没有变暖，高空中二氧化碳含量也没增加。

据上所述：地球变暖的因素主要表现在低层大气中，而低层大气最大温室气体是水蒸气，如果二氧化碳形成“温室效应”增强，必然会蒸发更多海水，海水蒸发作用会产生更多的云，而云量增多、增厚又会吸收和反射太阳光辐射，形成“阳伞效应”，使高空变热、地表面变冷，这显然与气象卫星观测情况不符。同时云量增加又会导致更多的阴雨气候，这显然与地球多年来干旱、水荒、气温上升情况恰恰相反。因此二氧化碳是否是造成地球变暖的真正元凶也还是个未解之谜。

科学家们认为，人类对地球气温变化的干预能力虽然极其渺小，但因为地球表面的温度的平衡是以十分微妙的力学关系来维持的，只要使地球外围大气层的成分稍加变化，就能使地球温度升降2摄氏度。若地球平均温度升高2摄氏度，就可使地球南北两极的冰川全部融化；相反，地球平均温度下降2摄氏度，便会导致地球冰川遍地，重新进入冰河期。当地球稳定的热平衡因人为的因素而被打破时，就会招致地球气候的急剧变化。许多科学家认为地球正在变暖，这样会导致冰川融化，一般老百姓也有这种感觉；而也有些气象专家根据多方面的气象资料分析，认为地球将进一步变冷，可能面临一个新的冰河期的到来。对于这一全球性的热门问题，地球将到底是变暖还是逐渐变冷，科学家们正在探讨之中。

欧洲大陆板块变化之谜

大约在30年前，地质学家发现，地壳是一种镶嵌状岩石的板块结构。板块并非静止不动，而是如同木筏在海面一样的高温塑性的地幔上漂流。板块是由漂流的地幔驱动的，每年漂流好几寸。不同的板块可能具有不同的漂流速度，相互毗邻的板块可能因此而相互碰撞。早期的陆地碎块就是大洋板块俯冲于其他大洋板块时，在结合处从海底隆起了火山岛，这些原始陆块由于漂移可集结为较大的块体，形成广阔的大陆（这种过程至今仍在进行着）。广阔无垠的欧洲大陆就是这样形成的。7亿年前，地球表面曾有过一个超级大陆（学术上叫冈瓦纳），它阔达地球表面的一半，包括现在的非洲、南美洲、澳大利亚、南极洲、印度、土耳其、阿拉伯和佛罗里达半岛（美国）。在远古时期，冈瓦纳右陆漂跨南极，然后转向北移，来到地球的另一端。其中部分小陆块排列在赤道附近。波罗右陆就是这些原始大陆之一，由一些火山岛和花岗岩块体（年龄为37亿年）聚集而成，从瑞典延伸至乌克兰。在波罗右陆西边，有一个与之类似的劳伦大陆，它横跨大西洋的前身爱波塔斯（IAPERTUS）洋，后演变为北美大陆。

大约在5亿年前，爱波塔斯洋开始闭合，驱使波罗右陆与劳伦右陆相互靠拢。千万年后，它们相互碰撞。由于两大板块的碰撞挤压，在它们边缘有褶皱产生，形成一条规模类似喜马拉雅山的山脉，它从纽约经新英格兰、纽芬兰、爱尔兰及苏格兰，延伸到格陵兰和挪威。大约在3.5亿年前，地表发生了一次巨变。冈瓦纳北移时，驱动前方的阿瓦罗纳和阿摩利克，在波罗与劳伦大陆间，两微型右陆发生碰撞，结果产生一个巨大的联合右陆，波罗与劳伦两大陆连成一片，今天的非洲北部沿岸、南欧和非洲的凸部以及从佛罗里达至加拿大的北美海岸当时均连成一体。如此强烈的碰撞持续了1.5亿年，使山脉拔地而起，耸立云霄，形成了诸如乌拉尔、阿尔卑斯等著名山脉。其中有些山脉的高度据计算应比珠穆朗玛峰还高近6.5公里。

约1.8亿年前，联合右陆地下张裂，这片巨大的陆地开始解体。但它没有裂为原来的样子，而是演变为现在的各个大陆。这些大陆漂离时，有些碎块被遗留在扩张洋的一侧。裂为劳伦古陆的一部分(现在的挪威、苏格兰、英格兰北部和爱尔兰大部)，与欧洲大陆板块－同向东漂移。北美板块从非洲板块夺去佛罗里达，而把西伯利亚的东端丢给了亚洲板块。阿瓦罗纳和阿摩利克被碾为碎片，散布于大西洋的两侧。在欧洲，阿摩利克的主体在早期事件中被挤靠在波罗的板块上，形成一个三角形地段，构成英格兰南部的一部分，即爱尔兰、威尔士、比利时、荷兰、法国、伊比利亚半岛、瑞士北部、奥地利和德国的大部分及捷克、斯洛伐克和波兰南部。经过约1.15亿年的运动变化，各大陆终于相互间断绝了联系。北美大陆与欧亚大陆作为大陆的最后一次分裂发生在8 000万年前，两大陆彼此旋转漂移，中间的大西洋不断加宽，时至今日，还每年加宽约2.5厘米。但北美与欧亚的分割并不彻底而是藕断丝连。这块带裂缝的大陆块体像面团一样被拉擀，有些地方陷到了海面以下，于是形成了今天的爱尔兰海、北海盆地和英吉利海峡。伊比利亚与法国原是一个统一体，约1.1亿年前，裂谷使比斯开湾扩张，迫使伊比利亚逆时针方向旋转，经过约3 000万年，它终于与欧洲彻底分离，再经过约3 500万年，成为今日法兰西南边的一座孤岛。

在欧洲与非洲的地中海海域发生了许多更为盘根错节的地质事件。1.45亿年前，非洲大陆漂移时，抛下来许多小碎块，其中一部分后来演变为巴尔干各国、瑞士南部西西里岛及西班牙南海岸的大陆，还有些稍大的陆块(名为亚得里亚)则形成了现代的塞尔维亚、匈牙利、阿尔巴尼亚、希腊及意大利的大部分。非洲相对欧洲向东漂移，6 500万年后，又背道而驰，向西漂移了3 500万年。紧接着在4 500万年前又改道向北漂移，驱使中间的板块与欧洲迎头相撞。西边伊比利亚与法国南部碰撞，形成比利牛斯山脉；东边两块较小的巴尔干板块被挤碎，在紧贴俄罗斯西南部，形成罗马尼亚、保加利亚、希腊东部和土耳其的欧洲部分；中部亚得里亚板块超覆在欧洲板块边缘，使中间海峡的海底露在海面，推覆于陆地之上，形成阿尔卑斯山脉。约 3 000 万年前，法兰西块体向东旋转，铲挖海底，把海底碎片推上意大利海岸，形成了亚平宁山脉。此后，还有一非洲板块的小碎片北移，附在了西西里和意大利的趾端之上。在地中海东部，有强烈地震和火山运动伴随上述事件发生。非洲板块在那里俯冲到欧洲板块下面，形成横跨爱琴海的火山岛弧，在意大利产生维苏威、斯德隆布利和埃特 3 座火山。

地中海干涸是非洲板块与欧洲板块碰撞产生的奇异后果，大约发生在1 000 万年前。当时土耳其和阿拉伯板块正北移，切断了地中海与大西洋的联系。于是地中海成了巨大的盐湖，由于高温干旱，逐渐枯竭，变成一个底部铺有近 600 米厚的大盐床。约 500 万年前，在这枯海东头靠近直布罗陀海处，大地裂开了缝，大西洋海水奔流而入。1 000 年后，这个干涸的盆地重被注满。1 万年前，黑海与地中海被一个深约 110 米的博斯普鲁斯海峡连接起来，至此，基本形成了我们今天所见的欧洲大陆。

如前述，北美和欧亚及非洲仍在漂移，今日的欧洲甚至地表陆块分布仍是暂时的，千百万年后，仍有可能发生诸如陆块做重新分布的重大地质事件。

大地为何存在沉浮升降

相传 1831 年 7 月 7 日，在地中海西西里岛西南方的海面上。蓦然间烟雾腾空，水柱冲天、火光闪闪，在一阵震耳欲聋的轰鸣，夹杂着刺耳的呲呲声中，从海里升起一座高出海面 60 米、方圆约 5 公里的小岛，热气腾腾像个刚出笼的大馒头。英国国王立即向全世界宣布，这个新诞生的小岛是英国的领土，并命名为尤丽娅岛。谁知在 3 个月后，尤丽娅岛竟然不辞而别，又悄悄地隐没在万顷碧波中不见了。

海岛为什么会隐而复现，现而复隐呢？这是地壳不停运动的缘故。其实，在漫长的地质史中，海洋变为陆地，陆地变为海洋，洼地隆起成山，山脉夷为平地，是屡见不鲜的。

西欧荷兰的海滨，从公元 8 世纪以来，一直以每年约 2 毫米的速度下沉着。现在荷兰的大部分地区已经低于海平面，若不是有坚固的堤坝来阻挡海水的入侵，这些低地就早已沉入海底了。喜马拉雅山脉是世界上年轻而又高大的山脉。我国科学工作者在喜马拉雅山地区考察发现，这里有三叶虫、腕足类、舌羊齿等生活在浅海中的动植物化石，说明早在3 000多万年以前，这地方还是一片浩瀚的海洋。以后，由于地壳的运动，才隆起成为陆地。当喜马拉雅山刚刚露出海面来到世间的时候，只不过是个普通的山岭。近几百万年以来，它却以每一万年几十米的速度迅速升高，终于超过了其他名山古岳，获得了“世界屋脊”的光荣称号。但它并不满足，仍以每年18.2毫米的速度继续升高着！

公元前2世纪，意大利的那不勒斯海湾修建了一座名叫塞拉比斯的古庙。现在这座古庙早已倒塌，只剩下三根高达12米的大理石柱子的上部和下部，表面都非常光滑洁净，唯有当中的一截，从高达3.6米向上到6.1米的地方，坑坑洼洼，布满了海生软体动物穿石蛤所穿凿的洞穴。这是怎么回事呢？原来在2 000多年前，当塞拉比斯庙修建的时候，这里还是一片陆地，以后地壳逐渐下沉，柱子的下面一截，被海水中的泥沙和维苏威火山灰所覆盖。到了13世纪的时候，海水已淹到6米以上，海生软体动物就附着在石柱上。以后，由于地壳上升，海水逐渐退去。现在这三根柱子当中一截上的小洞穴，就成了那不勒斯海湾历经沧桑的标志。

在沧桑之变的史册中，关于大西洲是否真的存在问题，还是一个有待我们用科学去把它解开的千古之谜。古希腊著名的哲学家兼数学家柏拉图（公元前427～前347年）曾在他的两篇对话著作史，详细地记载着一个传说：大约距当时9 000年前，大西洋中有一个非常大的岛屿，叫大西洲。那里气候温和，森林茂密，奇花异草，景色万千，还盛产黄金。岛上有个文化相当发达的强国，由十个酋长统治着，每隔十年聚会一次，共商国家大事，国都有一座富丽堂皇的宫殿，建筑在山顶之上。这个国家不仅统治着附近的岛屿.而且还支配着对岸大陆上的一些地方。他凭着自己强大的经济和军事力量，曾经对欧洲和非洲发动过侵略战争，其势力范围直达北非的埃及和欧洲的某些地区。后来，由于发生了一次强烈的地震，仅在一天一夜之间，大西洲就沉沦在大西洋底。

不管是喜马拉雅山的崛起，或者是尚未解开的大西洲之谜，都说明沧海会变成桑田，桑田也会变成沧海的客观规律。沧桑之变的原因，主要是由于地壳不停地运动的结果。由于地壳的运动，使某些地区的陆地沉降或者抬升，引起周围海面的变化，由于地壳的运动，使某些地区的海面上升或者下降，引起陆地的沉浮。时间老人告诉我们，地壳运动是缓慢的，地质历史是漫长的。沧桑之变，从地球诞生以来，从来没有停止过，今天依然是这样，将来也不会终止。

火山为何会定时喷发

火山口是地球释放热量、气体的裂口。火山是由地球深处的岩浆等高温物质穿过地壳裂缝,喷发出地面而形成的锥型山体。地球学又称其为堆积山。有活火山、死火山之分。活火山即人类历史记载中经常或周期性喷发的火山;死火山即人类历史记载中没有喷发过的火山,但谁也无法得知它们什么时候会在睡梦中突然醒来。

地球上有2个最大的火山活动带:环太平洋火山带和地中海火山带。世界上共有850多座活火山(陆地上有700多座、海底有100多座),其中3/4分布在环太平洋火山带,成为地球佩戴的"火环"。活火山的爆发是毫无规律可寻的,他仿佛是一个拥有无限神力的力士,爆发时产生的威力让人难以想象。1980年5月18日美国华盛顿州圣海伦斯火山喷发,卫星摄下珍贵照片,经过分析表明,火山爆发的冲击波穿过200公里厚的大气层,释放出相当于500多枚美国当年投入广岛的原子弹的能量。炽热喷涌的岩浆使房屋、桥梁、公路、森林、人畜毁于一旦。

全世界至少有20座城市被爆发的火山瞬间彻底毁灭。其中最早的记载是公元前1470年的古希腊,当时繁华的克诺索斯古城被突如其来爆发的桑托林岛火山夷为平地,50米高的巨浪席卷东地中海岛屿和海岸,米诺斯文明中心以及130公里外的克里特岛瞬间毁灭。

地球四季是怎样划分的

地球呈什么形状?对这个问题,科学家们早在17世纪后半期就做出了肯定的答复。他们认为,我们这颗行星是一个两极稍扁的球形。后来还有人认为地球大致呈梨形。大约在100多年前曾有过一个专门用语——地球体。所谓地球体是指近似的回转椭球体。到了近期,人们向太空发射了人造卫星、宇宙飞船和空间探测器之后,通过它们拍摄的图片,学者们才最后确定了地球体的各项参数。

不过,这里讲的地球体是包括海洋在内的。假如把海洋的水全部倒掉,那地球又会是什么样子的呢？清除海水以后，地球的固体部分，仿佛被啃过似的，有着一个个深坑，其中主要的一个就是太平洋所在地。这时再看地球，哪还是什么地球体，什么梨形！说得形象一点，它倒更像是一个被谁啃过的苹果。

地球过去也许不是这个样子？学者们一直在考虑一个问题：为什么地球上的大陆和海洋分布得如此不均匀？有一种假说曾风行一时：在几十亿年以前，炽烈的地球好像鼓起了一个大包，并由于离心力的作用，这个鼓包脱离了地球，后来形成了月球。一些学者甚至说，这个大鼓包绷脱后，地面上现出了一个凹坑，它就是今天的太平洋。遗憾的是，这种奇妙的假说，同其他许多假说一样，都没有能经得起时间的考验。

人们也曾试图用另一种理论来解释地壳不均衡现象：整个地壳是由少数几块巨大的板块组成的，各大陆就位于这些板块之上。有一点大家都清楚，同时也有很多事实可以证明，即地球上的各个大陆仿佛是由一整块原始大陆碎裂后形成的。假若果真是这样，那地球是不是从很早起就是一个不均衡体呢？那么有关地球形成的许多假说都要重新考虑了。

有关各种假设之争，尤其是太平洋形成的问题，需要通过进一步的研究。为了更有目的地寻找矿藏，人们也需要了解地球形体原来是怎样的，后来又发生了什么变化。

地球大陆漂移的学说，可以说已被现代的地质学所证实。但是它不包括太平洋区域。另外也已证实，在太平洋底部的广阔区域内，地壳没有花岗岩层。地壳的这一部分已转移到了地球的其他部位。由此产生了一种想法，即我们今天所看到的地球固体部分的形态，实际上反映了地球原来的不均衡性。换句话说，地球从一开始就是不均衡的。这是不是一种独一无二的自然现象呢？不是的。形体的不均匀是太阳系中许多行星的一种规律性现象。它可以用星体形成时结构上的不均衡性来说明。当前对宇宙进行研究的成果也有利于这一说法。

十多年前曾拍摄了月球背面的图片。图面上明暗不一，由此可见，月球的背面也是不均匀的。那里“海”很少，属于多山地区，环形山的分布比较密集。其他行星的研究材料也能证明星球的不均衡性。比如，在水星上，卡洛里司盆地几乎占表面积的三分之一；在火星的北半球，“海”比较集中；金星表面的情况，目前虽还不能确定，但已向它发射了宇宙探测器，也许它能做出一定的回答。

地球上的“伤口”

我们生活的这个地球并非完美无缺，不必说地壳深处岩层错动引起的地表裂缝现象，仅东非大裂谷及海底深处的大裂谷就构成了让人叹为观止的地球上难以愈合的大伤口，并且这些伤口又留给人们无数的不解之谜。

东非大裂谷北抵西亚，从靠近伊斯肯德伦港的南土耳其开始往南，一直延伸到非洲东南贝拉港附近的莫桑比克海岸。裂谷跨越50多个纬度，总长超过6500公里，人们称它是“大陆上最大的伤疤”。裂谷底部有些地方深不见底，积水形成40多个与众不同的条带状或串珠状湖泊群。其中就有全球最深的湖泊——东非坦噶尼喀湖，水深超过1400米。而在未被湖水占据的裂谷带，表现为一条巨大而狭长的凹槽沟谷，两边都是陡峻的悬崖峭壁，相对高度差达数百米至千米以上。同时裂谷带也是大陆上最活跃的火山带和地震带，人们总是在东非大裂谷不断发现一些意想不到的事实。例如，在裂谷带的基伍湖下层，发现了无机成因的甲烷气，含量高达500多亿立方米。大多数人认为这些甲烷来自地球深部。溢出地壳溶解于水体中聚集成天然气藏。尽管它的形成机制还不清楚，但对于有机成因论无疑是有力的挑战。再如，众所周知碳酸岩是沉积岩，与岩浆岩毫无关系，然而自20世纪60年代以来，在东非高原的裂谷带找到好几个碳酸岩火山，竟自地下深处喷涌出类似碳酸岩性质的岩浆来，冷却后凝固成方解石碳酸岩或白云石碳酸岩。碳酸岩的成因至今众说纷纭。东非大裂谷也是已知的古人类的最早发源地。英国人类学家李基夫妇于1959年在坦桑尼亚奥杜韦峡谷发现175万年前的东非人头盖骨，打破了人类历史不超过100万年的传统观点。以后，人们又在坦桑尼亚、肯尼亚和埃塞俄比亚境内的裂谷带中，接二连三地找到更多更远古的古人类骨骼或足迹的化石。报道年代有早至250万年前、300万年前甚至500万年前的。关于东非人绝对年代的测定，目前还有争论。东非人的来龙去脉，以及他们为什么选择在裂谷带生活，更是人类学家潜心探索、孜孜求解的课题。最扣人心弦的谜莫过于大裂谷的未来命运。英国地理学家约翰·乔治在1893年经过考察发现，在巴林戈湖畔有一块半露地面的巨大的孤立石块，其岩层的纹理与两旁高出约1 500米的峭壁上的岩层完全相应。因此他设想：东非裂谷不是像美国的大峡谷那样由河流冲刷而成，而是由于地壳下沉，形成了一个夹在两边的峭壁之间的沟谷凹地，地貌上称为“地堑”。大陆漂移说和板块构造说的创立者或拥护者竞相把东非裂谷作为支持他们理论的有力证据。有人在研究肯尼亚裂谷带时注意到，两侧断层和火山岩年龄，随着离开裂谷轴部的距离而不断增大，从而认为这里是一条大陆扩张的中心。根据20世纪60年代美国“双子星”号宇宙飞船测量，裂谷北段的红海扩张速度达每年2厘米；在非洲大陆上，裂谷每年加宽几毫米至几十毫米，但有时也会加速进行。1978年11月6日，地处吉布提的阿浩尔三角区地表突然破裂，阿尔杜科巴火山在几分钟内平地突起，把非洲大陆同阿拉伯半岛又分隔开1.2米。科学家们认为，红海和亚丁湾就是这种扩张运动的产物。他们还预言，如果照这种速度继续下去，再过2亿年光景，东非大裂谷就被彻底撕裂开，“分娩”出一条新的大洋，就像当年的大西洋一样。但是，反对板块理论的人却认为大陆和大洋的相对位置无论过去和将来都不会有重大改变，地壳活动主要是做上下的垂直运动，裂谷不过是目前的沉降区而已。在它接受了剧烈的沉积之后，将来可能转向上升运动，隆起成高山而不是大洋。东非大裂谷究竟会怎样，看来人类也只有拭目以待了。

东非大裂谷虽然气势不凡，可与海底深处的大裂谷比起来，又不免相形见绌了。海底的裂谷一般顺大洋中央的海底山脉脊顶延伸，像鬼斧神凿把庞大的海底山脉当顶劈开，劈出了一道一二公里深的大裂口。1972年科学家乘坐特制的深潜艇，对其进行了考察，发现这里不但有五光十色的鱼虾，也有美丽的海绵和珊瑚。而对这许多色彩斑斓的海底生物，学者们很吃惊，因为在几千米深的海水里，通常生物是相当稀少的，这里却得天独厚，别有一番天地。这些奇特的生命在深渊里已经生活了多少个世代？为什么会在这里如此繁盛？是否海底裂谷从地底输出了更多的地球内热和营养物质，还是别有原因？难道这不是一个值得进一步探索的课题吗？

地球内部中心究竟为何物

在中学地理课本中，我们了解到地球的构造由地壳、地幔、地核三部分组成，然而这种知识应当说是很肤浅的。因为就目前来说，我们只能“触摸”到地表面薄薄的一层壳。地球的最高峰——珠穆朗玛峰的高度为8 848米，而最深的勘探井(在科利斯半岛)约深12公里。对比这些数字，我们会发现，我们可以直接研究地球表层的厚度仅为20公里左右。

然而，再往底下是什么？地球内部中心究竟为何物？……这是千百万年来始终令人困惑不解的一个谜。

在很早以前，就存在着“地球中空”的假说，许多报道、证据、神话故事和迷信传说，诸如丰富的地下宝藏，众多的地下山洞穴网络，穴居动物的普遍存在，乃至人类最初住所是洞穴等等，都讲我们的地球似乎是个空心的，在地球内部存在着一个“生命世界”。到了近代“地球中空”假说又将地球内层神秘的发光、地壳裂缝与怪物、怪相，以及不明飞行物联系起来。尽管目前我们还没有什么证据证明地球不是中空的，但“地球中空”假说也实在没有令人信服的证据。

19 世纪后期，人们注意到了这样一种现象：火山喷出熔岩的温度随着深度而增高；地球深处温度升高的现象也可以在钻井中看到。根据温度随深度增加的速率来计算，地心的温度竟可达 10 万度左右。在这样高的温度下，即使地心具有极高的压力，任何物质也都会变为气态状态。于是许多研究者提出了“气态地核说”。

但是也有人认为这一学说是建立在钻井和火山资料基础上的，其最深也不会超过 60 公里，因此所推测出的地心高温概念是不可信的。19 世纪末，人们通过重力测量求出了地球密度值为平均 5.52 克每立方厘米。它比地表任何岩石的密度都大许多，因此推想地核内部一定有密度更大的东西。

19 世纪中期到 20 世纪初期，地震波的研究，对我们探索地球内部的奥秘提供了一个好帮手。由于剧烈晃动（爆炸、地震）而产生在地表的弹性震动传播到地球内部，在不同的水平面上变换着速度，由具有各不相同的物理属性的地表层反映出来，用精密仪器记录下来。

第一个利用地震仪发现地球内部奥秘的是前南斯拉夫的地震学家莫霍罗维奇。1909 年 10 月 8 日，南斯拉夫的萨格勒布发生了一次强烈地震，莫霍罗维奇在研究这次地震所记录的数据时，发现地震波传播的速度在地表下面 33 公里处，存在一个不连续的跳跃，说明在这个深度的上下物质密度相差很大。以后，科学家确证这个球面是地壳和地幔的分界面，并以莫霍罗维奇的名字来命名，称为莫霍不连续面，简称莫霍面。

1914 年，美籍德国地震学家古登堡在观测远方所发出的地震波时，又发现在地表下面 2 900 公里处，地震波的传播速度也发生了急剧改变。如法炮制，这里又成了地幔和地核的分界面，地学上称作古登堡面。

通过进一步的研究，人们知道了地幔的物质具有固态特征，它的上部由含二氧化硅 24% ~25% 左右的超基性岩组成，性质类似橄榄岩，因此，被称为“橄橄岩层”，同时，它又含有丰富的硅和镁元素，又称它为硅镁层。

1936年，丹麦地质学家莱曼对地核中传播的地震速度进行了更精密的测量，又发现地核可分为内核和外核两部分，内外核的分界处在地表下5 100公里处。外核中地震波横波不能通过，人们推测它为液态，而到内核，横波又重新出现，说明它是固态。由于地震波在整个地核中的传播速度与在高压下铁的传播速度相等，人们自然推测地核可能是高压状态下由铁、镍一类物质构成的。

近年来又有人提出地球有个“黄金核”的说法，据地球物理学、地球化学和宇宙化学研究和计算，以铁、镍为主要成分的地核（其半径3 473公里）之中，金的平均含量高达每吨2.6克，是地壳平均含金量的600多倍，这是由于太阳星云逐渐收缩，中心部分形成太阳，边缘部分逐渐形成包括地球在内的9大行星时，地球确实是个结构很松散的行星。后来由于在重力的作用下，地球的体积逐渐缩小，较重的物质缓慢下沉，较轻的物质徐徐上升，黄金这样比重极大的金属，自然会大部分集中到中心，形成地核的主要成分之一了。因此整个地球所含金的99%以上都已进入地核之中，地核中的黄金总含量竟多达5 000万亿吨，成了无与伦比的黄金矿球。

然而，并非所有学者都同意上述观点，在不断研究中，又先后提出了“金属氢地核说”、“金属氢化合物地核说”、“铁硫地核说”、“铁硅地核说”、“铁氧地核说”等等。目前，学术界认为铁氧说、铁硅说、铁硫说是三种可供选择的较佳方案。然而这三种学说也只是人类用智慧对地球内部情形的间接“窥视”，而无法直接用肉眼寻其证据，所以地球中心究竟为何物仍是一个谜。

地球自转速度为何变慢

天体绕着自己的轴心而转动被称之为自转，地球自转一周的时间大约是23小时56分4秒，亦即我们所说的“一日”。过去，人们一直以为地球自转是均匀的，因为我们很难察觉出地球的自转运动。直到17世纪末，著名的天文学家哈雷发现了月球公转的加速运动，才使德国哲学家康德开始怀疑月球的加速实质是地球自转长期减慢的一种反映，而地球自转的长期减慢则是由于地球上的潮汐摩擦引起的。可惜因为康德缺少定时计算，又因为没有太阳和行星的“加速运动”作证，所以这种正确的论断在当时并未被普遍接受。

后来，由于人们观测天体技术的提高，常常发现天体的观测数据总是和理论推算的不相符合，这就使人们对地球自转的均匀性产生了怀疑。直到20世纪初发现了太阳的加速现象，人们才重又提出地球自转速度长期减慢的事实，并开始探讨其原因。

1929年，人们制造出了精度非常高的石英钟（日差万分之一秒），用它测定地球自转周期，进一步证实地球自转运动是不均匀的，有长期变化、季节变化和不规则变化。地球自转周期有长期变慢的现象，在100年里；一日的长度大约增长千分之一秒到千分之二秒。由于一日变长不太显著，所以只有经过长期积累才会产生影响。

对珊瑚化石的研究也为地球自转的减慢提出了有力的佐证。1963年，美国古生物学家韦尔斯对珊瑚化石“日轮”的研究结果进行了报道：他说在4亿年前泥盆纪时代的珊瑚化石上，每一“年轮”中有400条“日轮”，说明当时一年有400天左右。而在3.2亿年前的石炭纪时代的珊瑚化石上，则有380条“日轮”，说明当时一年有380天左右。目前珊瑚相邻“年轮”之间则仅有365条环纹，正好和现在一年的天数相等。如果地球绕太阳运动的轨道不变，它公转一周的时间就不大可能有变化，这样泥盆纪时的一天就只有21小时54分，石炭纪时一天也只有23小时多一点。

目前，人们不再怀疑，地球自转速度在变慢这一事实，然而对其变慢的原因却有不同的解释。

除了康德提出的月球对地球所产生的潮汐摩擦是减慢地球自转周期的原因外，最近又有人提出了新见解，认为潮汐摩擦主要发生在浅海区。另外，地球半径的胀缩，地核的增生，地核与地幔之间角动量的交换以及海平面和冰川的变化等，都可能引起地球自转的长期变化。但这些课题，目前还处在进一步的探索过程中。

随着研究的不断深入，人们发现地球自转速度在春天慢20～25毫秒，秋天又快20～25毫秒的年变化。对此，有人解释为主要是季风和洋流周期性的搬迁地表质量引起的，即上半年有搬往低纬的质量，而下半年则相反，由于角动量守恒，制约了地球自转的速度变化。但也有人认为这种变化是由地面上气团移动引起的，并给出了形象的解释：每年春夏季节有几十亿吨水由于蒸发变成水汽进入高几百米、几千米的高空，这仿佛是地球伸向宇宙空间的许多手臂，于是使地球自转速度减慢。地球自转好像一个溜冰的人在旋转，当他两臂伸展时，旋转速度就要变慢；同一道理，在秋冬季节，大气中的水汽回复为地表水，好像地球收紧许多手臂，地球自转速度便又加快起来。以上两种解释哪种更科学还有待证实。

在发现转速周期变化的同时,科学家还发现地球自转有时快有时慢的不规则变化。这些变化有的表现平缓,可能也与地核地幔之间的角动量交换有关。但有的却是急骤的突变。如在美国华盛顿和里士满两个地方,曾测得地球转速在1957年、1961年和1965年等都有明显突变。这到底又是什么缘故?它的物理机制至今还令人费解。

有人推测海~气的交互作用可能会引起几周到几个月尺度内的转速突变。然而这种观测资料却很少。地震与地球转速变化的关系人们比较关心。在我国,据一些资料表明,季节性的转速变化和某些构造与地震似乎有关联,这对预测地震很有意义。但在1963年的千岛群岛大地震,1964年的阿拉斯加大地震前后,都没有地球转速明显变化的表现。看来,在地球转速变化的成因上,困惑人们的问题还是不少。

地心吸引力会改变吗

这一年来我的体重没有丝毫增减,今天却比一年前轻了。1665年,牛顿见苹果从树上掉到地下,正好要一秒钟,如今却要一秒多。住在地球两面的朋友,距离也一年比一年远。虽然这三种差异都微乎其微,分别约为一百分之二十八盎司、一亿分之二秒和五十分之一时,但是全部千真万确,而且互有关联。

要解释这三件事的关系,得从20世纪30年代说起。当时,天文学家查阅过去数百年来的观测记录,发现一个惊人现象,就是地球上的一天在不断延长,大约每100年延长1/5秒,这一点也经化石学家研究证实。化石学家研究4亿年前的珊瑚生长方式,推断当时每年约有400天之多。那时地球自转速度比现在快,所以每天的时间略短。

数学家认为,地球自转减慢起因于月球对地球的引力作用,他们提出的数据却不能完全解释减慢的现象。1938年,英国物理学家狄雷克指出,从宇宙规律可做出一个令人惊异的预测,就是引力会随宇宙的衰老而衰减,从而导致地球在膨胀。

狄雷克这个推论,过去一直被视为无关紧要的科学趣谈。直到1970年,地质学家得到大量证据证明地球原先的体积是现时的8/10,科学家因而得出必然的结论:既然地球内聚全靠引力,那么引力减弱地球就一定会膨胀。地球膨胀了，自转速度因而减慢。

地质研究还指出，今天所知的几个大洲，在地球较小时原本是盖满整个地球地面的，而且几乎全部浸在水里。后来地球逐渐膨胀，表面破裂，才形成几块分离的大陆，大陆板块间的空隙越来越大，水注入其中，形成了今天的海洋。

大抵正如英国天文学家霍伊尔爵士所推断，在最初的10亿年，只出现一些类似现代细菌的生物，其中有些能在100摄氏度下生存。在第二个10亿年里，温度下降，出现了可在71摄氏度高温下生存的蓝藻。再过10亿年，又出现了可忍受60摄氏度高温的真菌和其他藻类。到最近10亿年，温度降至37.7摄氏度以下，需在较低温度下繁衍的多细胞动植物就逐渐生长起来了。

如今许多科学家都相信，宇宙万物在不断膨胀，不断减轻，原因在于宇宙渐老以致引力渐弱。

沧海为何变成了桑田

“时过境迁”这是中国民间的一句俗话，它既辩证地道出了某种时空关系，又生动地点出了地理环境随着岁月的推移而变迁的客观规律。我们人类居住的地球是一个多变的星球，它的一切都处于无休止的运动和变化之中，其中最为人们注目的是高山的崛起和大海的消长，这就是人们通常所说的沧桑之变。

沧海桑田在我国古籍中早有记载。春秋时期的《老子》一书曾有：“桑田变沧海，我为之添一筹，沧海变桑田，我又为之添一筹，忽已三千年矣。”这可以称得上是对地球的沧桑之变最早的描述。

值得提出的是，古代的一些科学家不仅指出了地球的沧桑之变，而且还为论证这种变化并探索引起地貌和地质变化的原因，进行了不懈的努力。公元1077年，我国北宋的科学家沈括在出使河北，沿太行山进行考察时，发现山麓石壁间“往往衔螺蚌壳及石子如鸟卵者，横亘石壁如带。”就大胆推断太行山乃是“昔之海滨”，由于大河、漳水、滹沱、涿水、桑乾诸河之泥沙冲填，使原来的海洋变为陆地。

稍晚一些，欧洲文艺复兴时期出类拔萃的科学伟人达·芬奇也有类似的发现和论述。他根据当时所能掌握的事实，认为山和海并不是老在它们现在所在的地方，同时还认为，山脉也不是骤然拔海而出的，海陆轮廓的变化是漫长的地质历史过程。达·芬奇关于海陆变迁的论述在当时来说，可算得上难能可贵。

但是,他对引起海陆变迁的神奇力源究竟是什么,并没有揭示出它的真谛。

我国唐代诗人白居易虽然不是一个科学家,但是,他的动人诗篇对引起海陆变迁的动力却道出了一点端倪,他写道:

白浪茫茫与海连,平沙浩浩四无边,

暮去朝来淘不住,遂令沧海变桑田。

在这里,白居易显然看到海潮的这一巨大的自然力,“暮去朝来”不仅能破坏海岸,令陆变海,还将冲刷下来的泥沙搬运、堆积,遂使沧海变桑田。

海浪确实是一种引起地球表面变化的自然力,它可以使海岸前进或后退。然而,平地生高楼,使山脉拔地而起或使地壳深陷为盆地、断裂为深谷,又是什么力量所为的呢? 也就是说,苍茫大地,谁主沉浮呢?

探索地体起落和沧桑之变,换句话说,即探索地壳运动及其规律,这是一个科学难题。为了揭开它的奥秘,许多地球科学工作者继往开来,为此贡献了自己毕生的精力。

早在1788年,英国地质学家赫屯就曾在他的名著《地球理论》一书中指出:“地下火”是使山脉崛起的内在动力。他认为,地球内部的“地下火”——炽热的岩浆侵入地壳或溢出地表,是使地壳隆起的真正原因。这就是最早对地壳运动问题作出解释的“隆起说”。这一假说从火山活动这一常见的现象出发,以简单、明了的模式探讨了引起地壳运动的原因。但是,限于当时的科学水平,它毕竟是肤浅的,甚至与某些事实相矛盾。

1852年法国地质学家鲍曼提出了又一种新的学说——“收缩说”。按照“收缩说”的观点,由于地球的收缩,在地壳内应长期存在着一种均衡影响整个地壳的总压力,它将对地壳运动起着决定性的作用。然而,人们在广泛的地质调查中发现,地球表面上各个地区地壳运动的进程并不完全一样,有些地方岩层已经发生了强烈的褶皱,有些地方岩层却“纹丝不动”,保持着原始状态。另外,从整个地质历史来看,地壳运动也是有时激烈,有时平静,并不是持续不断地进行。这些客观事实都使“收缩说”遇到了一定的困难。

20世纪初,美国的地质学家霍尔·丹纳等人创立了“地槽说”。地槽说以详实的地质资料论述了地球上某些构造单元演化的历史,使人们对地壳运动的认识前进了一步。可是它只注意到了地壳的垂直起落,却忽略了地壳的水平运动,因此不免有其片面的地方。特别是当一些地质学家把它奉为“圣典”,不加具体分析地到处生搬硬套,把局部得出的结论视为不可逾越的信条时,这样就走向了反面。事实证明,当地槽说在学术领域居于统治地位时,就因此而阻碍过科学的发展。

20 世纪伊始，可以说是地质学上一次大的转折，德国地质学家魏格曼以极大的勇气冲破了长期占统治地位主张地壳以垂直运动为主的传统理论的禁锢，大胆地提出了地壳可以远距离水平移动的新理论——“大陆漂移说”。

魏格曼认为太阳和月亮对于地球的引潮力是引起大陆向西漂移的原因。但这种看法也遭到许多人的反对。英国地球物理学家杰弗里斯从理论上证明这样的设想是不正确的。这样，由于原动力问题没有得到很好的解决，使魏格曼所设计的“大陆航船”搁浅了。难怪有人说，大陆漂移说在解释各种具体问题时生气勃勃，而谈到大陆漂移的动力时却软弱无力。有人还说：“大陆漂移说虽然从现象上把许多问题就像快刀斩乱麻似的理了一通，但若搞不清现象产生的原因，恐怕也难以进入近代科学的行列。”对于魏格曼来说，他并不是没有意识到这一点，尽管他力图去解决，但限于当时科学发展水平，终究力不从心。到了30 年代，随着魏格曼在格陵兰考察中以身殉职，大陆漂移说在一派反对声中销声匿迹了。

大陆漂移说虽然暂时衰落了下去，但它在人们思想中点燃的“火种”却继续在燃烧。一些相信大陆漂移说的人仍坚持不懈地为探索大陆漂移的动力而工作着。以后，美国拉蒙特地质观察所的艾萨克斯和法国海洋开发中心的勒皮雄等一大批学者在此基础上，又综合了其他方面的科学成果，提出了一个全新的理论——“板块构造学说”。

板块构造学说的建立是地球科学上的一次革命，它不仅以最新的科学成果解释了海陆起源和大陆漂移的动力这一疑难问题，而且对像喜马拉雅山的崛起、青藏高原的隆升以及太平洋西岸的岛弧、海沟等许多全球性的构造系统都做出了很好的说明。所以这一学说一经提出，便很快成为了最时髦的理论，并受到了绝大多数地质学家、地球物理学家的赞成。

此外，值得提出的是除了以上所述的各种关于地壳运动的理论之外，中国地质学者也有不少独到的见解和理论，著名地质学家李四光创立的地质力学就是一种。李四光另辟蹊径从研究中国石炭二迭纪地层和绵延全球的构造形迹入手，提出了地球自转速度的变化是发动地壳运动的主要机制。

黄汲清教授在批判地吸收 100 多年前欧美一些地质学家所创立的地槽说——地台说的基础上，结合我国地质构造实际，系统地研究了我国天山、祁连山地槽发育的历史，提出了多旋回说。认为：地槽向地台的演化不是一次构造运动便能完成得了的，而是经历了多阶段即多旋回的发展和演变。这一理论已成功地运用于找矿勘探。

张文佑教授则在20世纪60年代初提出了一种新的大地构造理论——断裂断块说。他认为:地球的壳体并不是铁板一块,其中有稳定的地块,也有活动性的断裂带,在地球自转所产生的水平作用力推动下表现为不同规模的左右错动和层间滑动。

陈国达教授结合我国中、新生代地壳活动的实际,提出了一种关于地壳发展规律的新学说——"地洼说"。他认为:地壳演化过程中有一个阶段,既不同于地槽,又不同于地台,而是另具更为复杂结构的大地构造单元——地洼区。并用动定转化递进的观点来解释其演化。

无疑,板块构造学说也好,地质力学也好,它们较之以前的大地构造理论在找寻地壳的升降和海陆的起源这些问题上,显然是大大前进了一步,但也绝不是视为终极真理。尽管如此,千百年来人们对地壳运动问题仍然进行了不懈地探索,并经历了由表及里、由近及远、由陆及海、由海及空的过程。它每前进一步,都代表了这一时期人类的科学技术水平和对地球认识的新高度。苍茫大地,谁主沉浮?这个亘古之谜,虽然现在人们尚未得到统一的认识,但我们坚信它是可以被认识的而又不可穷尽的。这就需要人类付出无法计算的代价永无止境地探索下去。

磁场变化与气候关系之谜

1986年1月22日,美国哥伦比亚大学拉蒙特—多尔蒂地质研究所的一位地球物理学家不安地打电话给美国东北部地区的电视台气象预报员,预言一星期内该地区将会出现洪水或强大的暴风雪。气象预报员们没有一个人相信他的预言,因为他们认为也没有收到过有关天气发生异常变化的正式预报。那位地球物理学家要求电视台在播报气象预报后把他的预测也公之于众并作参考,但遭到了拒绝。

三天以后,一场意外的特大暴风雪袭击了波士顿到首都华盛顿之间的广大沿海地区。暴风雪持续了72小时以上,沿海地区降雨量达10厘米,内陆地区降雪量达100厘米。暴雨和暴风雪给毫无防范的居民带来了巨大的财产损失和生活不便。

预报这场暴风雪的地球物理学家是戈埃斯塔·沃林。他从70年代起就相信地球的磁场与气候有关。在1970年，沃林和同事戴维·埃里克森开始研究1.1万年前地球上最后一次冰期结束以来的气候变化。事有凑巧，就在他们绘制出温度升降曲线图的同一个星期里，权威的《科学》周刊上登载了一篇简述同一时期地球磁场变化情况的专文。沃林仔细研究了该文所附的图表，发现与自己绘制的温度曲线图极为相似。他苦苦思索到第二天天明，猛然想出了两张图表之间的关系：温度曲线与磁场曲线存在着此起彼伏、此伏彼起的相互关系。当地球磁场减弱时，气候会转暖（温度曲线上升）；而当地球磁场增强时，气候则转为寒冷（温度曲线下降）。

沃林深知，科学史上这种偶然的巧合极其常见，唯有从不同的时期和地点搜集更多的证据，才能最后做出结论。不久，机会来了。沃林遇到了另一位专门从事地球磁场研究的学者瑞安。瑞安曾研究过中、南美的加勒比海海底70万年以来沉积物的磁性。说来也真巧，沃林和埃里克森在同一地区也进行过气候研究。瑞安提出证据，证明地球磁场方向曾出现过5次短暂的倒转。在磁场方向倒转时，地球的南北磁极出现了互相易位的现象。沃林、埃里克森和瑞安3人合作研究了4个多月，证实了地球磁场与气候确有长期紧密的关系。不仅在加勒比海如此，在太平洋和地中海也同样如此。

然而，科学界对沃林理论的反应不一。气候学家几乎全都支持他，而地球物理学家同行则认为沃林还未能确切地说明磁场与气候的关系。沃林指出，根本的答案来自直接影响磁场的变化，或是取决于太阳日射微粒流的变化。但另一些科学家提出了不同的看法，认为地球磁场减弱时太空到达地球的辐射机会固然会增多，但其强度并不足以使气候转暖。

沃林开始着手寻找更多证明自己理论的事实依据。他设想，如果长期的磁场变化会造成气候的长期变化，那短期的磁场变化也应该影响短期的气候变化。他决定对若干事前未能预测到的强风暴资料进行分析研究。如果那些风暴的强度与地球磁场变化强度之间确实有对应关系，那自己的理论就更有说服力了。

沃林翻阅气候记录时发现，1967年2月7日，有一场未预测到的暴风雪袭击了纽约市，积雪达0.3米深。而同一时期的地球磁场变化记录表明，地球磁场强度在经历了一段长时期的平稳阶段后，在暴风雪到来之前突然转弱。沃林又研究了另外两次发生在1983年的未预报风暴，发现当时地球磁场都在风暴发生前两天半突然转弱。可惜，这一切还不足完整地说明磁场与风暴之间究竟有什么规律可循。

沃林为了证明自己的研究成果并非"事后诸葛亮",决定用磁场理论作一次准确的意外气象预报。他请求在弗吉尼亚州科尔宾市弗雷德里克斯堡地磁研究所工作的朋友密切注意地磁测量记录,发现异常变化时立即通知自己。1986年1月22日,他接到了地磁异常变化的通知后,立即打电话通知了有关地区电视台的气象预报员,预报了一场特大暴风雪即将来临。

气象预报员拒绝了沃林的预测,招致了前文所述的那场灾难性后果。他们最终不得不承认沃林可能有道理,而科学界也开始正视沃林的研究。关于地球磁场变化与气候的关系,有待于人们进一步的辛勤探索。这种有意义的研究一旦获得突破性进展,千千万万信赖天气预报的人们将更有效地防范异常气候的突然袭击,免除一系列不必要的生命和财产损失。

地球空气究竟来源于何处

空气、阳光、水被称为生命的三要素,但是在这三要素中,空气对我们人类来说是最为重要的。人在没有阳光照射时会活很长时间,没有水,人也可以生存5~10天,然而没有空气,人只能活几分钟甚至更短。其实我们呼吸空气只是呼吸空气中的那一部分氧气,氧气是生命活动的根本,氧气从呼吸道进入体内通过血氧交换到达全身各部,使机体组织细胞能够新陈代谢,进行着正常的生理活动。

氧气在空气中以体积计算约占21%,以重量计算约占23%。空气中含量最多的是氮气,按上述两个方面计算分别占78%和75.5%,另外空气中还有水蒸气、二氧化碳、氩、氖等气体。空气在标准状态下每升重约1.29克,随着距离地面越高空气则越稀薄。

但是空气最早是怎么形成的呢?

根据天文学家推测,行星是由一些巨大的气体和尘埃旋转而形成的,而构成这些气体尘埃的各种元素比例,一般等于它们在宇宙中所占的百分比。在地球形成之前与其他行星一样,其构成约有90%是氢原子,9%是氦,其余是极少量的氖、氧、碳等元素。地球的尘埃在高速旋转中逐渐靠拢形成一个核心,这就是地核的雏形,在构成之中一些气体也被笼绕在圆体形成物中间,当这些堆积物越来越大,随之其内部的压力越来越高,因而最后造成火山喷发,这些被裹在地表以下的气体则喷发出来,其中的氢不是被燃烧,就是由于其密度太小,而迅速脱离地球逃逸了。氖、氦也同氢一样消失了。而剩下来的气体不是由于密度较大，就是由于水蒸气的凝结而来不及逃逸的，这就形成了大气，它包绕了地球的表面。这些剩余的气体有水蒸气、氨、甲烷和少量的氩。水蒸气冷凝后便落到地球表面，于是就形成了海洋。

这些大气由于太阳紫外线的辐射，其中水蒸气又分解成氧和氢，氢又逃逸掉了，于是仅剩下氧，氧与氨化合生成氮和水，与甲烷化合生成二氧化碳和水，这就是地球在几百亿年生命开始之前的大气。氮和氧作为生命的初始物质，为生命的诞生和孕育做出了极为突出的贡献。

随着生命在偶然的情况下出现，以及在臭氧层形成保护层之下，生命的光合作用开始进行，于是大气中的二氧化碳被吸收，同时释放出氧气，地球才真正地走向了能够孕育生命和利于生命生长的正常轨道，这些大约距今有五亿年了。

以上所说的这一切只是我们根据对于其他星球观测到的现象而对地球大气形成的一种推理。至于为什么众多的比地球还古老的星球最终并未产生生命，是不是与大气的构成有关，我们目前尚无法回答。同样对于我们地球本身的这种大气形成机理，也没有敢说就是如此之明确，因而空气的形成对于我们来说就不仅仅是千古之谜了。

黄土高原的由来

在20世纪30年代，中国人民的好朋友、美国记者埃德加·斯诺为了对中国共产党和她的领袖们进行一次历史性采访，曾经冒着很大的危险，只身一人来到陕北。陕北是我国黄土高原的一部分。他在后来出版的《西行漫记》中，对黄土高原作过下面一段精彩描述："这是令人惊叹的黄土地带……这在景色上造成了变化无穷的奇特、森严的形象——有的山丘像巨大的城堡，有的像成队的猛犸，有的像滚圆的大馒头，有的像被巨手撕裂的岗峦，上面还留有粗暴的指痕。""那些奇形怪状、不可思议、有时甚至吓人的形象，好像是个疯神捏就的世界——有时却又是个超现实主义的奇美的世界"。

八九十年前，当一些到中国探险的外国科学家走进黄河中上游的陕西、山西、甘肃等地的时候，立刻被那里黄土高原的壮观景色惊呆了，那是一个地球上绝无仅有的黄土世界。

在欧洲，德国的莱茵河两岸，中欧的多瑙河一带，以及北美密西西比河等地也有不少黄土分布着。但是与中国的黄土高原的黄土相比，简直是小巫见大巫，不论在面积上，还是在厚度上，都无法和中国的黄土高原的黄土相提并论。

黄土高原东到河北、山西交界的太行山，西到甘肃的乌鞘岭，南到秦岭山脉，北到长城一线，面积达40余万平方公里。黄土高原上黄土的堆积厚度也大得惊人。一般有五六十米厚；在陕西、甘肃的一些地方，可以找到一二百米厚的黄土层。这样厚的黄土层在国外是找不到的。那么，这么大范围分布的深厚黄土层到底是怎么来的呢？直到不久前，科学界对这个问题还在争论不休。

一种学说认为，黄土是由当地岩石风化造成的。他们认为，因为地质时代久远，风化过程很长，天长日久，就会使岩石逐渐风化成粉末，形成厚厚的黄土堆积。这种学说受到不少学者的反对，他们认为，如果按照上述意见，黄土高原上的黄土应该遍地皆是，但是事实上黄土高原上超过3 000米以上的山峰并没有黄土堆积，这些山峰像一座座岩岛，屹立在茫茫的黄土海洋之中。

另一种学说认为，黄土应该是流水挟带的泥沙堆积而成。而反对这种学说的学者认为，根据他们调查，在黄土高原上，那些几十米厚的黄土层中，几乎看不到明显的流水层次。

需要指出的是，这里所说的黄土并不是我们心目中那种一般的“黄色的土”。黄土高原上黄土的地质又细腻又均匀。黄土颗粒的大小只有一毫米的几十分之一。厚厚的黄土层中，上上下下看不出明显变化。

现在科学家比较一致的看法是黄土风成学说。也就是说，黄土高原的黄土是大风吹送、堆积而成的。

最早提出风成学说的科学家们根据亚洲大陆内部戈壁、沙漠和黄土的分布情况，画了一幅想像的地图。地图的中央部分是砾石遍地的戈壁，向外是几大片有名的沙漠，即前苏联境内的卡拉库姆沙漠，中国境内的塔克拉玛干沙漠、巴丹吉林沙漠、腾格里沙漠等，再向外就是广布于我国黄土高原上的黄土。地表物质由中央向外围，由砾石到沙粒再到黄土细粒，表现出明显的地带规律。因此，他们认为黄土在漫长的地质时代里，亚洲中心地带的戈壁、沙漠地区吹来的风，把那里的细土带到这里来的。

这个学说提出以后，因为还没有更多过得硬的证据，所以起初并没有多少人支持它。说100多米厚的黄土层是风吹来的，怎么能让人相信呢？直到中国科学家们近二三十年做了大量的科学研究工作，找到了可靠的科学依据之后，黄土风成说才渐渐被公认了。

中国科学家们做出了哪些新的成绩呢？

第一，在黄土里找出古代植物遗留下来的孢子和花粉，并且进行了鉴定。根据这些植物种类，明确地证明了当年黄土高原时的气候环境确实是一种干燥而又寒冷的气候。

第二，在显微镜下对黄土中的细沙进行观察。发现这些很小的沙粒表面上没有流水摩擦的痕迹，倒像风力搬运的结果。科学家们还在黄土高原上，采取不同地区的黄土土样，测定颗粒的粗细，结果是越接近西北沙漠，颗粒越粗；越向东南，颗粒越细，很有说服力地证明黄土是从西北沙漠地区吹来的。

第三，有的学者还利用近代气象学的知识恢复当时的亚洲大气环流状况，提出那时的风向是有利于黄土搬运的。

黄土的形成起码经过了100多万年，在最近二三万年前达到最高峰。到了有文字记载的历史时期，黄土的形成过程仍然没有结束。我国古代许多历史书籍中多次记载的“雨土”现象，就是黄土搬运堆积的实证。

第二章 植物王国

植物也有心灵感应吗

英国工程师乔治·德拉瓦尔和他的妻子马乔里一起发现，通过一套棱镜系统把辐射能聚集到患病或发育不良的植物上，可以影响这些植物的生长。直接对植物进行放射，或通过叶子，甚至仅仅是照片，把能量集中成束状射向植物，都可得到同样的结果。这件事，德拉瓦尔本人也弄不明白究竟是设备，照片的辐射，还是某个特殊的操作者，或者是所有这些因素的总和在发挥作用。

接着他们又用这一办法进行了改善土壤的试验。他们选了两块相隔 9 米的土地，照了相，分别种上 4 颗相似的洋白菜。在暗室里，他们对一块土壤的照片每天进行辐射，另一块土壤则未进行处理。一个月后，发现处理过的土壤中的洋白菜一直长得快于未处理的。成熟后比较表明，前者比后者大 3 倍。后来，他又对甘蓝、莴苣、蚕豆和萝卜进行了同样的实验，也都取得了满意的结果。

后来他们又发现，只要把经过辐射处理的物质混入土壤中，也会收到同样好的效果。他们把黑麦、鸭茅等植物的种子和处理过的蛭石按 2:1 的重量比例混合起来，种到两个盒子中。在另外两个盒子中，也种上植物种子和蛭石，不过蛭石是未经处理的。虽然土壤条件一样，但放入处理过的蛭石的盒子所长出来的庄稼，产量高 186%，蛋白质含量高 270%。他们又按每英亩 238 公斤的比例，在一平方米的米尔福燕麦田里混入处理的蛭石，5 个月后收获时估计，每英亩产量为 2 吨，比未处理过的高 270%。

可是，有人按照他们的方法处理种子，却没有取得什么成果，而只要他们一插手，就获得了成功。这是什么原因呢？他们怀疑起作用的是人的因素。为了鉴定人的作用，他们又把蛭石混入用盆子种着燕麦的土壤中，让助手每天浇一定量的水，并告诉他们哪盆里的蛭石经过放射处理，哪盆未经过处理。事实上，所有的蛭石都未经放射处理。结果证明，由于助手相信某些盆里含有处理过的蛭石，而长得比其他的快。显然，仅仅是人们认为其会生长得快的意识，对植物也是一种营养而助其迅速生长。

美国佐治亚技术学院的米勒博士同在医疗卫生方面取得杰出成就的沃勒尔兄弟一起，于 1967 年开展了一系列测量植物生长速度的实验。在一块黑麦田里，米勒观察到新叶子的生长速度固定在每小时 0.17 厘米。后来，他让沃勒尔兄弟于晚 9 点整开始思念秧苗，结果一到，此时指示生长速度的曲线立即向上偏离，到第二天上午 8 时，麦苗的生长速度增加了 84%，它不是按原来的速度长高 0.16 厘米，而是 0.27 厘米还多。

不但人与人之间，人与植物之间存在这种“心灵感应”，就是植物与植物之间，也存在这种“心灵感应。”德拉瓦尔夫妇发现，从某株植物上切下的树枝在地下生根后，新生的植物可从“母体”的射线获得营养。如果把母体植物连根焚烧掉后，他们发现没有母亲的树，就不如那些“母体”还健在的树长得那么旺盛。这一发现也得到了罗达尔的支持。他发现，母体植物即使离其子树很远，也能为它提供“保护”。

英国一位名叫伯纳德·格拉德的科学家曾做过这样一个实验。他从医院里挑选了一位患神经反应迟钝症的 26 岁妇女，一位患精神忧郁症的 37 岁男子，还有一位 52 岁的健康的男子，让他们每人握一杯水，握 30 分钟，然后用三杯水浇灌植物，看哪个长得更快一些。他发现，用正常的人握过的水浇灌的大麦的生长速度，明显快于神经病患者握过的水或普通水浇灌的大麦，浇灌了精神病人握过的水长得最慢。奇怪的是，浇了神经病患者握过的水的植物，比浇了未经任何处理的正常水的长得要快一些。格拉德注意到，当精神病患者手握密封的水瓶时，他没有任何反应或表情。可神经病患者握瓶时，她立即询问这样做要干什么。当被告之后，她的反应是对此感兴趣，所以，她像妈妈对待孩子似的把瓶子放在膝盖上，慢慢地摇晃着。他得出结论说：“获得这一实验结果的重要因素，并非她的基本身体状况，而是她握住瓶子时的情绪。”他指出，处理这种溶液时的压抑、急躁或敌对的情绪，都会使该溶液阻碍植物细胞的增长。

美国斯坦福大学材料科学系主任威廉·蒂勒教授认为，每个人的胸腺控制所有光谱范围内的爱的特征。某实体从胸源辐射产生的一个场，通过空间传播后被另一实体的对应腺体所接受，这样就激发了该腺体，从而进行一些生物活动。如果第二个实体发射一个同相振动返回给前者，就会在两者之间形成一条爱的意识链。可因为大多数人总是受到压抑，所表达的爱之情感非常有限，因此辐射的能量相当小，传播的范围也受到限制，所以只有少数人能够接收到这种射线，感觉到这种情感。他说："如果实体使自己以极宽的频幅大规模地发射，那么许许多多的实体将接收到其辐射，感受到其爱心，从而迸发出勃勃生机。"

关于心灵感应，人们已经观察，测量到和意识到了，但如何解释这种现象，至今还是个谜。

植物花粉的奇功妙用

原先生活在水中的藻类来到陆地上以后，进入了一个新的环境，随之出现一个问题："活下去还是不活下去?"藻类决定生存下去，因此就要适应环境。那么，在风中怎样能站住脚呢？得生长出根系。仅仅有根系还不够，还应当增加受光面积，特别是邻居比你高，遮挡住阳光的时候，营养就不足了。因此出现了叶片，以后又出现了茎、杆……就这样，奇妙的大森林在我们这个地球上便出现了。藤本植物缠绕着大树，树下铺着藓苔地毯，初开的小花点缀在绿茵地上。

岁月在流逝，大自然也在改变。温血动物取代了鳞甲动物。植物界也变了样。忽然有一天……沿着河边走过一头猛犸，它的长鼻子不停地晃动着，猛犸在吃早饭，没有哪一个生物敢挡住它的去路。看，这头巨兽拔起整包青草，放进大嘴里，经过沼泽，美餐一顿多汁的沼苔。一个清晨，它走在陡峭的河岸上。突然，被水冲刷的堤岸经不住巨兽的重量而塌陷下去。一时，压在猛犸身上的塌方微微动了，猛犸企图挣脱出来，但是又有一大块河堤塌下来，随之一切都安静了。

人们很自然地会问道："这幅图景你们是怎么恢复的呢?"要知道并没有"见证人"呀！但实际是有见证者，它就是——普通的花粉。

花粉引起了生物学家如此大的兴趣，以致形成了一个完整的科研方向。大家都知道，植物靠花粉繁殖。不但如此，在许多年前地球表面发生的大变动中，植物正是借助花粉才得以生存下来。花粉是发芽的小孢子或配子体，从中生长出新的植物。植物产生的花粉数量是巨大的（可想而知，仅一个玉米雄穗就有5000万个花粉粒！整块田将会有多少呢?）。直接用于授粉的花粉数量微乎其微，其余的被风吹散。正因如此，植物才存活下来。在高山上和沙漠里，在河中和海底，从地下开采的石油中，甚至在冰山上，都可以找到花粉。

为什么要研究花粉呢？在20世纪20年代，科学家在泥炭沉积层中发现了植物花粉。结果查明了：花粉在土中存放数千年之久无变化，确切点说，不是花粉，而是由一种叫做花粉素的物质组成的花粉膜没有改变。多次试验表明，甚至在酸碱液中煮沸后花粉膜依然如故。回想一下，在海底也曾找到过花粉，它同样也无变化。可以想象它能承受多么大的压力。

现在我们又回到故事起始提到的问题。花粉孢子的分析对生物学家是非常有用的，特别是对那些研究已经灭绝的动物和古生植物的人。科学家研究猛犸胃中的植物花粉，发现了许多有趣的事实，猛犸主要吃禾草和苔草。已经证实，猛犸不吃蕨类和苔藓。花粉的存在说明这种动物曾在安加拉河及叶尼塞河流域生活过。

花粉孢子的分析为了解地球发展史中各大阶段提供了考证。例如，已明确植物转向陆地的时间不是在古代泥盆纪，而是在此前大约3亿年。这还远不是花粉全部功能的记录表。

花粉孢子法的基本原理是，一块附有花粉印记的矿石，粉碎后放在密度比花粉本身大的液体内，花粉漂浮上来。然后把花粉收集起来，并通过离心机沉淀，就算做好了分析的准备。

地质学家认为："如果借助花粉能鉴定地球过去的面貌，那就可以确定地壳沉积的年龄。因为在所有的沉积物中都可找到花粉"。

了解含有矿层的地壳沉积年龄对地质研究非常重要。地层中藏有动植物残骸当然很好，可是如果没有呢？这时就要靠花粉来帮助了。花粉不仅是"久已消逝年月"的史册，得到花粉帮助的也不仅是地质勘探人员。除这些以外，它还是一个各种维生素的储存库。

不久前在"大自然礼品"商店橱柜中出现了带有"花粉蜜"字样的罐头。家庭主妇们抱着不信任的眼光看了看这些罐头，又放回原处。"若是纯蜂蜜该多好，可是却要带什么花粉"！如果她们对花粉的疗效稍有所知，那就会改变对花粉蜜的看法。大小不超过200微米的微小花粉球中含有很多碳水化合物、脂肪、蛋白质、无机盐，花粉中维生素含量之高是自然界中任何其他东西都无法比拟的。花粉中维生素A的含量要比胡萝卜高20倍以上。

如今谈论精神紧张和精神负担比较多。你看，心肌梗塞和神经性障碍发病率在上升……这样一来，一克花粉所含的芳香苷（芦丁，青春维生素）能够预防几十人的心肌梗塞、脑溢血和视网膜出血。花粉蜜也用于治疗高血压和神经性疾病。

有时我们可以见到，天气很好，一个完全健康的人外出，可是回来时却感冒了，又咳嗽，又发烧。出了什么事呢？为什么一个健康的人在风和日暖的好天气出门会感冒呢？问题还在于花粉。因为各种植物，开花时空气里充满了花粉，而花粉能引起某些人的变态反应。这时不需要拔火罐和贴芥末膏，可用同一种花粉制成药剂，用它能够治愈此病，并且一劳永逸。

很难预料，花粉学还能在哪些领域显示自己的本领，但有一点是清楚的，它将忠实地为人类服务。

可怕的食人植物

格·威尔斯写过一个短篇小说，名叫《奇异的兰花》，故事的主人公是威德尔贝林先生。在他的温室里有一株神秘的植物，它的吸根刺进他的身体，贪婪地吸起他的血来。

还在19世纪末，游历世界各地的一些旅行家就在谈论吃人的植物。近些年来，仍不断出现报道食人植物的消息。这样的消息，留住了许多人的目光。

最早报道食人植物的是来自19世纪后半叶的一些探险家，其中有位名叫卡尔·李奇的德国探险家，在一次探险归来后说："我在非洲的马达加斯加岛上，亲眼见到过一种能吃人的树木，当地居民把它奉为神树。曾经有一位土著妇女，因为违反了部族的戒律，被驱赶着爬上神树，结果树上8片带有硬刺的叶子把她紧紧包裹起来，几天后树叶重新打开时，只剩下了一堆白骨。"从此以后，关于食人植物的传闻便风传开来，同时关于食人植物的报道也多了起来。

在印度尼西亚的爪哇岛上，还生长着一种名叫"奠柏"的可怕吃人树。这种树是由许多柔软的枝条构成。平时这些枝条是任意舒展着的，一旦有人或野兽无意中触动了其中一根枝条，树就好像得到了警报，并随即动员所有的枝条迅速行动起来，把人或兽紧紧抓住，就像海里的章鱼一样用触手卷住猎物。同时，枝条便会流出一种胶状的液体，把人或兽消化掉。然后又重新展开枝条，等待着下一次机会。

当地人非但不肯将这种可怕的树毁掉，反而竭力加以保护。因为这种树流出的胶液是一种珍贵的药材和工业原料。可采集这种胶液是要有生命危险的。当地人想出了一种巧妙的对付办法，他们先用一筐鲜鱼喂给树吃。当树吃饱鱼之后，便像吃饱喝足的懒汉一样，即使有人再去碰它的枝条，它也不愿意动手动脚了,他们就这样采到了胶液。

、在巴拿马的热带原始森林里,还生长着一种类似莫柏的“捕人藤”。如果不小心碰到了藤条,它就会像蟒蛇一样把人紧紧缠住,直到勒死。

据报道,在巴西森林里,还有一种名叫亚尼品达的灌木,在它的枝头上长满了尖利的钩刺。人或动物如果碰到了这种树,那些带钩的树枝就会伸过来,把人或动物围起来刺伤。如果没有旁人发现和援助,就很难摆脱这种困境。

向日葵为什么向着太阳

小葵花,金灿灿,花儿总是向太阳。

早晨,旭日东升,它笑脸相迎;中午,太阳高悬头顶,它仰面相向;傍晚,夕阳西下,它转首凝望。它每天从东向西,始终追随着太阳。难怪人们叫它“向日葵”、“转日莲”和“朝阳花”了。

葵花为什么总是向着太阳转呢?英国生物学家达尔文对这个现象产生了兴趣。他发现,种在室内的花草,幼苗出土之后,它的叶子总是朝着窗外探,去沐浴那温暖的阳光。如果把花盆的位置移动一下,叶子又会很快地转过头来,继续探向窗外。他把幼苗的顶芽剪去一小块,幼苗虽然还会朝上长,却再也不会探向太阳了。于是达尔文断定,幼苗的顶端肯定有一种奇怪的东西,能使幼苗弯向太阳。

这究竟是什么东西呢?达尔文还没研究出来就去世了。科学家们继续研究,终于在幼苗顶端找到一种能刺激细胞生长的东西,这就是“植物生长素”。

植物生长素是个小东西,从700万个玉米顶芽中提取出来的生长素,也只有一根26厘米长的头发那么重。然而,这种小东西十分有趣,阳光照到哪里,它就从那里溜掉,好像有意与太阳捉迷藏似的。早晨,葵花的花盘朝东,生长素就从向阳的一面溜到背阳的一面,帮助那里的细胞分裂或增长。结果,花盘和茎部背阳的部分长得快;向阳的一面长得慢,于是植株就弯曲起来。葵花的花盘就这样朝着太阳打转了。

然而,近年来美国的植物生理学家根据这个解释,对葵花作了测定。他们发现,不管太阳来自何方,在葵花的花盘基部,向阳和背阳处的生长素都基本相等。因而,葵花向阳与植物生长素的含量多少是没有关系的。

那么,葵花为什么能向阳开呢?这里,我们不妨做这样一个实验,把葵花种在温室里，然后用冷光也就是日光灯代替太阳光对花盘进行照射。冷光的方向与太阳光一致：早晨从东方照来，傍晚从西照来。这时，你会发现无论是早晨和傍晚，葵花的花盘都没转动。如果利用火盆来代替太阳，并把火光遮挡起来，花盘就会一反常态，不分白天黑夜，也不管东西南北，一个劲儿朝着火盆转动。

通过许多实验，科学家们对葵花向阳做出了新的解释，在葵花的大花盘四周，有一圈金黄色的舌状小花，中间是管状小花。管状小花中含的纤维很丰富，受到阳光照射后，温度升高了，基部的纤维会发生收缩。这一收缩就使花盘能主动转换方向来接受阳光。特别是在阳光强烈的夏天，这种现象更加明显。

由此可见，向日葵花盘的转动并不是由于光线的直接影响，而是由于阳光把花盘中的管状小花晒热了，温度上升使花盘向着太阳转动起来。因而，从这个意义上说，向日葵还可以称作“向热葵”。

神奇的跳舞草

提起跳舞草，人们一定觉得很奇怪，人会跳舞，动物会跳舞，难道植物也会跳舞吗？会的。

在我国南方，有一种草叫长叶舞草，是多年生长的草本植物，属豆科山蚂蟥属，有一尺多高，在奇数的复叶上有三枚叶片，前面的一张大，后面的两张小。这种植物对阳光特别敏感，当受到阳光照射时，后面的两枚叶片就会马上像羽毛似的飘荡起来。在强烈的阳光下尤其明显，大约30秒钟就要重复一次。因此，人们把这种草又叫“风流草”和“鸡毛草”。

长叶舞草还有一位“姐妹”，叫圆叶舞草，它的舞姿更加敏捷动人。这种草分布在印度、东南亚和我国南方山区的坡地上。

除跳舞草之外，还有会跳舞的树。在西双版纳的原始森林里，有一种小树，能随着音乐节奏摇曳摆动，翩翩起舞。当有优美动听的乐曲传来时，小树的舞蹈动作就婀娜多姿；当音乐强烈嘈杂时，小树就停止了跳舞。更有趣的是，当人们在小树旁轻轻交谈时，它也会舞动，如果大声吵闹，它就不动了。

这种草跳舞的奥秘是什么？这一直是植物学家们探讨的问题。对这种现象，科学家们有各种不同的解释。有人认为这是由于植物体内生长素的转移，从而引起植物细胞的生长速度的变化造成的。也有人认为是由于植物体内微弱的生物电流的强度与方向变化引起的。这都是从植物内部找原因，也有人从外部找原因。有人认为，因为这种草生长在热带，怕自己体内的水分蒸发掉，所以当它受到阳光照射时，两枚叶片就会不停地舞动起来，极力躲避酷热的阳光，以便继续生存下去。这是它们为了适应环境，谋求生存而锻炼出的一种特殊本领。也有人认为这是它们自卫的一种方式，是阻止一些愚笨的动物和昆虫的接近。

关于这种草跳舞的真正原因是什么，至今还没有一致的意见。

最先登陆的是什么植物

大家知道，地球上最早的生命是在海洋里，后来逐渐"爬"上了陆地，陆地上才有了植物。可是，哪一种植物最先登上陆地的呢？一涉及到这个具体问题，分歧就大了。

有人认为最先登陆的是裸蕨类植物，其理由是这种植物有维管束，它可以把水分别输送到植物体的各个部位，供叶片进行光合作用和蒸腾作用。他们把有无维管束作为判断是不是陆地植物的标准。持这种观点的科学家认为，自从裸蕨出现500万年以后，便朝着两个方向发展。一类是工蕨属挺水植物，在长期进化过程中，把光秃无叶的枝茎表面细胞突出体外，像突起的鳞片，逐渐变成小型叶的石松类植物和楔叶类植物。莱尼属植物是生长在沼泽地中的半陆生植物，逐渐朝着大叶型方向演化，最后形成真蕨类植物和种子植物。

有人认为最早的陆生植物应该是苔藓。持这种观点的人认为，因为陆地上最早的植物比较原始，不一定非有维管束不可。尽管苔藓类植物的体内结构比较简单，输导组织不发育或不甚发育，但是，植物界从苔藓开始已出现颈卵器与精子器，这是一种保护生殖细胞的复杂的有性生殖器官，尤其是在颈卵器中能发育成幼态植物——胚，胚才是陆生植物特有的象征。

有人认为最早登陆的植物是藻类。持这种观点的人着眼于植物的光合作用。科学家们从藻类中已经发现叶绿素、岩藻黄素、藻红素和藻蓝素等多种光合色素，其中绿藻门类植物所含的色素种类及组成比例与陆地植物的光合色素比较一致，而且细胞内的贮藏物质也都是淀粉。由此推论，最先登陆的植物应该是绿藻类。

以上种种假说，还都有不能自圆其说的地方，要想揭开最先登陆植物之谜，还需要进一步探究有力的证据。

大自然中寻常植物不寻常

近年来，植物的特性引起了人们的兴趣。现在已弄清楚，植物并不是想象的那样简单，而是具有自己的激素、肌肉和神经的极其复杂的活机体，它们也有记忆和欣赏音乐的能力，它们也可能得感冒、消化不良、各种传染病甚至癌症。某些植物能活到5 000年，有的植物不时发散出刺鼻的尸臭味，以吸引甲虫和蝇类。这种臭味和真的尸臭味一样，致使昆虫将卵产在这些植物的花上，同时把花粉带走。可平时这些花的气味完全正常。已经证实，这种植物能提高自身的温度，直到开始腐烂。

因为，发散出尸臭味是一种独特的模拟。为了模仿这种气味，植物需知道真正的尸臭味，即具有嗅觉。初看，这是完全不可能的，但有资料证明，甚至细菌也存在这种嗅觉。

关于植物具有嗅觉、听觉，能够觉察和感受气味的说法之所以使科学家惊奇，还由于它具有自己的特殊结构。这些植物既无眼睛，又无鼻子，它们的感官构造应当与人的完全不同，其作用原理也根本不一样。但总的说，它们是有感觉器官的，而且完全可以和人或动物的感觉器官相媲美。比较发达的植物对多余的光照往往用休克来回答。用人工光照来代替太阳光是骗不了这些植物的，它们虽然也接受人工光照，但能够把它与太阳光区别开，而且不喜欢长时间人工光照。如果温室经常进行人工光照，植物起初开始“打盹”，以后就会疲倦得睡着了。

这些植物的其他感觉器官更令人惊奇。某些植物的触觉十分发达，能识别出专门吃花蜜的蚂蚁，当这些吃花蜜的小偷一靠近，花朵就迅速闭合。卷须异常敏感，能够做回转运动来寻找合适的支撑点。它们的触觉细胞对只有0.25克重的丝线头的接触都有反应。而某些卷须如此敏感，甚至能伸向与它们毫无接触的支柱。

所有生物还有一个共同点:有疼痛感觉。测定植物的电位差表明,当植物叶片或枝条被折断时,出现电压跃变,就好像受难哑巴的叫声。相反,用三氯甲烷(氯仿)处理则可使植物安静下来。

再有,所有植物对磁场的轻微变化都会有反应。一些藻类可用来代替指南针。美国有一种植物,它的四片叶子总是指向四个方位。

植物还有预测天气的本领。例如,马铃薯能在两天前就预感出气压的变化。印度有一种白菜不仅能预报恶劣天气,也能用抽出新梢来预告即将发生的地震。

植物怎样调整体内的化学物质

植物如果想在自然环境中生存下去,除具有一定的适应能力外,还要有一套自卫能力,否则是不行的。因为它们每时每刻都面临着微生物、昆虫、脊椎动物的破坏,还受到自然灾害的侵扰。所以,一些植物为了使自己能够生存下去,形成了各种各样的自卫本领,有的可以抗寒、抗涝、抗盐、抗病,有的还拥有强大的化学武器,有的还能以棘、刺及毛状体等为武器进行自卫,有的还具有逃避灾难的本领。更奇妙的是,有些植物在受到敌人侵害时,能迅速调整自己体内的化学物质,进行更为有效的自卫。

1970年,美国阿拉斯加的原始森林中,野兔繁殖的极为迅速,严重威胁了森林的存在。当地人为了保护森林,采取了很多办法,对野兔进行大规模地捕杀,可是效果不大,野兔仍有增无减。当人们眼看森林就要遭到毁灭时,奇迹出现了,野兔竟然集体生起病来,大批大批地死亡,就在几个月的时间里,野兔就在森林里消失了。这是怎么回事呢?科学家们深入现场进行实地考察。他们发现在被野兔咬过的树新长出的芽中,有一种叫萜烯的化学物质。正是这种物质,导致了野兔的生病、死亡,森林被保护了下来。

这种现象在其他地方也有发生。1981年,在美国东北部的大片橡树林中,出现了一种叫舞毒蛾的森林害虫,很快便把1000万亩的橡树叶子啃个精光。可是过了一年以后,舞毒蛾竟然销声匿迹了,橡树林又焕发了往日的风采。这是怎么回事呢?因为当时人们对灭娥并未采取什么措施。经研究发现,在舞毒蛾咬食之前,树叶的单宁酸含量并不多,可在咬食之后,单宁酸却大量增加。这种单宁酸同舞毒蛾胃里的蛋白质结合之后，吃进去的叶子就难以消化了。舞毒蛾吃了这样的橡树叶子后，便会浑身不适，食欲减退，行动迟缓，不是病死，就是被鸟类吃掉。原来是单宁酸保护了橡树林！

植物学家对这样的事情是不能无动于衷的。英国植物学家厄金·豪克里亚通过观察发现白桦树被昆虫咬伤后，树叶中的化学物质酚就会增加，影响了叶子对昆虫的营养价值。酚在桦树叶子中生成很快，一般在昆虫食后的几小时，最多几天内就会形成，这样便有效地抵制了昆虫的进攻。酚在桦树叶子里存在的时间是短暂的，危害解除，酚也随之减少。还有一些科学家通过对枫树、柳树以及其他植物叶子的观察研究，也都发现了酚醛、树脂等抵抗害虫的化学物质。

以上种种现象，听起来就够离奇的了，接下来植物学家的发现，听起来就更像是天方夜谭了。美国华盛顿大学的植物学家戴维－罗兹和达特默思学院的学者伊思·鲍德温都发现，有些植物在受到害虫袭击时，不但自己能自卫，还会向周围的伙伴发出警报，让它们也做好自卫的准备。罗兹发现，当柳树受到毛虫攻击时，不但柳树本身会产生抵抗物质，而且 3 米以外的柳树虽然没有受到攻击，也会产生抵抗物质，进行集体自卫。糖槭也是这样，受攻击的树还会产生挥发性化学物质，通过空气四处传播，通知其他糖槭树有敌人入侵，要做好准备。

这一切都好像是有意识进行的，因此有些植物学家对此持否定态度。他们认为，植物没有神经系统，没有意识，怎么能进行自卫呢？总之，这些还都是谜，也需要科学家们能尽快做出令人满意的解释。

有些植物为什么要牺牲叶子

现代栽培作物的野生祖先适应于动荡的、无人类参与的环境。在那种条件下，幼苗生存的机会很多，但是很难完成整个生活周期，即从种子到种子。这样的环境对植物一年生习性（生长快并且一生只结籽一次）的进化是有利的，其结果，为农民提供了生长得快并且大量繁殖种子的野生植物。经过驯化、人工选择，淘汰了一些适合野生的性状（即增加植物对野生的“适应度”）。例如，菜豆经过基因的突变，人类选用了矮秆型，以肉质豆荚代替了干荚壁，以不裂开的豆荚代替了爆裂的豆荚，以一播种就萌发的种子代替了具休眠期的种子。结果产生了我们现代栽培的矮型、绿色的菜豆。那么，豆类植物为什么脱落自己的叶子？

有人认为，植物牺牲叶子是为了将叶子的蛋白质转移给种子以满足其对氮素的需要。然而，这种“自毁”理论很快就受到实验主义者的抨击。他们试验了肥料、叶片施肥、去叶片、嫁接和植物激素的影响，发现在叶子衰老与氮素损失之间似乎不存在简单的因果关系。

柯克伍德等人曾提出有进化意义的“可处置体细胞”的假设。他们指出，一个永不衰老的生物需要无止境维持大分子精确地合成，在此期间不可避免地会出现一些错误，同时这些错误将自我复制，最后造成全面崩溃。这种错误是能避免的，可是得花费能量和时间。考虑到代价，高等生物为了加速发育和繁殖，采取节能的策略，降低体细胞的精确性，可能是有利的选择。柯克伍德用动物组织为“可处置体细胞”的假设做了一些初步成功的试验。但他们认为，在植物里这种理论可能需要修正。

可是，在植物学的文献中能看到支持这种假设的一些报道。例如生殖组织对错误的调节比营养组织有效。目前花椰菜植株既能从植物(体细胞)芽繁殖，也能从可食的块状花序(生殖组织)繁殖。研究者发现，从体细胞芽发育成的植株含有许多畸形，对 14 株畸形植物的研究表明，其中有一些可能是染色体突变造成的。但是对约 14 000 株从块状花序产生的植株进行了观察，却未发现畸形。这正是“可处置体细胞”的假设所预料的结果。

“可处置体细胞”的假设可以说明若干植物存在衰老的过程，然而假设的作者不承认衰老过程可能有程序。原因在于，该假设不能说明衰老的控制过程是怎么样进化的。

从衰老过程中机体获得哪些好处？动物躯体的部分死亡对于生命没有什么好处。但是，植物死掉的部分对自身植株却有利。死亡的植物组织形成土壤，叶片枯萎和凋落有助于创造植物赖以生存的生境，一些植物落叶似乎有利于除去潜在的高浓度的重金属，温带植物落叶是逃避冬季逆境的一种方式。这些好处特别对多年生的植物有利。那么对于一年生的植物呢？

许多豆科植物是一年生的攀缘植物，其中有一些(像菜豆)来自亚热带。达尔文在对攀缘植物的经典研究中写道：“正如所料，植物为了沐浴阳光，使它的叶表面大大地舒展开来，以便接受光照和接触丰富的空气，它们成了攀缘植物。与树相比，攀缘植物取得这种效果只花费相当少的有机质。攀缘习性的重要条件之一是植物应不断地将物质朝阳运输。用菜豆作研究已表明，当叶片充分地舒展,就能检测出衰老的早期信号。我推测,这种早期的衰老对攀缘习性来说是一种适应的特征,因为当植物攀缘时,着生部位较低的叶片就变成多余的了。在没有攀缘生长习性的植物中,例如睡莲和岩石植物,就不会发生这种现象。”

最近,关于“舍己”机制的进化已有许多的研究。许多作物协调的衰老过程也属于此范畴。在限制供给营养的生境下,协调的衰老允许亲本(动、植物)牺牲自己,将自己组织的营养供给下一代。密执安州的努登及其同事对大豆进行了研究。结果表明,衰老的叶子是发育种子氮素的来源,也可能是镁的来源,但不是钙、钾、铁或锰的来源。因为,在大豆祖先进化的环境里,钙、钾、铁或锰的供应并不缺乏。这种机制的进化提供了适应性的增加和可选择的长处。这样进化的结果是大豆(和其他豆种植物)在生活周期的最后阶段,叶子脱落,种子获得氮素。但是,倘若以这些事之间的联系为依据,断定一个是原因,另一个必然是结果(即种子获得营养引起了叶子的衰老),那就错了。

植物不是受环境驱动的简单机器,它们是错综复杂的自我调节系统。植物中生长的各个组分有千丝万缕的联系,因果关系变得非常复杂。我们所能做的假定莫过于野生植物的自我调节在于最大限度地增加它们进化中的适应度。这些对祖先环境的适应可能仍然存在于我们的栽培作物里。生物应付逆境的机制即使在非逆境中也能产生。因此,作为保存氮素的适应机制,在缺氮的土壤中叶子的氮可重新被利用,即使植物生长在富氮的土壤中,叶子的氮也可能被重新利用。

现在可采用一些化学试剂干扰叶子衰老的有序过程。假如用化学试剂或遗传操作来推迟衰老,能提高牧草之类产量,那么,种子作物的情况要复杂得多。因为叶子衰老是一种限向特征,大大推迟农作物叶子的衰老不会增加种子产量。然而,若是豆类更像睡莲那样,叶子互不遮蔽,在叶子衰老开始之前有一个短暂的推迟,对增加产量可能是有用的一个步骤。

“为什么豆科种子作物要落叶?”落叶使豆科种子作物增加了适应度;一年生习性是对暂时生境的适应,植株一结籽就死亡;叶子氮素的再利用是对缺氮生境的适应;叶子碳素的再利用是对较底部叶片越来越多地被遮荫的生境的适应。

为什么霜叶红于二月花

人们平时总是说“绿叶红花”,仿佛叶子总是绿色的。确实,在大自然中,树叶和其他植物的叶子在绝大多数时间里几乎都是绿色的。可也有些树种，在秋天时它的树叶颜色会起变化。北京一景——香山红叶，那漫山遍野的红叶，真使游人们陶醉而流连忘返。江南一带的枫树，到了秋天，也是一派“红枫如火”的景象。唐代大诗人杜牧的名句“霜叶红于二月花”便是对秋天红叶的赞美。

那么，叶子的红色是怎么染上去的呢？原来叶子的颜色是由它所含的色素来决定的。一般的叶子含有大量的绿色色素，我们叫它叶绿素。另外还有黄色或橙色的胡萝卜色素，也还有红色的花青素等等。

叶子的叶绿素和胡萝卜素是进行光合作用的色素。它们在阳光作用下，吸收二氧化碳和水，吐出氧气，产生淀粉，所以叶绿素是十分活跃的家伙，但它也很容易被破坏。夏天的叶子能保持绿色，是因为不断地有新的叶绿素来代替那些褪色的老叶绿素。到了秋天，天气逐渐转冷，大多数叶绿素的产生就会受到影响。叶绿素遭破坏的速度超过了它生成的速度，于是树叶的绿色逐渐褪掉，变成了黄色。黄色就是因为胡萝卜素还留在叶子里。

有些树种的树叶会产生大量的红色花青素，叶子就开始变红了。叶子产生花青素的能力和它周围环境的变化有很大关系。如冷空气一来，气温突然下降，植物中的花青素就容易形成。因此秋天有些树上的树叶就会变红。

秋天的红叶给景色增添了色彩，变得更加美丽、迷人。可是至今为止，人们对于花青素究竟是怎么样的物质，它在植物叶子中起什么作用还不清楚。这将有待于科学家们的进一步探索和研究。

植物的螺旋状态与地球的自转

科学家们发现，地球自转所形成的重力，对人、对动物，甚至对植物的成长发育都有很大影响。

地球自转对植物的影响，从外观上看，那就是无处不在的螺旋体。最明显的例子就是爬蔓植物啤酒花。我们在潮湿的混交林中，或在河岸溪边，常可看到长得高高的、像一团乱麻似的啤酒花丛。这一团团乱麻就是它缠结在一起的细茎和心状的铲形叶。在多棱的爬行茎上长满锐利的钩刺，这些钩刺搭攀住附近的灌木或乔木。它的茎生长非常迅速，很快缠住树木的枝干，按逆时针方向盘旋上去，形成了左螺旋。有时它的茎还能自相缠绕，就像绳索一样。一般来说，爬蔓植物大都是沿着支撑体向右盘旋上升的，只有少数向左旋。啤酒花就属于这种特例。

除爬蔓植物外，其他植物的叶子也都是按螺旋方式长在茎上的。作为观赏植物的芦荟就是这样。如果我们再仔细观察一下柳树、榆树、赤杨、柞树以及柳兰、草地矢车菊等，就会发现，它们的叶子都是明显按螺旋方式排列在枝上的。另外，大多数草叶子的排列也都是螺旋式的。正是由于螺旋式排列，才没有一片叶子正好长在另一片叶子的下面，这样即使长在最下面的叶子，也能享受到阳光的光照。大多数植物的叶子都是按顺时针方向盘旋而上的，逆时针而上的为数不多。通常的情况是，右旋植物的叶子右半部发育较快，左旋植物的叶子左半部发育较快。

我们还可按照叶序旋转的方向辨别出植物的性别。比如白杨、柳树、月桂树和大麻等植物，阴性的叶子是从左向右，阳性的叶子则从右向左排列。有些针叶植物，它们的螺旋性并不表现叶子在茎上的排列形式，而是表现在这些叶子的旋转方向上。像成对生的松树针叶常常是以螺旋式旋转的，而每一对松针旋转的方向总是一致的。

人们还发现，椰子树巨大的、带有花纹的叶子也是按螺旋式排列的，不过这种排列，因其在赤道南北的位置不同而不同。生长在赤道以北的椰子树叶大多数是左旋的，而生长在赤道以南的，则是右旋的。

不但植物的茎叶是螺旋排列的，它们的花朵上的花瓣也往往同样按螺旋方式集聚在一起。果实也不例外，有种叫复果的聚花果，也是按螺旋排列的。像向日葵的花盘，它的籽就是一个挨一个地从中心按螺旋式排列，而形成一个大圆盘的。松树和白杉的球果的鳞片也呈螺旋状。

只要再进一步深入研究，就会发现对动植物机体的发育有决定性作用的脱氧核糖核酸，它的分子结构原来都是细长的双螺旋线。自然界中的蛋白质都是左旋的，而糖的原子排列则是右旋的。既然组成生物机体的分子是按螺旋曲张排列的，那么生物机体的整体都有螺旋状组织也就不奇怪了。

螺旋为什么在植物界无处不在呢？研究它有什么意义呢？这方面的研究，还远未达到令人满意的地步。

有些科学家认为，宇宙中的星体都在旋转，我们居住的地球绕太阳转，太阳系绕银河系转。这种无止境的旋转，对地球上的一切生物都会产生影响，这就是我们所看到的世界上存在那么多螺旋现象的原因。

还有的科学家设想，自然界中的螺旋状态乃是宇宙中运动的共同规律的反应。尤其是地球的永恒匀速运动，地球的引力场和电磁场对植物的生长发育起着巨大的作用。

研究植物的螺旋状态，其意义也是显而易见的。有人分析，一些对人有益的植物，其性质也许就取决于叶序的方向或者叶子的旋转方向。即使是同一种植物，由于叶序左旋和右旋的不同，它们所含的药用物质、鞣质或人体所需要的其他物质也许是有差异的。一些科学家通过对几十种植物叶子的左右两半分别进行各种物质含量的化验，发现发育较快的那半边所含的叶绿素、维生素C和植物本身生活所必需的其他营养物都比另一边多。

这些对植物螺旋状态的研究还都是初步的，许多疑团还等待着人们去进一步探索。

达尔文未解植物睡眠之谜

植物是需要睡眠的，有些植物的睡眠很容易就能观察到。比如合欢树，每到夜晚，就会把“镰刀”式的小叶子成双成对地合抱在一起，进入了“梦乡”。这时，花生的叶子也全都向上关闭着，小枝都有气无力地耷拉下来，显然，它已经熟睡了。睡莲也是这样，白天怒放的花朵，这时也都全部闭拢起来。第二天清晨，当太阳升起来的时候，睡了一夜的合欢叶子、花生叶子又都舒展开来，睡莲也慢慢张开了花瓣。

除合欢树、花生以外，还有红三叶草、酢浆草、白屈菜、羊角豆等，它们的叶子也都是晚上合闭，白天伸开。晚上睡觉的花朵，除睡莲外，还有郁金香、番红花、蒲公英等。

有些植物睡觉的时间不是在晚上，而是在白天。晚香玉就是这样，一到晚上就精神十足，白天却无精打采。烟草花也是白天闭合夜间开放。

随着季节的变化，当严冬到来的时候，植物的叶子就开始枯黄凋落，整植株部进入了休眠状态，各部分都停止了生长，在睡眠中度过寒冷的冬天。有的植物只是部分在睡眠，如腋芽。

植物学家把这种现象叫做睡眠运动，很早就引起了科学家的注意。通过对69种植物在夜间的活动观察和记录后发现，如果一些叶子因叶片上积聚了露水，或人为地保持叶子在白天的样子而不能自由运动，比能自由运动的叶片更容易遭受寒露或霜冻的袭击。植物叶子在夜间的睡眠运动由于减少了自身热量的散发，有效地抵御了夜晚的寒冷，因而有助于植物的成长。达尔文的观点因未得到事实的证明，所以一直未引起科学家应有的注意。

直到20世纪60年代，欧美和日本的一些科学家们才开始研究植物睡眠运动，对此提出了种种假说。其中有人认为，叶子的睡眠运动能使植物免受月光的侵害，因月光的过多照射，可能干扰植物的光周期感官机制，损害植物对昼夜长短的适应。这就是一时很流行的"月光理论"。但这一理论对许多现象难以解释，比如：有些热带植物不具有光周期现象，却也出现了睡眠运动。

前不久，美国加利福尼亚洲斯克雷帕斯海洋研究院的行为生理学家恩莱特根据自己的实验，对植物的睡眠现象提出一种新的解释，认为植物叶子在夜间的这种姿态能保持其自身的温度，从而促进叶子的生长。他的这一结果，是用灵敏的"热量探测针"对蚕豆类豆科植物的叶子测量出来的。他发现，保持白天姿态的叶子，它的平均温度总是比叶片处于垂直状态的叶子的平均温度要低1摄氏度。别看温差这样小，可对植物的生长却有着重要的影响。在相同的环境下，具有睡眠活动的植物生长速度较快，而且比不睡眠的植物具有更大的长势，生长速度可增快20%。

植物睡眠的奥秘一步步被揭开，人们对植物这种现象的认识越来越清楚。但是，还有一些现象用以上理论还难以给予圆满解释：有睡眠运动的植物真的比其他没有睡眠运动植物生长得快吗？有些白天睡眠的植物也是为了保持温度吗？没有明显睡眠现象的植物就不睡眠吗？这些问题对于我们还都是未解之谜。

植物的血液与血型

人有血液，动物有血液，难道植物也有血液吗？它们的血也有血型吗？回答是有的。在世界上许多地方，都发现了洒"鲜血"和流"血"的树。

我国南方山林的灌木丛中，生长着一种常绿的藤状植物——鸡血藤，总是攀援缠绕在其他树木上。每到夏季，便开出玫瑰色的美丽花朵。当用刀子把它的藤条割断时，就会发现，流出的液汁先是红棕色，然后慢慢变成鲜红色，跟鸡血一样，所以叫"鸡血藤"。经过化学分析，发现这种"血液"里含有鞣质、还原性糖和树质等物质，可供药用，有散气、去痛、活血等功能。它的茎皮纤维，还可制造人造棉、纸张绳索等，茎叶还可做灭虫的农药。

南也门的索科特拉岛，是世界上最奇异的地方，尤其是岛上的植物，更是吸引了世界各地的植物学家。据统计，岛上约有200种植物是世界上任何地方都没有的，其中之一就是“龙血树”。它分泌出一种像血液一样的红色树脂，这种树脂被广泛地用于医学和美容。这种树主要生长在这个岛的山区。关于这种树，在当地还流传着一种传说，说是在很久以前，一条大龙同这里的大象发生了战斗，结果龙受了伤，流出的鲜血洒在这种树上，树就有了红色的“血液”。

英国威尔士有一座公元6世纪建成的古建筑物，它的前院耸立着一棵已有700年历史的杉树。这棵树高7米多，它有一种奇怪的现象，长年累月流着一种像血液一样的液体，这种液体是从这棵树的一条2米多长的天然隙缝中流出来的。这种奇异的现象，每年都吸引着数以万计的游客。这棵杉树为什么会流“血”，引起了科学家的注意。美国华盛顿国家植物园的高级研究员特利教授，对这棵树进行了深入研究，也没找到流“血”的原因。

会流“血”的植物，流出的真是血吗？不是血液又是什么东西？这些都有待进一步研究。

说来有趣，关于植物的血型，竟是日本一位做警察工作的人发现的。他的名字叫山本，是日本科学警察研究所法医。他是在1984年5月12日宣布这一发现的。植物的血型，是在偶然一次机会中发现的。

一次，有位日本妇女夜间在她的居室死去，警察赶到现场，一时还无法确定是自杀还是他杀，便进行血迹化验。经化验死者的血型为O型，可枕头上的血迹为AB型，于是便怀疑是他杀。可后来一直未找到凶手作案的其他佐证。这时候有人提出，枕头里的荞麦皮会不会是AB型呢？这句话提醒了山本，他便取来荞麦皮进行化验，果然发现荞麦皮是AB型。

这件事引起了轰动，促进了山本对植物血型的研究。他先后对500多种植物的果实和种子进行观察，并研究了它们的血型，发现苹果、草莓、南瓜、山茶、辛夷等60种植物是O型，珊瑚树等24种植物是B型，葡萄、李子、荞麦、单叶枫等是AB型，但没找到A型的植物。

根据对动物界血型的分析，山本认为，当糖链合成达到一定的长度时，它的尖端就会形成血型物质，然后合成就停止了。也就是说血型物质起了一种信号的作用。正是在这时候，才检验出了植物的血型。山本发现，植物的血型物质除了担任植物能量的贮藏物外，由于本身黏性大，似乎还担负着保护植物体的任务。

人类血型，是指血液中红血球细胞膜表面分子结构的型别。植物有体液循环，植物体液也担负着运输养料，排出废物的任务，体液细胞膜表面也有不同分子结构的型别，这就是植物也有血型的秘密所在。

但植物体内的血型物质是怎样形成的，至今还没弄清其原因。植物血型对植物生理、生殖及遗传方面的影响，也还都没弄明白，这些问题都等待着科学家们继续去努力探索呢！

植物到底有没有“语言”

要想知道人能不能跟植物谈话，得先要明白植物有没有“语言”。这倒是个十分有趣的问题。人有语言，动物有“语言”，难道默默无闻的植物也有“语言”吗？通过科学家们的努力，植物的“语言”逐渐被揭示了出来。

最早发现植物有语言的是一位澳大利亚的科学家。那是在20世纪70年代，他发现植物在遭受严重干旱时，便会发出“咔哒咔哒”的声音，后经观测，发现声音是由微小的“输水管震动产生的”。不过在当时人们没有弄明白这种声音是偶然发生的，还是由于渴望喝水而发出的，要是后者，那就太令人震惊了。

这件事引起了科学家的高度重视。事隔不久，英格兰大学教授米切尔就曾把微型话筒放在植物的茎部进行了长期测听。尽管没有取得什么结果，但他仍认为这件事是有研究价值的。

后来，人们不但听到了植物的语言，而且还录了音。植物“歌曲”录音带，是由美国沙乌斯·利士纳堡录音公司制作的。他们把两个精巧的微型电极接在植物的叶子上，当叶子进行呼吸时，便会发出微微的颤动，使电压产生微弱的变化。微型电极跟一个灵敏的话筒相接，话筒就会把植物发出的信号，由另一个仪表把它转换成声音。通过录音发现，不同的植物会唱出不同的“歌”。比如非洲堇和天竺葵的乐曲就差别很大，歌声最为动听的是番茄。人们还发现，环境不同，植物唱出的歌也不同，在阳光下或沐浴到水分时，它们的歌声就会变得格外悦耳动听。

植物既然有“语言”，那么，就有了同植物对话的可能。前不久，前苏联摩尔达维亚科学院制成了一台供进行生态遗传研究用的信息测量综合装置，通过它，便开始了同植物的对话，当时在场的有遗传学家、细胞学家、气象学家、物理学家、生物物理学家、化学家、植物病理学家、生物学家和软件学家等。他们每个人都掌握几种植物的语言，通过仪器可以进行同步翻译。科学家们借助于电子计算机，已成功地获得20到30个问题的回答。因为人们能够同植物进行语言的交流，这就掌握了育种的主动权，可以在植物种间杂交时控制遗传变异。

香港有家电子仪器公司生产了一种高灵敏度传声器，能收听到植物根所发出的声音，并把音频强弱、声音大小如实记录下来。根据记录下来的声波，人们发现当植物缺少养料时，它的根部会发出强弱不同的声音。这就为合理地控制和调节植物的生理状态，提供了条件。

经长期研究，人们还发现了植物的另一种语言——微弱热量语。原来，植物在生长过程中，需要进行能量交换，叙说它受外界条件的影响及生长情况。现在人们已经制造了一种微弱热量测量仪，用来记录植物的热量变化，有效掌握植物的生长情况。

最近，英国学者罗德和日本的科学家岩尾宪三，共同研制了一种"植物活性翻译机"，这种机器只要连接上放大器和合成器，就能够直接听植物的声音。他们在研究中发现，当植物在黑暗中突然受到强光照射时，能发出类似惊讶的声音；当遇到变天、刮风和缺水时，就会发出低沉、可怕和混乱的声音，好像它们正在忍受着某种痛苦。平时，有些植物发出的声音好像口笛在悲鸣，有的则像病人临终时的喘息，还有一些叫声本来很难听的植物，当受到适宜的阳光照射或被水洗过以后，声音就会变得动听起来。

看来，对植物语言的研究真是人类所感兴趣的一件非常有意义的事情，希望科学家们再做出努力和研究。

草木非人，也能有情

人们常说："人非草木，孰能无情。"意思是说，人不能像草木那样没有感情。草木果真没有感情吗？经过科学家们的深入研究，逐渐得出了相反的结论。

印度一位叫包斯的植物学家，通过多次研究和实验，发现植物也有"心脏"。他曾做过这样一种实验，他拿着耙子之类的农具在一种植物跟前晃动，植物的触须也跟着摆动，当耙子放在左侧时，它的触须就伸向左方；当耙子放在右侧时，它的触须就伸向右侧。这无疑是一种保护性的动作。他在研究的基础上，制造了心动曲线器，证明树木类植物不但有"心脏"，还有"脉搏"，并测出"心脏"的活动周期为 1 分钟。包斯的研究表明，植物的"心脏"就在内皮下，散布在植物表面，因此对外界的袭击有反应。

植物既然有"心脏"，那就一定有"感情"，这已被科学家的实验和观察所证明。1966 年,美国的一位科学家巴克斯特把测试仪和记录仪连接在植物上,然后把叶子用火烧焦。就在他划火柴的一刹那,两种仪器上都出现了反应。当他再次拿着火柴走近植物时,记录仪的指针就产生了强烈摆动,甚至记录曲线都超出了纸的边缘。显然这是一种恐惧的表现。有人还做过这样的实验,把测慌器接在一盆仙人掌上,一个人把仙人掌连根拔起扔在地上。然后另一人把仙人掌栽到盆里,再让前一人走近仙人掌,测慌器上的指针马上抖动起来,说明仙人掌对这个人很害怕。

植物不但有恐惧心理,而且还有喜怒哀乐的表情。一位心理学家把一部脑摄像仪传送器固定在百合花的花颈上,一位妇女在催眠术的指导下,对着百合花时而大笑,时而忧伤。从荧光屏上看到百合花随着妇女情绪的变化,显出有节奏的不同波纹,说明百合花被妇女的情感变化打动了,“理解”了她的喜怒哀乐。

另外,植物还有喜欢音乐的习性。法国有一位园艺家,把耳机套在番茄上,每天给它放 3 小时的爵士乐,结果长出了 2 公斤重的番茄王。美国路易斯安那州的一位科学家史密斯,给大豆播放“蓝色狂想曲”,20 天后,这些秧苗比未听音乐的高出四分之一。科学家们还发现,不同的植物爱好不同的音乐。比如:黄瓜、南瓜喜欢箫声,番茄喜欢浪漫曲,橡胶树喜欢风琴音乐,不喜欢交响乐。实验表明,植物一般不喜欢音响过大的音乐和噪声,噪声会使花卉的生长速度减慢 47% 。

还有一些科学家发现植物也会唱歌,还会呻吟。

植物为什么会有这么复杂的感情呢?有些科学家推测可能是空气的颤动,促进了植物的生长能力。也有人认为植物的感情来源于它的“心”,这颗“心”在每个单细胞内,因此懂得冷热、惊吓和情感的波动。当然,也有人还不承认植物有感情这件事。这还是个认识问题。

人可以和植物进行心灵沟通吗

这个问题好像有点离奇,人怎么能同植物进行心灵沟通呢?可是近些年来,有些人在这方面竟取得了很多成果,引起了人们的普遍关注。

美国有一位叫维维利 · 威利的研究者,她曾做过这样一个试验,她从公园里摘回两片虎耳草的叶子,一片放在床头柜上,一片放在起居室里。她每天起床，都要看看床边的叶子，祝愿它继续活着，对另一片叶子则根本不予理睬。几天后，她不闻不问的那片叶子已萎缩变黄，开始枯干，可她每天注意的那片叶子不但仍然活着，而且就像刚从公园里摘下来一样。似乎有某种力量公然蔑视自然法则，使叶子保持健康状态。

美国加利福尼亚洛斯加托斯国际商用机器公司的化学师马塞尔·沃格尔按照威利的办法，从树上摘下 3 片榆树叶，放到床边一个玻璃碟子里。每天早饭前，他都要注视着碟子中的两片叶子，劝勉它们继续活下去，对中间那片叶子不予理睬。一周后，中间的一片叶子已变黄枯萎，另两片仍然青绿，样子健康。使沃格尔更感兴趣的是，活着两片叶子的小茎，由于摘自树上而留的伤痕似乎已经愈合。

1971 年春天，沃格尔开始了新的实验，看能否获得海芋属植物与人沟通联系的准确时刻。他把电流计连接在一株海芋植物上，然后他站在植物面前，完全松弛下来，深呼吸，手指伸开几乎触到植物。同时，他开始向植物倾注一种像对待友人一样的亲密感情。他每次做这种实验时，表针都发生一系列的向上波动，同时，他还能不断感到在他手心里有某种能量从植物身上发出来。

过 3—5 分钟之后，沃格尔再进一步表示这种感情，却未引起植物的进一步反应，好像对他的热情，它已放出全部能量。沃格尔认为，他和海芋植物之间的互相反应，似乎与他和爱人或挚友间的感情反应有同样的规律，即相互反应的热烈情绪引起一阵阵能量的释放，直到最后耗尽，必须得到重新补充。

沃格尔在一个苗圃里发现，他用双手在一群植物上掠过，一直到手上感到某种轻微的凉意为止。用这种办法，他可以轻而易举地把一株特别敏感的植物拔出来。他认为凉意是一系列电脉冲所致，表明存在一个强大的场。

沃格尔在另一次试验中，将两株植物用电线连在同一部记录器上。他从第一株上剪下一片叶子，第二株植物对它的同伴的伤痛做出了反应。不过这种反应只有当沃格尔注意它时才有。如果他剪下这片叶子不去看第二株植物时，它就没有反应。这就好像沃格尔同植物是一对情人，坐在公园的凳子上，根本不留意过路行人。只要有一个人注意到别人时，另一个人的注意力也会分散。

沃格尔清楚看到，在一定程度上集中注意力，是监测植物的必须条件。如果他在植物面前格外集中精力，而不是在通常的精神状态下希望植物愉快，祝福它健康成长，那么，植物就会从萎靡状态下苏醒。在这方面，人和植物似乎互相影响，作为一个统一体，两者对事件的发生，或者对第三者的意识，可以从植物的反应中记录下来。沃格尔发现，他和植物的这种共同意识的过程，只能有几分钟，最多为半个小时。

沃格尔说："人可以而且也做到了与植物的生命沟通感情。植物是活生生的物体，有意识，占据空间。用人的标准来衡量，它们是瞎子、聋子、哑巴，但我毫不怀疑它们在衡量人的情绪时，却是极为敏感的力量。它们放射出有益于人类的能动力量，人们可以感觉到这种力量。它们把这种力量送给某个人的特定的能量场，人又反过来把能量送给植物。"

沃格尔的研究，为植物界打开了一个新领域。植物王国似乎能够揭示出任何恶意或善意的信息，这种信息比语言表达的更为真实，这种研究其意义无疑是深远的，但怎样进一步开发它，让它为人类服务，还是一个尚未解决的问题。

植物"大脑"及其心理活动

有人曾做过这样一个实验，植物根部缺水时，叶子的光合作用就停止了。这时，如果在根部浇水，一般来说要隔好几分钟才能传递到叶子上。可是，在浇水的同时，光合作用马上就恢复了。后来，又经过多次实验证明，植物机体中有一种类似动物神经的系统，遍及全身，在各个部分之间传递消息。在植物的这种调节系统中，人们已经分离出了一种原质，这是任何神经系统都具备的。

1981 年，美国斯坦福大学的一位植物生理学家曼多利经过 4 年研究发现，有些植物有一个纤维光学系统，在自己体内的组织中上下传递光，所用的方式像电话公司用来传递它的许多电话呼叫的那种方式。曼多利在完全不透光的蜂房式的小屋里，依靠自己的触觉将燕麦、绿豆和玉米的切片组织安放在单独的容器里。接着她用一束氦一氖激光照射植物切片组织切开的一头，或者照射未切开的一边。随后就用一排感光设备在被切开的一头测量所传递的光。这束光可以沿植物茎，甚至绕弯把原来光型的真空映象传递 2.5 厘米以上。她发现，植物组织传递光的能力大约相当于玻璃纤维的百分之十。她在另一些实验中发现，植物茎的遮光的一面传递光比亮的一面传递的要多。由于光加速植物的生长，人们认为，植物的这个独特传输光的能力就是大多数植物的茎、柄在生长过程中往往向太阳的原因。这项研究成果有助于说明幼苗大部分埋在地下时，为什么不往下长而往上长？这就是植物对光产生反应，而这个过程正是植物学家们长期感到无法理解的。

美国加利福尼亚国际商业公司的化学博士麦克·弗格在实验中发现，植物被撕下一片叶子后，产生了明显的反应，特别是植物能对他行为的动机和想法作出反应时，他入了迷。他认为，植物也存在一种可测的心理活动，植物会思考，也会记录人的各种感情。

前苏联心理学家维克多·普什金的研究更进了一步，他通过实验发现植物确实有心理活动的。他先是用催眠术控制一个人的感情，用脑电仪与植物相连，然后对试验者说一些愉快的事或懊恼的事，使他高兴或悲伤。脑电仪上的图像表明，植物同试验者产生了类似的反应。

前苏联科学家还发现，植物能够预感到一些事情，例如，在暴风雨到来前，植物的茎和叶子都会出现一些异常的活动。人们还准备进一步研究如何利用植物来预报天气。

既然植物有心理活动，就一定能思考；既然能思考，就应有支配思考的大脑。可迄今为止，还没有报道哪位植物学家发现了植物的大脑。无疑，这个问题对研究植物有心理活动的人来说，是一个严峻的挑战。

何时揭开食虫植物的秘密

世界之大，无奇不有。人要吃肉，有些植物也要吃肉。自然界中食虫植物有时对昆虫的猎取简直是场屠杀。从远处飞来的一大群菜白蝶，刚刚落下来想歇歇脚，就成了那里生长的圆叶茅膏菜的猎物。每棵茅膏菜能捕捉到4－7只菜白蝶。结果面积约1公顷地上的茅膏菜捕获了约600万只菜白蝶。

欧洲的食虫植物多生长在沼泽和泥炭地里，这绝非偶然，因为这些地区的土壤已沼泽化，而且矿物质非常贫乏，致使能生存的植物种类已不多了，大约只有400种。这些绿色“猛兽”从“空中”得到了从土壤中所得不到的东西。这是大自然的意志。

食虫植物之所以需要昆虫，不仅是作为食物，而且昆虫还能传授花粉，这对种群的延续至关重要。

然而，植物不仅要捕到猎物，还必须把它消化掉。食虫植物对这一问题解决得简单而有效。为了利用猎物体内的营养物，它们产生出某些生物活性物质——酶。借助酶的作用，猎物的柔软部分开始腐烂和化学分解，进而被其吸收，纳入新陈代谢系统。

为了捕到食物，植物也会“耍滑头”。夏天，沼泽地上空闷热时，在茅膏菜叶片鲜红的腺毛上出现晶莹发亮的水珠。可是，当昆虫一落到带水珠的叶片上时，就成为俘虏。原来，红色腺毛上的液体是腺毛分泌的黏液，凡是落到黏液上的昆虫，很少能挣脱掉……

蒙难者企图逃跑，但在多数情况下，无意中它们又会碰上带黏液的其他腺毛，结果适得其反，陷入困境。被俘的昆虫为了脱逃而闹得越凶，挣扎得越厉害，翅膀扇动得越急速，植物腺毛分泌出的黏液就越多，腺毛就越倒向被捕昆虫，把它推向叶片中间，准备消化。被腺毛缠住的牺牲品很容易被溶化；分泌黏液的腺毛开始产生消化酶。

过几天后，当昆虫的柔软部分被处理完了，茅膏菜腺毛的功能就变了，它们什么也不再分泌，相反将昆虫的营养液吸进植物的"导管系统"。动物体物质经化学变化转化为植物的营养物质，所需时间长短因虫体大小而异，一般要经数小时到数天。

五六月间，在欧洲湿土地带上开放着一种食虫植物"紫花捕虫堇"。它那宽大而肥厚的叶片上也布满晶莹的粘性液滴。许多腺体都分泌黏液，将昆虫粘住一直到其他腺体分泌出分解酶将它蒙上。如果猎物很大，那叶片的边缘就渐渐卷起。

紫花捕虫堇的每一个腺体只能消化一次食物。此后它的细胞就不能再用了。当大多数腺体被利用后，叶片就会死去。不过，大自然对这种植物也做好了安排，考虑到了这种损耗，因此紫花捕虫堇每 5 天生出一片新叶。一个夏天捕虫叶的总面积可达 400 平方厘米，这足够捕获几百只昆虫。

自然界也创造了其他一些种类的食虫植物。如果说茅膏菜和捕虫堇型的黏液只是等猎物到来，那么生长在北美洲的捕虫草（Dionaea muscipula）就"真的"自己捕获猎物。它的叶片由两半组成，外边一面是绿色的，里面是红色的，形似贝壳，并能像夹子一样一下子合闭。同时叶缘上的锯齿犹如手指一般迅速相扣。

猪笼草属的一些热带种类就是以这种惊人的准确性捕捉猎物的。其瓶状捕虫叶的直径达 18 厘米，甚至能把小鼠、青蛙和爬虫消化掉。瓶口鲜艳的色泽和蜜腺发散出诱人的香味，将昆虫或动物诱骗到瓶口光滑的边缘上，站不住，必然掉进去。

在美国北卡罗莱纳州的沼泽地上，偶尔还能碰见捕蝇草，它是茅膏草的近亲，而且习性也相同。叶端厚，呈圆片形，边缘是锐利的锯齿状。叶面上布满硬毛，这些硬毛十分敏感。捕蝇草反应速度之快，简直是无与伦比的。只要昆虫一落在叶子上，这种齿形叶子立刻就像手掌似的合拢来。

海里也有捕蝇草的亲族，名叫貉藻，它的叶子能捕捉一些小动物（通常是一些小虾），它的狩猎方法跟捕蝇草差不多。

海里还有一种捕食海藻，叫狸藻，长得像只口袋。它就是靠这只小口袋来捕捉小鱼小虾的。口袋的入口处很窄，有瓣膜可开可关，口袋内表面有排水腺，不停地向外排水。在这时，口袋富有弹性的壁不断改变形状，在瓣膜打开时，口袋用力吸水。入口处的纤毛受到轻压，瓣膜张开。小动物一碰着这种纤毛，立刻就被吸了进去，弹性瓣膜随即关闭。狸藻很贪吃，食量很大，像小鱼、小虾、蝌蚪之类，都是它的美餐。

食虫植物的足迹几乎遍及世界各地，主要分布在热带和亚热带地区，其他地区则不多见。食虫植物的家族也很庞大，全世界大约有500多种，高等食虫植物有猪笼草、瓶子草、狸藻、茅膏菜等品种。在各种各样的环境中，几乎都有食虫植物生长。有的生长在水里，有的生长在酸性沼泽地或泥炭地上，有的分布在平原，有的生活在丘陵和高山上。每种食虫植物几乎都有与众不同的叶子，有的像瓶子，有的像囊袋，有的像蚌壳，有的像杓子。

每种捕虫植物，都有自己的捕虫方法。有的叶上有蜜腺，能分泌出香甜的汁液，引诱昆虫来捕食，把昆虫粘住；或让昆虫跌进设好的陷阱中去，锁住或关牢。特殊的腺体能分泌出近似动物胃液的酸性消化液，用来吸收昆虫体内的氨基酸和矿物质。这些食肉植物的对象主要是昆虫，像苍蝇、蚊子、黄蜂、蚂蚁等小动物，较大的有蜻蜓等。有的还能捕捉青蛙和小鸟。它们捕捉一次，就能活上10至20天的。

最早注意到食虫植物的是达尔文，早在1875年，他就曾写过一本《食虫植物》的书。达尔文曾用蒸馏水、糖水、含氮化合物溶液、砂粒、玻璃屑、鸡蛋和肉末等东西在茅膏菜、捕虫堇和捕蝇草等食虫植物的叶子上做实验，证明这些食虫植物的食虫功能主要是受含氮化合物刺激的结果。他还分析，这类植物体内可能有像动物神经中电脉冲一样的信号，由触发毛迅速传递到内部的运动细胞，进而引起运动细胞的迅速反应。

牛津大学的学者罗宾斯根据达尔文的思路，对捕蝇草进行研究后提出，这种刺激是化学刺激，可能是尿酸，因为所有昆虫的排泄物中都含有丰富的尿酸。

英国威尔士大学的赫里森和诺克斯等科学家在1979年，还曾对食虫植物消化、吸收过程进行了研究。他们用同位素碳14标记的海藻蛋白来“喂养”捕虫堇，用来跟踪蛋白质在植物体内的运动。他们发现，蛋白质的最终消化物——氨基酸和肽，仅在2～3小时内就移到了叶子里，然后在1－2小时内就可达到茎、根部及其他生长点。他们把食虫植物的消化循环分成分泌和回收两个阶段。当昆虫等刺激到腺体时，就会促使消化液外溢，然后通过植株的其他部分形成的扩散梯度而被腺体回收。

前西德达姆施塔理工学院的学者勒特奇通过自己的实验，得出了与上述两人不同的结果。类似猪笼草这类袋装植物，不是靠回收消化液来吸收氨基酸和肽，而是靠植物体内特殊的"泵"来实现的。这种泵是靠植物新陈代谢所提供的能量驱动的，它的吸收是有选择性的。食虫植物真有这样一个泵吗？这个泵在什么地方，现在仍不得而知。

有些科学家认为，黏液腺所分泌的黏液是由腺毛分泌细胞内的高尔基体合成和贮存的。高尔基体产生许多囊泡，囊泡逐渐移向质膜，并同质膜融合，黏液就排出到质膜外，最后经过细胞壁分泌到腺体表面。消化腺分泌的消化液内含有各种酶，如蛋白酶、酯酶和酸性磷酸酶等。

前西德海德堡大学的植物生理学家博普和韦伯认为，食虫植物的食虫功能与3－吲哚乙酸有关。英国伦敦大学的医学生理学家布东·桑德斯认为是食虫植物体内的电脉冲帮助了它们的捕虫动作。这一观点得到了加拿大渥太华卡林顿大学昆虫生理学家雅哥布逊的证实。但这一观点很快遭到了人们的反对。许多研究证明，植物体内的电活动起的作用并不重要。

科学家们之所以这样热衷研究食虫植物，是因为它的意义十分重大。如果人们一旦掌握了这种植物食虫的秘密，就可能在贫瘠的土地上培育出能供人类需求营养的高级植物。

第三章　动物世界

可爱的大熊猫

大熊猫的祖先其实是食肉动物，那为什么会从食肉动物变成了食竹子呢？这和大熊猫的生活环境变化有关系。冰川袭击以后，在四川、甘肃一带，存在着许多竹子，大熊猫只有渐渐改变其食性，才可以生存。长期适应环境的结果造成了大熊猫从食肉动物变成了食竹动物，大熊猫的臼齿也变得十分宽大，适合磨碎竹子的纤维。

大熊猫喜爱吃冷箭竹、墨竹和水竹，特别喜爱吃竹笋。每年都会按时去某个地方去吃竹笋。

大熊猫的食量非常大，一天要吃掉 20 千克的嫩竹，从大量的纤维里来吸收营养。因为每天需要消化大量的纤维以及木质素，因此大熊猫爱喝水。不过，大熊猫偶尔也会吃其他的小动物，比如看到了竹鼠，大熊猫就会一巴掌把竹鼠打死，接下来美餐一顿。

大熊猫的生活，除了吃以外，就是睡了。睡醒了以后又开始吃起来。有时候会到溪流里痛饮一顿。

世界上的大熊猫只分布在我国的四川、甘肃和陕西等省的高山峻岭里，已经所剩不多，因此十分珍贵，被誉为“国宝”。因为竹子有其盛衰的周期，一般几十年开花一次以后就会死亡。

这时由于食物的短缺，大熊猫的生命就会受到威胁。目前，我国已经建立了大熊猫保护区，还进行了大规模抢救大熊猫的活动，进行人工繁殖，以便使“国宝”永远保留下来。

骆驼为什么是沙漠之舟

骆驼是可以长期忍耐干渴的动物，因此人们将骆驼称为“沙漠之舟”。骆驼为什么可以在干旱的沙漠进行长途跋涉，具有忍饥耐渴的本事呢？

很久以前，人们觉得骆驼背上的肉峰肯定是个贮水水器，里面装满了水可以不停地满足身体的需要。但事实上，驼峰里面贮存的不是水，而是一种胶质脂肪。双峰驼的两个驼峰里面能够贮存40千克的脂肪。艰苦的长途跋涉经常会使骆驼处于饥渴交加的困境，这时候奇异的驼峰脂肪就渐渐发生化学变化，氧化分解以后给骆驼的体内提供所需要的营养、能量以及水分。每100克脂肪在氧化的时候能够产生107克水，贮满脂肪的两座驼峰在不断氧化的过程里，能获得40多升水。看来，驼峰并非普通的蓄水池，而是一种化学贮水池。

科学研究表明，骆驼蓄水不仅仅依赖于它的双峰，鼻子也是贮水的工具。骆驼的鼻腔非常大，具有很大的呼吸面，每当骆驼呼出气以后，鼻腔就会将混在空气里的水分重新吸收回来。骆驼长管状的呼吸道可以使呼出的气体冷却至体温以下，可以保存其中70%的水分。

这一切都使骆驼在浩瀚的沙漠里行走几天平安无恙。

为什么企鹅不怕冷

企鹅并不是鹅，是一种海鸟。在南极，企鹅是非常温和、斯文的鸟类。企鹅的身材呈现富态，端雅大方，真像一位“绅士”。企鹅喜爱在海岸上面东张西望，就像在企望着什么，因此叫企鹅。

南极是地球上最寒冷的地方。人们曾经测过那里的最低温度为－88.3℃，企鹅为何不怕冷呢？这是由于企鹅的全身长满了既密且软的羽毛。羽毛的尖端是弯弯的，就如同房顶上面的瓦一样一层又一层的，连水都透不进去，在这层羽毛下面还生长着密密的绒毛。有如此好的羽毛，企鹅就不怕寒冷了。而且企鹅那厚厚的皮下脂肪也起到了非常好的保温作用。

企鹅产卵也是十分有趣的。雌企鹅生下一个蛋以后，就将蛋交给雄企鹅，自己在海里面寻找食物。

雄企鹅把卵放到脚上，用腹部把蛋包裹住，拿自己的体温来使蛋孵化。南极十分寒冷，雄企鹅会在冰上寸步不移，不吃不喝，借助于消耗自己体内脂肪而坚持孵蛋60几天，当小企鹅快孵出来的时候，雌企鹅就回来接班了。雄企鹅连忙奔向大海，痛痛快快地大吃特吃。小企鹅经过了几个月的发育以后，到夏天的时候就能跟着父母去海边捕捉小鱼了。

企鹅经常到海里寻找鱼虾。企鹅的一对翅膀变成了如同鱼鳍一样的东西——鳍脚。在海里，鳍脚就像两支浆一样，可以快速游动，每小时大约前进36公里。虽然企鹅走得很慢，可是只要一遇到危险，就会将肚皮贴到雪地上，后腿有力地蹬起冰雪，利用翅膀迅速地滑雪，以每小时60公里的高速前进。为了能够适应游泳和潜水，企鹅的身体结构也发生了巨大的变化，短而且浓密的羽毛分布在全身的各处；流线型的躯体能够减少运动时候的海水阻力；两翼退化缩小成强壮的、狭窄的鳍状翅，能用于划水；发达的胸骨以及龙骨突起还有附生在上面的胸肌，可以产生巨大的动力，能够在水里使身体迅速向前行进。

和其他鸟类不一样，企鹅的骨骼坚实而且不充气，比重比海水稍低，能够减少潜水时能量的消耗；后肢二三趾十分发达，大拇指已经退化了，在趾间还生长许多水禽所共有的蹼，适于在水里游动。企鹅的后肢生长在身体的后端，所以在陆地上经常呈现直立的姿势。在休息的时候，它们经常用脚和尾羽一起来交互撑起身体。因为身体肥壮而腿却很短，企鹅走起路来摇摇摆摆的，十分可笑。

目前，人类的活动已经对企鹅的生存构成了严重威胁，使企鹅的数量急速下降，虽然捕杀企鹅以及捡食企鹅卵的现象基本上已经被禁止，可是石油污染等却给企鹅的生存带来了新危机。

为什么蜜蜂蜇了人之后就会死去

蜜蜂的尾部有一根毒刺，这是用来攻击敌人的，但是一旦蜜蜂用这根刺蜇了别的动物，它自己也就活不长了。

蜜蜂的刺针是由一根背刺针和两根腹刺针组成的。刺针的末端连着大、小毒腺和内脏器官；刺针的尖端又带有一个鱼钩样的倒钩，蜜蜂蜇人后，倒钩钩住人的皮肤，毒液渗入皮下，不久被蜇的地方就会鼓起一个大包。蜜蜂飞走时，便会用力一拔，这一拔就把连在刺针末端的内脏都拉脱了。失去了内脏的可怜的蜜蜂怎么可能活得长呢？

因此，蜜蜂不会轻易蜇人。看到蜜蜂时，不要轻易地驱赶或拍打它，这样容易引起蜜蜂的反击。另外，蜜蜂也不喜欢黑色的东西和酒、葱、蒜等刺激性气味。要是哪天你穿着黑色的衣服被蜜蜂遇到了，它们就很容易被激怒而攻击你。

雌螳螂为什么要吃掉雄螳螂

秋天，一般是螳螂寻求配偶的季节，雌螳螂到处寻找自己的如意郎君。一旦选中后，它们就准备入洞房；开始做好繁衍下一代的第一项工作——交配。然而，这也是一对新人面临生死诀别的时刻。因为新婚之夜，新郎将义无反顾地献出自己的生命，而新娘也将不得不吃掉自己亲爱的丈夫。

那么，雌螳螂为什么要吃掉雄螳螂呢？

原来，雌螳螂平时从食物中摄取的蛋白质满足不了身体的需要，而当它交配后需大量的蛋白质来满足体内卵的发育、成长的需要。为了培育出健壮的后代，使螳螂的家族更好地延续下去，雌螳螂不得不忍痛割爱，吃掉雄螳螂含有大量蛋白质的头颅和前肢。雌螳螂一旦产完卵后，就会精疲力竭地死去，追随她的丈夫而去了。

你知道能吃鸟的蜘蛛吗

在我们的印象中，蜘蛛捕获的猎物大多是蚊子、苍蝇一类的小昆虫，但是你听说过一种能吃鸟的蜘蛛吗？

在南美洲的热带丛林中，有一种大小如拳头、浑身长有棕色毛的蜘蛛，它以捕鸟为生，因此得名食鸟蛛。食鸟蛛的头上长着 8 只眼睛，嘴两侧还长着一对强有力的螯牙，犹如一把钳子，转动自如。螯牙的下面连着毒腺，捕获猎物后，毒液便会从螯牙的尖端分泌出来。

食鸟蛛跟一般的蜘蛛不同，它有喷丝织网的独特本领。它织的网黏性很强，能经得住 300 克的重量。而且。它织的网其大无比，能遮住一棵近 20 米高树的 3/4 树冠，小鸟、青蛙、蜥蜴或其他动物落进它的网里，是很难逃脱的。食鸟蛛喜欢独居，一般在夜间活动，白天则躲在网附近的巢穴或树洞里。一旦捕住猎物，它便会分泌毒液将猎物毒死。当它遇到袭击时，会用脚刷去腹部的毛。对手粘上这些毛，会又痛又痒，就不敢再进攻了。

屎壳郎是如何拯救澳洲的

1770年年4月，欧洲的第一批移民住澳洲定居了。他们看见澳洲有莽莽的草原，可是食草动物少得可怜。因此，移民们在18、19世纪依次从印度、马来西亚等地引进了黄牛等家畜。

由于畜牧业的突飞猛进，严重的粪害问题便出现了。据估计，一头体重约270千克的肉用牛，每天的排粪量大约为16千克。在澳大利亚草原上，那时候有4万头牛，每天会有640吨的牛粪排在草原上。时间一久，许多牛粪便覆盖了草原，压住了牧草，阻碍了牧草的生长，使得肥美的草原渐渐退化，还出现了许多秃斑。

在把牛引进澳洲时，人们也不自觉地把两种十分讨厌的苍蝇——水牛蝇与灌木蝇也引进了。牛粪是苍蝇的孳生地，牛粪使得水牛蝇以及灌木蝇快速繁殖起来。到了20世纪的50年代以后，苍蝇在整个澳洲大陆非常猖獗。

为了能够拯救大草原，澳大利亚派出了许多科研人员，赶赴世界各地，引进了大量蜣螂。屎壳郎是一种食粪类甲虫，学名称之为蜣螂。

不要看屎壳郎名字难听，它却是处理粪便的能家里手。屎壳郎不但以粪便作为食物，还将粪便当成“育儿房”。在粪球里面产卵，将粪球当成幼虫的食物。

屎壳郎搬运粪便的能力非常惊人。它先利用前足切掉一块粪做成粪球，接着利用后足将粪球推到适宜的地方并且埋到地下。

据说，从非洲的肯尼亚引入澳大利亚的一种屎壳郎，它的成虫能制作出比自己身体还要大的粪球。这种屎壳郎一雌一雄共同合作，只需要30~40小时就能把1升的新鲜粪便运到地下。

屎壳郎来到了澳洲草原以后，迅速地将粪便运走并且埋到地下，牧草获得了蓬勃生长的养料。苍蝇失去了赖以繁殖的粪便，无疑遭到毁灭性的打击。就这样澳大利亚的大草原获救了。

雄海马能怀孕生子吗

海马“生儿育女”的方式不同于其他动物，整个生育过程是由雄海马来完成的。

原来，在雄海马的尾巴前面有一个育儿袋，它的前端有一个小孔。雄海马进入生殖期后，育儿袋会变得肥大并且密布血管，此时，雌海马就可以把卵直接产到雄海马的育儿袋中。这样，由精卵互相结合形成的受精卵开始在育儿袋内发育。在胚胎发育过程中，它所必需的营养通过育儿袋的血管网和胚胎血管网相互联结而获得。它们所需要的水分以及氧气也是通过育儿袋上的一个个小孔的启合而获得的。

受精卵最初在育儿袋中经过 20 ~30 天发育以后，已经初步形成成熟的“胎儿”。这时候，雄海马会先将尾巴紧紧攀附在海藻上，然后不断收缩身体肌肉，育儿袋的口袋就会张开，小海马便一条接一条地被挤出体外。雄海马一次就能够“产”出 1 ~5 尾小海马，大概要用 3 ~5 小时才能完成“分娩”工作。

偏口鱼的口为什么是偏的

偏口鱼令人称奇的地方是因为它的两只眼睛不是分别长在头的两侧，而是并排长在头的一边，所以也叫比目鱼。在古时候，人们认为这种一左一右排列眼睛的，是一种鱼的一雌一雄。故有了“凤凰双栖鱼比目”的佳话。

偏口鱼刚出生时眼睛对称地长在头的两侧，生活在海水的中上层。大约长到半寸长时，它们的体形开始变化，一只眼睛向上移动到头的另一侧，背鳍、臀鳍也向前长至头部，身体侧扁扭转。经过一百天后，才变成父母的模样。体形怪异的偏口鱼潜伏在海底生活，它们靠侧扁的身体和尾部上下摆动前进，常常是在夜间出来偷猎食物，多以海星和其他小动物为食。

为什么鲤鱼喜欢跳水

鲤鱼跳水有几种原因，第一是由水下环境的变化引起的。当鲤鱼正常生活在水下时，突然遇到敌人的袭击，它要及时躲避，就用跳水来迷惑敌人，躲过险情。第二种原因是鲤鱼在前进途中，突然发现障碍。为了迅速越过障碍，它便采用跳水的方式来继续前进。第三种原因是生理上的变化。如一些雌鲤鱼，快要到产卵期了，身体里面就可能产生一些刺激神经的激素，使鱼处于兴奋状态，因此而跳水。第四种原因是水面上气候的变化。当要刮大风或下雨时，水面气压较低，水中可能产生缺氧现象，鲤鱼在水中待不住了，需要跃出水面，吸取氧气，因而跳出水面。

除上述几种现象外，人们发现鲤鱼生性喜欢跳水，特别是在黄昏的时候。

接吻鱼为什么要“接吻”

在非洲、美洲及东南亚一带的热带河流里，生活着一种奇特的鱼，这种鱼身体短而小，颜色多样。每当两条鱼游到一起时，它们总喜欢把嘴吸在一起，看上去就像在“接吻”似的，即使是两条同性鱼遇到一起，也照样“亲热”地接个吻。这就是接吻鱼。

这种鱼为什么要“接吻”呢？接吻鱼的食物与其他鱼类基本相同，但对水中的青苔有特别的嗜好，这是因为青苔对接吻鱼的生长、发育起着很好的促进作用。因此，当接吻鱼吃饱之后，便在水中寻找青苔。不过，接吻鱼找到青苔后，并不是“狼吞虎咽”地吃下去，而是衔在嘴边细嚼慢咽起来，好像是在细心品尝。当另一条接吻鱼游来时，看到对方嘴上有青苔，由于挡不住诱惑，总想分食一点。因此就上前吮吸对方嘴上的青苔，这样看起来就像“接吻”一样了。

真的有四只眼睛的鱼吗

在南北美洲和大西洋中生活着一种奇特的鱼，这种鱼看上去好像有四只眼睛，人们称它为四眼鱼。

四眼鱼的眼睛构造非常奇特，它的眼睛像青蛙的眼睛一样，高高地凸起在头的顶部，被色素组织的斑点环带和两个虹膜瓣分成上下两部分，形成了两个“瞳孔”，因此看上去就像四只眼睛一样。不过，四眼鱼的两只眼的确能起到四只眼睛的作用。它常常将眼睛的上半部分露出水面，下半部分埋在水中。当光线通过角膜、晶状体等形成两次折射后，露在水面上的眼睛就能看清水面上飞行的昆虫；当光线直射穿过角膜，再通过晶状体折射后，又能看清水中的食物。这样，哪里有食物，四眼鱼就随时扑向哪里捕食。

可见，四眼鱼并不具有四只眼睛，只不过它的眼睛构造比较特殊，用途也比较广泛而已。

为什么电鲶体内能放电

在非洲和南美洲的热带河流中，生活着一种能释放电流的鱼——电鲶。

电鲶一般体长2米左右，体重约20千克，身体表面无鳞片，没有背鳍。电鲶的发电器官很特别，它是由体内许多电板组成，这些电板分布在身体皮肤和肌肉之间，头部为正极，尾部为负极，电流流向是从头部流向尾部。当电鲶在水中活动时，身体的任何一部分触及到敌人或其他物体马上就产生一种强大的电流，击倒对方。电鲶放出的电一般在150伏左右，最高电压为200多伏，它的有效范围的半径为6米左右。它强大电流不仅能击死小的动物，甚至能击死比它大得多的水生动物，难怪人们称它为“水中高压线”。

为什么螃蟹总是“横行”

螃蟹走路时跟其他动物不一样，总是横着走，这是为什么呢？

螃蟹横行与其生理构造有着密切的关系。螃蟹身体表面由一层甲壳保护着，身体的前方有一对可活动的复眼，这对复眼平时横卧在眼窝内，当它走路或捕捉食物物时，就将眼睛竖起来，这样，视野就更加开阔了。

螃蟹有四对步足，分别朝着左右两侧伸出，供步行用。另外还有一对螯足，螯足粗壮、有钳，专门用来捕捉食物和防御敌人。

螃蟹的四对步足，即八条腿结构独特，每条腿由七个关节组成，这些关节只能向下弯曲，而无法向后弯曲，它爬行时必须先用一边腿的趾尖抓牢地，然后再把另一边的腿伸直展开支撑身体，推动身体前进，因此就只能横着走。另外，由于它每对足长短不一，因而爬行起来总是斜的。

海参为什么抛掉内脏还不会死去

海参在海中的活动并不灵活，可是，当它遇到敌害时，却能采取一种特有的“分身术”，即迅速地将体内的肠、肺和体腔液一起抛出去，迷惑敌人，而自己的身躯靠内脏和体腔液抛出去时的一股反作用力，逃到较远的地方去躲起来。

海参抛掉肠、肺后为什么还能存活呢？原来，海参体内有一种结缔组织，这种组织由无数形态、构造相同的细胞集合在一起，是执行共同生理机能的细胞群。海参体内的结缔组织有两种状态：一种是工作态，主要是结缔组织执行生理机能的状态；另一种是造形态、主要是进行再生、修补受伤或坏死了的细胞。因此，海参的再生力很强，一旦抛掉肠、肺后，仍能活下去。

乌贼和鱿鱼是鱼吗

一般人都认为乌贼是鱼，其实它不是鱼，而是一种贝类，只不过它的贝壳已经退化，变成了白色的内骨骼。

乌贼主要吃鱼、虾，遇到敌害时，会用两大法宝来对付。第一是“放烟幕弹”，把体内墨囊里的墨汁喷出来，将周围海水染黑，使“敌人”迷失方向，丧失攻击能力，而自己可以乘机逃脱。第二是变色本领，明明是黑色的乌贼，一会儿却变成了黄色，转眼间又变成了红色，使“敌人”捉摸不透，只好停止追击。

鱿鱼也不是鱼，它和乌贼是“亲戚”，但它的肉比乌贼更鲜嫩味美。鱿鱼与乌贼，在外貌上有些相似，但又有明显的不同。鱿鱼身体狭小，有点像标枪的枪头，所以又叫枪乌贼。鱿鱼的脚没有乌贼的长脚长，而且不能全部缩到身体内。我们吃乌贼的时候，必须把它的内骨骼拿掉，而鱿鱼的内骨骼已经变成像树叶一样的薄片，是可以吃的。

委内瑞拉龟为何能上墙爬树

在南美洲的委内瑞拉有一种肉食龟。这种龟喜欢亮光，只要有点亮光，它就向着有光的地方爬去，碰到了墙、树的阻挡时，它就会爬上去。就是因为这种龟可以上墙爬树，因此人们称它为壁龟。壁龟依靠什么上墙爬树呢？壁龟与普通的龟一样，都具有硬质外壳，可是在它的腹壳的中央，拥有两个圆形吸盘。这两个吸盘尽管很小，不过吸附力非常强，并且可以交替着吸附。壁龟就凭借这两个吸盘，上墙爬树如履平地。可是，壁龟的吸盘却有一个致命的弱点，它惧怕火焰，吸盘碰到火烘烤的时候就会收缩，立刻从树上掉下来，当地人因此利用这一弱点，捕获它们。

巨蛙为何成了澳大利亚一害

威尔逊的爱狗惨死在郊外的草丛里，原因就是它在与一只巨蛙玩耍的时候，巨蛙从肛门喷射出剧毒，正好喷到了狗的嘴里。狗立刻倒地不起，剧烈地抽搐着，一会儿就死去了。

这是近年来在澳州经常发生的事情。罪魁祸首就是被人们称作“布福”的巨蛙。1935 年，为对付危害甘蔗田的害虫，人们从国外引进了很大的蛙类。它长为 30 厘米，体重为 2 千克。

开始的时候，“布福”的确未辜负人们的期望。巨蛙贪婪地吞食着甘蔗田里的各种害虫，使得虫害迅速得到了控制。但是，渐渐地，害虫的数量减少到了不能满足巨蛙的胃口时，巨蛙就开始吃起益虫了。更严重的就是，巨蛙那独特的可以从肛门喷射出毒液的本领不但使一些家畜毙命，而且还经常使人毙命。巨蛙过去曾经是人们的朋友，可现在却成了人们最感头痛的“敌人”。

鳄鱼为什么要“流泪”

鳄鱼为什么要流泪呢？科学家们通过观察、分析、研究，终于揭穿了鳄鱼的“假慈悲”

原来，鳄鱼大都生活在很咸的海水之中，每天吸入大量的盐分，而它的肾脏的排泄功能又不很完善，体内多余的盐分，要靠一条特殊的管道来排泄，这条管道叫做盐道。而盐道的出口处，正好位于它的眼睛附近。每当它一边吞食猎物时，一边就从眼角附近淌下盐水，人们会误认为鳄鱼在流泪呢！

另外，海龟、黄腹海蛇等动物也会“流泪”。

蓝鲸是目前最大的动物吗

蓝鲸是目前世界上最大、最重的动物，就连与生活在一亿多年以前的恐龙相比，蓝鲸也是最大、最重的。因此蓝鲸是从古至今最大和最重的动物。

目前，人类捕到的最大鲸是一头雌蓝鲸，身长为 34 米，体重达 170 吨，差不多相当于 30 多头非洲象的总重量。雌蓝鲸的心脏大约为 600 ~ 700 千克，肺重 500 千克，舌头的重量为 3 吨，血液的总量为 8 吨 ~ 9 吨，蓝鲸的肠子拉直了可以 250 米长。

蓝鲸的成长很快，蓝鲸从一粒重达 0.00099 克、肉眼看不到的受精卵，通过 0.75 个月的怀孕期以后，再加上生下以后仅 12 个月，就变成重达 29 吨的幼蓝鲸，差不多增大了 300 亿倍！ 蓝鲸的力气很大，拉力等于一台中型火车头的拉力。根据报道，曾经有一头蓝鲸，将一只 27 米多长的捕鲸快艇拖了个半小时，平均时速为 9 千多米。那时那条快艇也是开足马力向后退行的，可是仍旧被它拉着向前行进了 70 多千米，看来篮鲸真是力大无穷！

从 1932 年以来，尽管国际协会对每年捕鲸的数量都做了限制，可是 20 世纪捕杀的鲸数比以前 19 个世纪捕鲸的总数还要多 4 倍。半个世纪前，蓝鲸有 300000 头，到了 1974 年的时候，全世界海洋里生存的蓝鲸仅为 25000 头。目前寥寥可数的蓝鲸在广阔的大海里，是很难遇到配偶繁殖后代。

尽管猎鲸的国家已经绝对禁捕蓝鲸了，可是在以后几十年里，这种世界上最大、最重的动物，仍然难逃绝迹的厄运。

斑蝥为什么是最毒的甲虫

斑蝥又叫做“斑猫”、“龙蚝”和“地胆”。它是最毒的甲虫，在全世界大约有斑蝥 2300 多种，在中国有 29 种。

斑蝥的全身都披着黑色的绒毛，翅长呈现椭圆状，质地十分柔软，体长大约为 11 ~ 30 毫米，翅的基部有两个较大的大黄斑，中央的前后各自有一条黄色的波纹状横带。经常危害大豆、花生和茄子等农作物，斑蝥在全国各地都有分布。

斑蝥大多群集采食,成群地迁徙。当斑蝥遭到惊动的时候,为了自卫,就会从足的关节处分泌黄色的毒液。这种黄色的毒液里含有剧烈的斑蝥素,它的毒性很强,可以破坏高等动物的细胞组织,和人体接触以后,可以引起皮肤的红肿、发泡。

斑蝥素是无色无味发亮的结晶,通常内服0.6~1克斑蝥素就能中毒。斑蝥素致死量大约是30毫克,外用敷贴不久就会发生皮肤坏死。

内服者咽喉部会有烧灼感,并且伴有头痛、呕吐和剧烈腹痛等胃肠道反应。斑蝥素经过肾脏排泄时,能够引起排尿疼痛、尿频和血尿,能够引发中毒性的损害,重者还可出现高热、昏迷以及循环衰竭等许多危险。

斑蝥素的毒性尽管十分强烈,不过也可以作为中药来使用。应用斑蝥能治癌,斑蝥素和其类似物都具有抗癌的作用。中国开展斑蝥素抗癌的研究,在临床上已经获得了一定的效果。斑蝥素内服还可以利尿攻毒,外用时能作为发泡药剂。

猪为什么不是愚蠢的动物

猪向来被人们认为是长得肥头大耳、吃饱了就睡的愚蠢动物。事实上不是那样,美国马里兰州有一对夫妇,常常命令小孩子骑猪玩耍。经过一定的训练,猪就能跳舞、打滚、挑水、拉车、拿报纸,甚至把东西找回来。

通过动物学家们的进一步测验,发现猪的智力不比狗差,并且训练的时间比狗还要短。在许多情况下,猪都比狗聪明。只要是狗能做的各种技巧,猪都能做。在音乐的伴奏下,猪可以表演“独舞”以及“双人舞”,还能表演花色打滚、玩跷跷板和过桥等节目,是优秀的动物杂技演员。

动物学家们还发现,猪的感情十分丰富。它能利用不同的吼叫声、咆哮声、呼啸声以及扇耳舞尾等动作,来表达自己的情感。

猪的嗅觉十分灵敏,所以有人叫它去寻找丢失的东西,或者在战场上嗅出地雷。在德国的萨克森州,警察局专门训练一头野猪,结果它成了“警猪”。它不仅可以找到犯罪分子深藏在粪堆里的毒品与枪支,还可以用鼻子将它们拱出来。在炎热的天气里,警猪还可以连续几个小时把鼻子贴在发烫的地上,替主人搜寻物品。

在众多的事实面前,人们不得不改变对猪的偏见,从而对猪刮目相看。

马和大象为什么站着睡觉

家里饲养的马是由野马驯化而来的，马站立睡觉继承了野马的生活习性。

生存复杂的自然环境里的动物，全都有其特定的睡觉姿势。这是它们在自然界生存竞争之中所形成的睡眠姿势。野马是生活在草原上的食草性动物，常常会受到食肉猛兽的攻击，随时都有被猛兽吃掉的危险。所以，它们睡觉从来都不躺下，就像白天那样扬着头站着，闭着眼睛睡觉。

这种睡眠姿势，具有抵御敌害、便于逃命、警戒的作用。马在经过一次奔波以后，会站在树荫下面休息。这时它低头闭眼就能打一次“瞌睡”。假如马提前知道没有危险，就会将头搭在背上睡觉。与母马在一起的小马驹，还有群体生活时的马，就是采用这种姿势入睡的。

大象是自然界里的庞然大物，通常来说它能高枕无忧了。但是事实不是那样的，大象的鼻子非常娇嫩，害怕蚊蝇以及蚂蚁等钻到里面去捣乱。所以，非洲象站立着睡觉，有的时候靠着树或者墙睡觉，以保证鼻子的平安。但是亚洲象却和它完全相反，睡觉姿势与猪差不多。亚洲象伸腿贴脸侧卧着进入梦乡。假如看到亚洲象站着睡觉，那就表明它生病了。

吼猴为何能发出如雷的声音

猴子通常只能发出高音调的叫声，可是在南美洲热带丛林里生长着一种特别的猴子。这种猴子的叫声就像雷鸣一样，远在 4 ~ 5 千米以外都可以听到，所以这种猴子叫“吼猴”。

吼猴属于群居动物，经常十几头栖居在树上，不轻易下树活动。不同种群的吼猴，各自拥有一定的居住领域，并且以树木等来作为界标，彼此都能够严格遵守。在边界线上，吼猴经常会站岗守卫。

如果两个“家族”的吼猴相遇了，它们就会发出震耳欲聋的吼声，同时向对方发出警告：不许超越边界。所以，吼声就成了吼猴自卫的武器。

只有雄性的吼猴会吼，它们同种群之间相处非常融洽。当碰到敌害的时候，雄猴们会齐声发出巨大的吼声，以此警告敌方，把敌方吓退，来达到集体自卫的目的。

吼猴为何可以发出如雷的吼声呢？因为吼猴的下颚很大，脖子很粗，口腔也很大。令人感到吃惊的是，喉咙里还有十分奇特的再骨器官——盒式共鸣器。吼猴收缩胸部的肌肉，压出空气以后，通过了共鸣器上方的一个口，由喉部发出扩音量的吼声。开始的时候，它们发出的是时断时续的咆哮声，接下来会发出隆隆的雷鸣声，震撼田野，使人惊恐。

波斯猫为何能受到宠爱

在金鱼、小鸟和小狗等动物中，波斯猫尤其受到人们的宠爱。波斯猫产自亚洲的波斯湾。波斯猫的全身生长着白而且长的绒毛，就像威武的狮子一样，因此又叫做“狮子猫”。

波斯猫生有独特的长毛，走起路来如同一团滚动的雪球一样。波斯猫有粗大的尾巴，能与松鼠的尾巴相比。

波斯猫拥有清秀的面容，特别是有一双与众不同的眼睛，十分可爱，有一只呈现湛蓝色，另一只呈现浅黄色。到了夜晚，两眼全都变为红色。在黑暗里，就像两只闪烁着的红灯笼一样。

波斯猫性情比较温和，非常爱洁净。波斯猫喜爱吃新鲜、烧熟的鱼，用肉汤拌和的食物。波斯猫没有其他猫种那副看到食物就垂涎三尺的模样，哪怕是饿了，它也不会偷吃食物。

波斯猫具有逗人的容貌，极富观赏价值，还具有高强的捕鼠本领，被赞誉为“猫中之王”，所以更受到了人们的宠爱。

长尾鸡的尾羽为什么很长

世界鸟类中尾羽最长的是一种观赏用的长尾鸡。

长尾鸡分白、深褐以及掺杂白色羽毛的3种颜色，生性十分懒惰，不喜爱活动。长尾鸡需要长年饲养在洁净卫生、备有保温设备的特制木质小型鸡笼里面，还要悬挂在通风的高处。

长尾鸡的饲料为新鲜的菜叶与糙米，每个星期到舍外散步2次，使它获得适当的运动。假如偶然将尾羽弄脏了，或者尾羽生了寄生虫的时候，还要替它逐根洗刷，并且用药剂来消毒。

长尾鸡在春秋两季各下蛋 14 ~ 15 枚，比普通鸡蛋要小一半，而且没有精卵的很多，因此长尾鸡的繁殖率很低。长尾鸡的寿命大约为 9 ~ 10 年。长尾鸡的尾羽每年可以生长 1 米左右，因此最长的尾羽可以超过 7 米。当长尾鸡站立在高挂的栖架上时，长长的尾羽垂到地面，十分美丽。

长尾鸡既然是鸡的一种，为何它的尾羽长得那样长呢？

大约在 300 年以前，住在日本的土佐大椋村有一位名叫武市利右卫门的农民，试验以山鸡、山鸟与东天红鸡进行杂交，杂交出了尾羽很长的杂交鸡。那时候，日本的农民备受日本封建势力的压迫，武市利右卫门只好把长尾鸡献给封建主山内藩主了。山内十分高兴，想要获得更多的长尾鸡尾羽，于是颁布了一道奖励的办法，可以以长尾鸡的尾羽，来代缴租税；可以饲养出尾羽很长、颜色美丽的长尾鸡的人，政府还发给他饲料。从此，当地农民全都饲养长尾鸡，想尽一切办法，使长尾鸡的尾羽长得更长。于是长尾鸡就在小村落里繁殖起来了。

但是。仅凭长尾鸡的自然生长，尾羽并不能长得很长。依据饲养的经验，当雄性雏鸡生长到了 5 ~ 6 个月以后，必须先从尾羽的羽根上面，分辨出能否长出细长尾羽的鸡种；等到 7 个月以后，就把认为可以长出长尾的尾羽连根拔起。经过这种选择与刺激以后，重新长来的尾羽，才会长得很长。

蛇没有脚为什么可以迅速爬行

科学家们依据蟒蛇的后肢痕迹推断出来. 蛇的祖先其实是有脚的，现在人们之所以看不见蛇有脚，是由于它们慢慢地退化了。

那么，没有脚的蛇是怎样爬行的呢？

蛇没有脚也可以爬行，这是因为它具有特殊的运动器官以及运动方式。

蛇身上包裹着一层和鱼鳞不一样的鳞片，是由皮肤最外面的一层角质层进化而成的，所以也称作角质鳞。大多数的鱼，它的鳞片是由皮肤最里边一层真皮层进化而成的。蛇的鳞片具有韧性，从不透水，也不会因为身体的长大而长大。蛇长大一段时间以后，就会蜕一次皮，就是由于这个道理。蜕皮以后新长的鳞片较原来的要大一些。蛇鳞不仅具有防止水分蒸发以及机械损伤的作用，还是蛇没有脚却能爬行的主要原因。

蛇鳞分成两种，一种就在蛇的腹面中央，比较大而且呈现长方形，叫做腹鳞；另一种就在腹鳞的两侧至背部，形小，叫做体鳞。腹鳞经过肋皮肌和肋骨相连。

与此同时，蛇是没有胸骨的，蛇的肋骨可以前后自由活动。当肋皮肌收缩时，引起肋骨向前活动而让腹鳞稍微翘起，翘起的鳞片尖端就如同脚一般踩在地面或者其他物体上，就推动蛇的身体前进了。

还有，蛇的椎骨上除了普通的关节突以外，在前端，还具有两个椎弓突，和前一椎骨后面的椎弓凹构成了关节，这样不仅令蛇的椎骨互相连接得十分牢固，而且还增加了蛇身左右弯曲的能力，使得蛇可以进行波状运动。这样一来，体侧就不断对地面施加压力了，推动蛇体向前不断移动。

蛇的皮肤非常松弛，当鳞片与地面相接触的时候，身体内部先向前滑动，这种动作不仅有助于蛇的爬行，而且还能使蛇攀绕树木。如果把蛇放在光滑的地板上，它就不会向前移动了。

蝙蝠睡觉时为何要倒挂着身子

当人们进入人迹罕至的巨大山洞的时候，经常能发现顶壁上悬挂着很多蝙蝠，这种大山洞是蝙蝠喜爱居住的地方。

蝙蝠还喜爱住在废屋里或者屋檐下面，当它们停息或者睡觉的时候，经常把身体倒挂起来，头朝下面，用两只后肢的尖爪钩住缝隙。如果抓住一只蝙蝠放在地上以后，就能看到蝙蝠会利用前肢的第一趾的爪子以及后肢的五趾，匍匐行进。当它攀升到直立的树木或者壁上的时候，从这里就能展翅起飞了。如果将蝙蝠放到铁丝笼子里面，它就能像猴子一样，爬到四边，再到笼子的顶部，把身体倒挂起来。蝙蝠为何要倒挂着休息呢？

这还要从它的身体构造、活动方式以及生活习惯来分析。蝙蝠是唯一能够飞行的兽类，具有宽大的翼膜。蝙蝠的后脚非常短小，并且被翼膜连住了。

当蝙蝠落在地面上的时候，只可以伏在地上，身子和翼膜全都贴着地面，不仅不能站立或者行走，也不会展开翼膜飞行，只能慢慢向前爬进，非常不灵活。假如爬到高处倒挂起来以后，遇有危急情况，就能够立刻伸展翼膜起飞了，或者借助于落下的时机起飞，并且非常灵活。另外，蝙蝠到了冬季以后，也常常采取倒挂的方式进行冬眠，如此一来能够减少和冰冷的顶壁的接触面。翼膜对于蝙蝠具有非常大的作用,它能把蝙蝠的头与身体裹起来,再加上它那密密的细毛能起到和外界冷空气隔绝的作用。

另外,挂在顶壁上比停在其他的地方更安全。这种生活习惯以及防御的本能,是蝙蝠长期进化的结果。

为何白兔的眼睛是红色的

兔子有各种各样的毛色,例如灰色、天蓝色、茶褐色、黑色、红色以及白色等。假如你仔细观察,就可以看见,除了白兔以外,各种颜色的兔子,它们的眼睛的颜色和毛色是一致的,只有白兔的眼睛是红色的,和它的毛色不相同,这到底是为什么呢?

第一,兔子的毛色是因为兔子的表皮里含有不同的色素,色素的颜色不但表现在毛色上面,还表现在眼睛的某个结构里。眼睛的结构上有很多部分是透明的,色素的颜色非常容易被人们感觉到;尽管眼球里有很多微细血管,不过血液的颜色却被色素所掩盖了。

可是白兔的表皮属于缺乏色素的,白兔的毛不含任何色素,所以是白色的;眼球的表皮也不含任何色素,因为具有很多微细血管,所以,人们看到的白兔为红眼睛,事实上是透明的眼球内血液的颜色所造成的。

猫为何爱吃鱼和老鼠

谈到猫,人们太熟悉了,早在远古时期,猫就成了人类生活中的一员了。现在,猫不但是家庭的宠物,而且还是捕鼠的能手,特别喜爱在夜间捕食老鼠。

猫的胡须就像"雷达"的天线一般,是猫的身体上最为灵敏的器官,尤其在夜间,猫可以凭借胡须来打探洞穴的大小,接着来确定自己的身体能不能通过。猫的耳朵可以前后转动,能够收集不同方向传来的声音。

当猫躺在一个地方打盹的时候,总喜欢将耳朵贴到前肢的下方靠近地面。只要有了震动,猫马上就会惊醒,地面传声比空气传声要快许多。

猫的眼睛可以明察秋毫,在伸手不见五指的夜晚,猫仍然能捉到老鼠。

猫的爪子十分锐利,"当猫捕捉老鼠的时候,爪子紧紧收缩起来,比铁钳还要牢靠。猫的爪子中间有非常厚的肉垫，行走起来悄然无声，有利于对老鼠进行突然袭击。

养猫的人通常会有这样的经验，必须将鱼类等带腥味的东西放好，反之猫就会不客气地解馋啦。

那猫为何那么喜欢吃鱼以及老鼠呢？其实，猫属于在夜间活动的动物，体内的牛黄酸是提高夜间视力的必需物质。假如猫长期不能获得这种物质，夜视能力就会降低。

鱼以及老鼠的身体里含有大量牛黄酸，猫为了能够获取其中的牛黄酸来补充自己的营养，因此特别爱吃鱼以及老鼠。

猫吃老鼠还有个客观原因，就是猫属于小型的猫科动物，是夜视能力十分强的食肉性小兽，而老鼠也喜欢在夜间活动，老鼠的个头最适合猫来捕捉，如此一来老鼠自然变成了猫的美食。

猫的眼睛变化知多少

人为何可以看到景物，主要是因为有明亮的眼睛。可是人的眼睛在看太阳的时候会感到十分刺眼，一瞬间就会闭上眼睛。在昏暗的地方看东西的时候，哪怕把眼睛睁大了也很难看清楚景物。

可是猫就不一样了，猫白天可以抓到老鼠，晚上在黑暗的地方也可以抓到老鼠。猫在任何时候都能看到东西，并且猫的眼睛早中晚瞳孔不一般大，这到底是为何呢？

人眼、猫眼能看到东西全都是通过眼睛各部位的功能配合来完成的，利用眼球括约肌的活动，来改变瞳孔的大小，以适应强弱光线进入眼球的内部，从而来反映外而的东西。

人的眼球括约肌收缩能力较小、控制瞳孔的范围也很小，因此对光的适应性比较差，过强过弱全不容易适应。

可是猫眼就不一样了，猫眼球的瞳孔非常大，括约肌的收缩能力十分强。因此猫的瞳孔具有很大的伸缩性，对于光强弱的反应比人容易适应，如此一来形成猫的眼睛瞳孔早中晚一般大。早上的时候光线较暗，为了适应这种光线，猫眼的瞳孔缩小，就像梭子一般。中午有十分强的光，猫的瞳孔小得就像根线。晚上的时候，猫的瞳孔就会睁得像龙眼核一般。这即为猫眼瞳孔一天三变的原因。

为何狗鼻子十分灵敏

在动物界里，兽类的嗅觉都十分发达，特别是狗以其鼻子灵敏而闻名。狗能嗅出上千种物质的气味，狗的嗅觉灵敏度为人的40倍。就连嗅觉很灵敏的狼、狐以及亚洲象，都不如狗的嗅觉灵敏。

从新闻报道或者广播电视以及电影的一些节日中常常看到，狗的嗅觉功能不仅用在狩猎上，还广泛用在侦察跟踪、搜毒以及救护等各个方面。

猎犬可以从各种复杂的山地草丛中闻到野兽的气味，用鼻子来判断野兽所处的地方，替猎人引路来捕获猎物。警犬可以凭借嗅觉来识别路途，并且判断敌情，可以追踪敌人走过数小时以后留下的足迹，不论敌人怎样躲藏，也可以将他从隐蔽的地方搜出来。如果由于矿山事故或者雪崩有人员被埋的时候，经过特殊训练的警犬也可以嗅到被埋在几米以下遇险者的确切位置，让遇险者有机会获救。

搜毒犬是凭借其十分灵敏的嗅觉，搜查暗藏得十分巧妙的毒品。依据狗的嗅觉特殊功能，还训练狗进行探矿、查寻煤气管道的漏气、检查邮件中的炸药等等，狗已经成为人类的得力助手。因此，人们曾经称狗是一种“靠鼻子吃饭的动物”。

为什么狗的嗅觉如此灵敏呢？这和狗的嗅觉器官的复杂构造以及生理特性有关系。狗的嗅觉器官是由鼻腔以及嗅神经细胞所组成的。鼻腔里密布着的嗅觉细胞为2亿个，覆盖面积宽为150平方厘米。还有，狗的鼻腔里的黏膜与鼻子尖端表面的黏膜组织，常常分泌出黏液来滋润嗅觉细胞。它可以将外界各种细微的气味被嗅觉细胞“捕捉”和“溶解”，经过许多嗅觉神经直接和脑相连，就可以形成十分敏锐的嗅觉了。

相思鸟为什么不相思

在大自然里，有一种体态娇小玲珑、动作十分活泼、嘴喙赤红色、叫声十分幽雅的鸟，叫相思鸟。

相思鸟！太富有诗意啦！多少年来，相思鸟的趣闻最精彩。“相思鸟”指的是它对爱情的忠贞不贰。据说当雄鸟和雌鸟婚配以后，就会一生相伴，形影不离。假如其中一只不幸死亡，另一只也会由于丧偶而拒绝饮食，最后而亡。

在国外，人们将相思鸟称为“爱鸟”，把它看成诚挚友谊或爱情的象征。

依据生物学家的观察与研究，却发现相思鸟从不相思。一对相思鸟里的一只死亡以后，另一只为什么也会死去呢？这是由于人们饲养相思鸟很少，通常只饲养一二对，因为经验不足以及管理不当形成了某种疾病，使得它们相继死去，人们却误认为它们是患相思病死的。

为了能够揭开这个谜底，有人给相思鸟交换了配偶。结果，它们经过了几天“恋爱”以后，就会愉快地翩翩起舞，不久以后便繁殖后代了。相思鸟在配偶死去以后，再娶再嫁，和新的伴侣开始了新生活。因此相思鸟并非相思。

金丝雀为什么可以表演合唱

1980 年的夏天，在莫斯科进行的奥林匹克运动会上，一支鸟儿合唱队——金丝雀合唱队登台献艺，前来助兴。

演出中，除了创办人兼任指挥福缅科以外，“演员”全都是金丝雀。演出的节目包括著名音乐家施特劳斯、舒伯特、格林卡的名曲以及许多流行歌曲。金丝雀可以跟着唱片来模仿各种乐器的声音，唱出动人的乐曲。

在以后的 3 年里，它们陆续在各地演出了 2000 多场，获得了阵阵掌声，演出十分成功。

金丝雀的羽毛艳丽，鸣声动人，自古以来都被人类笼养作为观赏的鸟类。为何它能以出色歌唱演员的身份奇迹一样地出现在舞台上呢？

事实是这样的，除了人类以外，世界上只有鸟类能模仿其他声音，比如同类或者其他动物的鸣声或器物的响声等，甚至可以模仿人类的语言。人们将鸟类模仿其他声音的现象称之为效鸣。这种本领并非所有的鸟类都具有，它只局限于鸣禽类里若干种类的雄性。效鸣的能力完全取决于人的训练、环境及其自身的能力。

福缅科在青年时期就已经有了组建鸟类合唱团的强烈愿望，他依次驯养过黄雀、金翅雀、椋鸟，却都因失败而告终了。后来他获得了一只好嗓子的金丝雀，于是加以驯养，还替这只雄鸟找到了一位伴侣，不久以后繁殖了一窝小金丝雀。经过长时间的精选与训练以后，福缅科终于组建了金丝雀合唱团。

兔子的耳朵特别长是怎么回事

兔子有对很长的耳朵，可以上下左右活动，让自已听到周围传来的声音。当听见敌人的声音传来的时候，兔子就会快速逃跑。兔子为何会长着一对长长的耳朵呢？

这是由于兔子属于弱小动物。兔子经常因为受到其他食肉动物的攻击而惊慌失措。为了能够逃避敌人的捕获，兔子必须警惕周围的动静、时间，久而久之，兔子的耳朵就特别长了，而且十分灵敏，兔子的听觉是人的 2 倍。

兔子的耳朵用处大着呢！耳朵能够调节体温。当天气酷热的时候，兔子将两只耳朵全都竖起来，把身上的热从这里散出去；天气寒冷的时候，兔子把耳朵贴到背脊上，可以保暖。

狐狸为什么狡猾

狡猾的狐狸对老虎说："我才是百兽之王，你应该管我叫大王，森林里的动物全都怕我，你要是不信，就跟在我后面，咱们到森林里走一圈瞧瞧。"

老虎随在狐狸的身后在森林里巡视了一圈。森林里的小动物们看到虎王来了，全都吓得落荒而逃。狐狸这回可得意了，笑着对老虎说："这回相信我是森林大王了吧！"

老虎觉得狐狸的话非常正确。

这个故事表明狐狸是非常狡猾的。

人们习惯上将狐称作狐狸，事实上狐与狸是两种不同的动物。狐狸尖嘴大耳的，身子长短腿，身后拖着长长的大尾巴。全身呈现棕红色，耳背为黑色，尾尖是白色的。狐狸有些像狼，可是比狼小，长为 70 厘米，重达六七千克。狐狸尾巴的基部有一个小孔，可以发出刺鼻的臭气。

狐狸本性多疑，森林里如果来了陌生人，狐狸就会跟踪着观察。人们在捕猎的时候，往往设置陷阱，叫野兽落入陷阱。狐狸在远处就已经看见了，它总是跟踪猎人，尾随到每一个陷阱处，而且还留下了特殊的记号，以提醒同类。

狐狸被活捉以后，它们往往会装死，趁人不注意的时候逃跑。狐狸有的时候在森林的空地上转着圈子玩耍，或者在荒野里装疯卖傻，两只狐狸正在假打架，附近的小动物们去看热闹的时候，冷不防狐狸就会冲过去，把小动物们吃掉。

狐狸的嗅觉以及听觉很好，非常机灵，不但可以避开人们挖的陷阱，还清楚捕兽工具的厉害。狐狸能够松开夹子，吃钩子上面的肉。

狐狸是益处多、害处很少的动物，毛皮十分珍贵，狐狸的主要食物就是老鼠。只有在食物不够吃的时候，它才偶尔跑进村子里去偷吃鸡鸭。

为什么癞蛤蟆斗败了大公鸡

在广州市郊发生一起癞蛤蟆斗败了大公鸡的事件。有一天，有一只拳头般大小的癞蛤蟆趴在稀疏的草丛里休息。这个时候，有一只长着鲜红冠子的大公鸡，向草丛里走来。忽然，大公鸡看见了癞蛤蟆，马上收住了脚步，两眼死死盯住癞蛤蟆。

癞蛤蟆鼓起了像小鼓一样的肚皮，气呼呼地瞪着公鸡。它们对峙了十多分钟以后，忽然都退回了几步，都摆出要扑上去的架势。大公鸡鸣啼了一声以后，先扑了过去，用它那锐利的“嘴”在癞蛤蟆的头上、身上使劲乱啄。

癞蛤蟆没有任何武器，只好东躲西闪。但是它却把嘴张得很大，对着大公鸡直喷气。癞蛤蟆的头部以及身上全都渗满了乳白色的浆液。还不到 3 分钟，癞蛤蟆已经被公鸡啄得全身血迹了。围观的人们都以为大公鸡已经胜利了，刚要离开，没有想到，大公鸡的攻势愈来愈缓慢了，一会儿又像一个喝醉了酒的醉汉，昏迷不醒了。

癞蛤蟆为何斗败了大公鸡呢?，

其实，癞蛤蟆的耳后腺和皮肤可以分泌乳白色的毒液浆——蟾酥。大公鸡在猛啄癞蛤蟆的时候，吃到了癞蛤蟆皮肤上面的毒液浆。大公鸡吃得愈多，中毒也就越快。

为什么老鼠常啃硬东西

人们常常发现，老鼠将家具、衣服，甚至房屋的柱、梁等坚硬的东西咬坏，但它并不吃这些东西，这是为什么呢？老鼠的上、下颌的门牙与其他动物的不一样，它们不停地生长着，一个星期竟能长几毫米。因此，老鼠找不到其他办法，只能靠经常啃硬东西来磨损门牙，抑制它的生长。

老鼠的牙齿为什么会不停地生长呢？原来，年幼动物的牙齿在齿质中间有一个空腔，我们称之为齿髓腔，它的下端是开放的，与血管和神经相通，供应营养，促进牙齿生长。当牙齿长成之后，齿髓腔的下端就封闭起来，牙齿也就停止生长了。而老鼠的齿髓腔永远不会封闭，因此它的牙齿就不停地生长。

白熊在严寒的北极为什么不会冻死

白熊生活在北极的冰海雪原上，这里终年冰天雪地，气温常常在零下五六十摄氏度左右，有时会降到零下80℃，可是，白熊依然非常活跃。在这样低的气温下，白熊为什么不会冻死呢？

原来白熊那浓密的毛并不是白色的，而是无色透明的。它们像一根根石英纤维，中间是空的。由于太阳光的散射使毛的表面具有白色的外观，这种颜色正好使白熊同生活环境相适应，而且这种毛能把散射的辐射光传递到皮肤表面，皮肤吸收后将其转变为热能，使白熊的热能得到补充。白熊的毛能将95%以上的太阳辐射能转变为热能，为白熊的生存提供了优越的条件。

为什么马的耳朵常常会变换方向

一般动物的耳朵是作为听觉器官来利用的，而马的耳朵，除了作为听觉器官外，还有一种特殊的作用，它能用耳朵来表达“喜、怒、哀、乐”等各种表情。

人们通过长期实践、观察，发现马在情绪平静的时候，耳朵总是笔直地竖着，偶尔略有摇动；当马情绪不稳定时，耳朵就前后不停地摇动；情绪紧张时，它就把头昂起来，耳朵朝两旁斜竖着；一旦高兴的时候，它的耳朵就向背部倾斜；如果疲劳了，马又将耳朵向额前或两侧倒去。可见，马耳朵变换方向是有其一定含义的。

大象用鼻子吸水为什么不会被呛

大象喝水是用鼻子把水送进嘴里的，它也用鼻子吸水然后喷到自己的身上，用于降温或是洗澡。大象之所以不会被呛着是因为它的气管和食道是相通的，在鼻腔后面的食道上方有一块软骨，当水吸进鼻孔时，大脑便下意识地支配喉管部位的肌肉，使之收缩，这样就会促使食道上方的那块软骨暂时将气管口盖住。这样，水由鼻腔进入食道时，由于软骨的阻隔，就不会再进入气管里，因此大象就不会呛水啦。当水需要喷出来时，软骨周围的肌肉放松，软骨离开原先的位置，大象通过呼气将水喷出。

提醒你，人可没有那块软骨，因此千万不能用鼻子吸水！

你知道有第五只“手”的蜘蛛猴吗

蜘蛛猴生活在南美洲热带森林里，它身材细小，四肢和尾巴却很长，行动十分敏捷、灵活。尤其是它的尾巴，作用可大啦！

蜘蛛猴的尾巴细长，一般有80厘米左右，比它的四肢还要长。尾巴尖端约20厘米长，是光秃秃的，没有毛，表面有一条褶皱，主要起增加摩擦力的作用。蜘蛛猴的尾巴能像前肢一样灵活地采摘或拾取果实。当它用前肢采摘不到果实时，它会迅速地伸出尾巴去采摘，有时甚至能采摘、捡拾只有花生米一样大小的东西。

蜘蛛猴身体轻盈，动作敏捷。当它在树丛中跳跃时，先伸直尾巴，然后纵身一跃，就到了另一棵树上，这时尾巴起了平衡身体的作用。

当蜘蛛猴在树上休息的时候，它总是把尾巴牢牢地缠绕在树枝上，然后倒挂着睡觉，即使睡熟了，尾巴也不松开。母蜘蛛猴能用尾巴来怀抱自己的幼猴。有时，母猴将幼猴背在背上，母子俩的两条尾巴常常缠绕在一起，东跳西跃，绝对安全。

因此，生物学家把这种有奇异功能的尾巴称作“第五只手”。

第四章　自然灾害

泥石流

泥石流经常发生在峡谷地区和地震火山多发区，在暴雨期具有群发性。它是一股泥石洪流，瞬间爆发，是山区最严重的自然灾害。

多发地带：环太平洋褶皱带（山系）、阿尔卑斯——喜马拉雅褶皱带、欧亚大陆内部的一些褶皱山区。世界上有近50多个国家存在泥石流的潜在威胁。其中比较严重的有哥伦比亚、秘鲁、瑞士、中国、日本。

中国，有泥石流沟1万多条，其中的大多数分布在西藏、四川、云南、甘肃。四川、云南多是雨水泥石流，青藏高原则多是冰雪泥石流。中国有70多座县城受到泥石流的潜在威胁。

日本，竟然有泥石流沟62000多条，在春季、雨季经常爆发。

1970年，秘鲁的瓦斯卡兰山爆发泥石流，500多万立方米的雪水夹带泥石，以100公里每小时的速度冲向秘鲁的容加依城，造成2.3万人死亡，灾难景象惨不忍睹。1985年，哥伦比亚的鲁伊斯火山泥石流，以50公里每小时的速度冲击了近3万平方公里的土地，其中包括城镇、农村、田地，哥伦比亚的阿美罗城成为废墟，造成2.5万人死亡，15万家畜死亡，13万人无家可归，经济损失高达50亿美元。

由于我们的生态环境日益遭到严重的破坏，进入20世纪后，全球泥石流爆发频率急剧增加，发生了逾百次。

飓风

飓风又称台风、龙卷风，形成于赤道海洋附近的热带气旋。飓风常常行进数千公里，横扫多个国家，造成巨大损失。

地球上风灾最严重的是加勒比海地区、孟加拉湾、中国、菲律宾，其次是中美洲、美国、日本、印度，南大西洋影响最小。其原因在于风源多出自印度洋、太平洋、大西洋的热带海域。

1999年9月"弗洛伊德"飓风袭击美国东部地区，造成至少47人死亡，自9月14日在美国东南部沿海登陆后，一路北上，先后袭击了佛罗里达、佐治亚、南卡罗来纳、北卡罗来纳、纽约等州及首都华盛顿，造成了严重的人员伤亡和财产损失。风速最高达每小时约200公里，2天后降至每小时100公里以下，已转变为热带风暴。

"弗洛伊德"飓风所过之处，普降暴雨，造成许多地方被淹，民房受损，交通停顿，供电中断，人们的工作和生活受到严重影响。在南卡罗来纳、北卡罗来纳、新泽西和弗吉尼亚州，飓风共造成150万户人家停电。新泽西州及华盛顿、巴尔的摩、费城和纽约等市的公立学校普遍停课，300万学生不能上学。此外，航班停飞，火车停运，造成数万名旅客滞留。在华盛顿，不少联邦政府部门只留值班人员，国会众议院的会议也推迟举行，许多活动被迫取消。

据统计，全球每年约产生风力达8级以上的热带气旋80多个，死亡人数约2万，经济损失超过80亿美元。历史上造成死亡人数达10万以上的飓风灾难就达8次。20世纪最大的飓风灾难发生在孟加拉：1970年11月12日，飓风夹带风暴席卷孟加拉，30万人死亡，28万头牛、50万只家禽死亡，经济损失无法计量。

地震

地震就是地动，是地球表面的振动。引起地球表面振动的原因很多，可以是人为的原因，比如核爆炸、开炮、机械振动等；同样也可以是自然界的原因，比如构造地震、火山地震、塌落地震等。

按照地震的不同成因，我们可以把地震划分为五类：

1. 构造地震

构造地震发生的原因，是地下岩层受地应力的作用，当所受的地应力太大，岩层不能承受时，就会发生突然、快速破裂或错动，岩层破裂或错动时会激发出一种向四周传播的地震波，当地震波传到地表时，就会引起地面的震动。世界上85% ~90%的地震以及所有造成重大灾害的地震都属于构造地震。

2. 火山地震

由于火山爆发引起的地震。

3. 水库地震

由于水库蓄水、放水引起库区发生地震。

4. 陷落地震

由于地层陷落引起的地震。

5. 人工地震

由于核爆炸、开炮等人为活动引起的地震。

洪水

洪水是一个十分复杂的灾害系统，因为它的诱发因素极为广泛，水系泛滥、风暴、地震、火山爆发、海啸等都可以引发洪水，甚至人为的也可以造成洪水泛滥。在各种自然灾难中，洪水造成死亡的人口占全部因自然灾难死亡人口的75%，经济损失占40%。更加严重的是，洪水总是在人口稠密、农业垦殖度高、江河湖泊集中、降雨充沛的地方，如北半球暖温带、亚热带。中国、孟加拉国是世界上水灾最频繁肆虐的地方，美国、日本、印度和欧洲也较严重。

沙尘暴

沙尘暴形成有三个要素：即强风、沙源和不稳定的空气。

足够强劲持久的大风，是形成沙尘暴的动力条件。例如根据观测当强沙尘暴形成时，如果风速每秒达到30米(11级风)，那么粗沙(直径0.5~1.0毫米)会飞离地面几十厘米，细沙(直径0.125~0.25毫米)会飞起2米高，粉沙(直径0.05~0.005毫米)可达到1.5公里的高度，粘粒(直径小于0.005毫米)则可飞到很高的高度。

我国是世界上沙漠较多的国家之一，西北、华北和东北地区是我国沙漠和沙地集中分布的地方，这里沙漠和沙地面积达70万平方公里以上，沙漠中各式各样的沙丘，依照它们的稳定程度分为流动沙丘、半固定沙丘和固定沙丘。沙尘暴发生时，流动沙丘扬起沙尘的数量最大，半固定沙丘要小一些，固定沙丘最小。

在自然界里，沙尘暴起沙的道理也是这样的，如果低层空气温度较低，比较稳定，受风吹动的沙尘将不会被卷扬得很高；如果低层空气温度高，则不稳定，容易向上运动，风吹动后沙尘将会卷扬得很高，形成沙尘暴。实际上，我国沙尘暴一般在午后或午后至傍晚时刻最强，就是因为这是一天中空气最不稳定的时段。

除上述三大因素之外，人类生产活动等因素对沙尘暴的形成也很重要。如人为破坏植被、工矿交通建设、大规模施工等对地表的破坏，为沙尘暴发生发展提供了细沙和尘土。

焚风

“焚风”，顾名思义，就是火一样的风，是山区特有的天气现象。为什么山区会出现焚风呢？这是由于气流越过高山，出现下沉运动造成的。从气象学上讲，某一团空气从地面升到高空，每升高1000米，温度平均要下降6.5℃；相反，当一团空气从高空下沉到地面的时候，每下降1000米，温度约平均升高6.5℃。这就是说，当空气从海拔4000～5000米的高山下降至地面时，温度就会升高20℃以上，会使凉爽的气候顿时热起来。这就是产生“焚风”的原因。

焚风有时也能给人们带来益处。北美的落基山，冬季积雪深厚，春天焚风一吹，不要多久，积雪就会全部融化，大地长满了茂盛的青草，为家畜提供了草场，因而当地人把它称为“吃雪者”。程度较轻的焚风，能增高当地热量，可以提早玉米和果树的成熟期，所以原苏联高加索和塔什干绿洲的居民，干脆把它叫做“玉蜀黍风”。

在我国，焚风地区也到处可见，但不如上述地区明显。如天山南北、秦岭脚下、川南丘陵、金沙江河谷、大小兴安岭、太行山下、皖南山区都能见到其踪迹。

雪崩

雪崩是一种自然现象，它是指大量积雪从高处突然崩塌下落。雪崩在有人居住或滑雪场等地是一种严重的灾害，常会造成房倒屋塌和人员伤亡。

雪崩发生的诱因很多，通常积雪堆积过厚，超过了山坡面的摩擦阻力时，基底为春雨所松动，温暖干燥的风，声音的震响等都能使积雪开始运动，崩塌就开始了。

雪崩一旦发生，其势不可阻挡。成千上万吨的积雪夹杂着岩石碎块，以极高的速度从高处呼啸而下，所过之处将一切扫荡干净。有些雪崩中还夹带大量空气，这样的雪崩流动性更大，有时甚至可以冲过峡谷，到达对面的山坡上。

雪崩对登山运动员、滑雪爱好者、旅行游客及当地居民是一种极大的危险，因为它的发生都是非常突然而且避险时间极短。人们总结了很多经验教训后，对雪崩已经有了一些防范的手段。比如对一些危险区域发射炮弹，提前引发积雪还不算多的雪崩，设专人监视并预报雪崩等。但作为一种自然现象，雪崩不时还会对人们造成伤害，因此，人们如果到会有雪崩发生的地方去旅游时，一定要遵守当地组织者的要求，不能独自乱跑。

红潮

红潮是由一种名叫腰鞭毛虫的微小藻类造成的。这种植物大量聚集到一起对人类有毒，但对某些以之为食的海洋动物来说可能无毒。这种植物的毒素会在以之为食的动物（比如贝类、鱼虾等）体内逐渐沉积，我们食用了这些动物就会生病。不过不要太担心，这种可能性并不大。那么，红潮是怎么回事？当条件适宜时，这些植物就会在海洋中大肆生长，也就是说，它们繁殖的速度一发而不可收拾！很快，连海水也变红了。涨潮时，海水带来了大量被这种藻类毒死的动物的尸体，海滩就会变得一片狼藉，臭气熏天。

杀人风

在南极考察队员中流传一句:南极的冷不一定能冻死人,南极的风能杀人。

有人称南极是“暴风雪的故乡”。而寒冷的南极冰盖则是孕育暴风的产床,它像一台制造冷风的机器,每时每刻都用冰雪的躯体冷却空气,孕育风暴。由于南极大陆是中部隆起向四周倾斜的高原,一旦沉重的冷空气沿着南极高原光滑的表面向四周俯冲下来,顿时狂风大作,天昏地暗,一场可怕的极地风暴便大施淫威了。这时,雪冰夹带着沙子从滑溜溜的冰坡铺天盖地滚来,简直像一道无形的瀑布,像一股飞奔而来的洪流,人在暴风中不过像迅猛流水中的一片叶子和一粒石子,休想站住脚。日本的一位考察队员就在暴风雪中被吹得卡在冰柱中失去了生命。我们通常所说的12级台风,风速达到32.6米/秒,够大的了吧?可南极的狂风常常超过12级台风。在南极半岛、罗斯岛和南极大陆内部,风速常常达到55.6米/秒以上,有时甚至达到83.3米/秒!

因此,为了考察人员的安全,南极各国科学站都有严格规定,大风时绝对禁止外出,一切室外活动都是不允许的。平时外出一定要两人结组同行,并给每人一个登山包,里面装高频电话、食品、鸭绒睡袋、海绵垫、铁铲等物品,以维持个人的生存。在各国南极科学考察站周围,都建有大小不一的“避难所”。里边备有食品、饮料、燃料、通讯设备、小型发电机、取暖炉、睡袋等日常生活必需品。在外考察的科学家一旦碰上突如其来的暴风雪,一时又赶不回站的,均可就近躲进避难所。避难所的门是不上锁的,也不分国籍,“南极人”可以进任何国家的避难所食宿,离去时只需留言致谢。

为了保障考察人员不致迷失方向,科学站的主要建筑物之间的道路上,必须埋设标桩,拉上粗粗的绳子。遇上暴风雪时,队员们可以扶着绳索行走,以防被暴风雪刮走。所以南极考察队员把这些绳索叫做“南极救命绳”。

塞浦路斯的蝗灾

蝗虫是属于蝗科的昆虫，在世界许多地区都可见到，而在东南亚和非洲尤为普遍。它们体长约5~11厘米。当天气条件适宜于它产卵时，大量的幼虫便生成了。

它们聚集在一起，形成巨大的蝗群，然后，这些蝗群四处飞行，寻找新的产卵地。它们停留下来时，会彻底毁坏植物。

1881年，一次最严重的蝗灾袭击了地中海的塞浦路斯岛。蝗群来自北非，它们停留在塞浦路斯岛上产卵，对农作物造成了巨大的破坏。当卵孵化和幼虫开始进食时，情况似乎变得更加严重。

当地人赶紧集合起来收集蝗虫卵，避免再遭受侵袭。人们总共收集和消灭了1300吨蝗虫卵。

蝗群仍给世界热带和亚热带地区带来破坏。从空中喷洒杀虫剂可以控制蝗灾，但是邻国之间的争端常使有效的控制变得困难。

一个蝗群可有10亿只蝗虫，覆盖面积达到30平方千米，飞行数百千米。蝗群的到来往往意味着农业作物的毁灭。

最大降雪

1971年2月19日至1972年2月18日，1921年4月14日~15日，降雪量达1930毫米。在12个月内美国华盛顿州的瑞尼尔山派拉达斯地区，在24小时内美国科罗拉多州的银湖，，达31102.3毫米。在一次降雪中，在美国加利福尼亚洲的沙士塔司齐保尔山，达4800.6毫米。地面最厚的积雪：1983年4月，美国加利福尼亚州拉森山的海伦湖，积雪达70.36厘米。

潮汐

万有引力也存在于太阳与地球之间，只是由于太阳距地球较远，因此引力不大，平时不明显。可当月亮、地球和太阳处于一条直线即满月或新月时，太阳对海水的引力和月亮对海水的引力就会起重叠作用。这时，就会有大潮出现，这就好比两个人来拔萝卜就较容易拔出萝卜一样。当月亮和太阳与地球形成直角即上弦月或下弦月时，两种引力作用方向不同，就会相互抵消，这时小潮就会出现。这好像是一个大人往前拉车，而后面却有一个小孩向后拖车，车前进的速度因此变慢一样。由于每月出现两次这种情况，所以每个月特别大的高潮和特别小的低潮会分别出现两次。

海啸

海底地壳的断裂是造成海啸的最主要原因。地壳断裂时有的地方下陷，有的地方抬升，震动剧烈。在这种震动中就会有波长特别长的巨大波浪产生，这种巨大的波浪传至港湾或岸边时，水位就会因此而暴涨，向陆地冲击，它产生的破坏作用极其巨大。有时海啸是由海底的火山喷发造成的。此外，有时海啸还是海底斜坡上的物质失去平衡而产生海底滑坡造成的。也有些海啸是由风造成的。当强大的台风从海面通过时，岸边水位会因此而暴涨，波涛汹涌，甚至使海水泛滥成灾，由此造成的损失是巨大的。这种现象被人们称为“风暴海啸”或者“与象海啸”。

黑色闪电

在大气中，由于阳光、宇宙射线和电场的作用，会形成一种化学性能十分活泼的微粒。这种微粒凝成一个又一个核，在电磁场的作用下聚集在一起，像滚雪球一样越滚越大,从而形成大小不等的球。这种物理化学构成物有“冷”球与“亮”球的区分。所谓“冷”球,它没有光亮,也不放射能量,可以存在较长时间。

“冷”球形状像只橄榄球,发暗,不透明,白天才能看到。科学家叫它为“黑色闪电”。所谓“亮球”,呈白色或柠檬色,是一种化学发光构造。它出现时,并不伴随某种雷电,能在空中自由移动,在地面停留,或者沿着奇异的轨迹快速移动,一会儿变暗,一会儿再发光。

水龙卷与陆龙卷

龙卷风发生在水面,称为“水龙卷”;如发生在陆地上,则称为“陆龙卷”。龙卷风外貌奇特,它上部是一块乌黑或浓灰的积雨云,下部是下垂着的形如大象鼻子似的漏斗状云柱,具有“小、快、猛、短”的特点。水龙卷直径25~100米。陆龙卷的直径为100~1000米。其风速一般每秒达50~100米,有时可达每秒300米。超过声速。所以龙卷风所到之处便摧毁一切,它像巨大的吸尘器,经过地面,地面的一切都要被它卷走;它经过水库、河流,常卷起冲天水柱,连水库、河流的底部有时都暴露出来。同时,龙卷风又是短命的,往往只有几分钟或几十分钟,最多几小时。一般移动几十米到10千米左右,便“寿终正寝”了。

龙卷风的成因

前苏联学者维克托·库申提出了龙卷风的内引力——热过程的成因新理论:当大气变成像“有层的烤饼”时,里面很快形成暴雨云,大量已变暖的湿润空气朝上急速移动,与此同时,附近区域的气流迅速下降,形成了巨大的漩涡。在漩涡里,湿润的气流沿着螺旋线向上飞速移动,内部形成一个稀薄的空间,空气在里面迅速变冷,水蒸气冷凝,这就是为什么人们观察到龙卷风像雾气沉沉的云柱的原因。

鬼风

世界是唯物的,根本无鬼神存在,所谓“鬼风”其实是尘卷风。它是风在前进时遇到障碍物改变风向后，在一个地方打转而形成的。迷信的人认为这种风是死人刮回来的。其实这种风瞬间就会消失，对人是没有丝毫伤害的。

“厄尔尼诺”的灾难

在“厄尔尼诺”现象发生的时候，海水增暖往往从秘鲁和厄瓜多尔沿海开始，接着向西传播，使整个东太平洋赤道附近的广大洋面出现长时间异常增暖现象，造成这里的鱼类和以浮游生物为食的鸟类大量死亡。它除了使秘鲁沿海气候出现异常增温、多雨外，还使澳大利亚丛林因干旱和炎热而不断起火；北美洲大陆热浪和暴风雪竞相发生；美国夏威夷遭热带风暴袭击；美国加利福尼亚遭受火灾；大洋洲和西亚发生严重干旱；非洲大面积发生土壤龟裂；欧洲发生洪涝灾害；中国南部也发生干旱现象，沿海渔业减产，全国气温偏高，粮食大面积减产。

热带气旋

孟加拉湾发生的热带风暴，实际上是孟加拉海面形成的一股强大的空气漩涡黏液。它一面旋转，一面迅速移动，是一种破坏力极强的自然现象。这种风暴在不同的地方有着不同的名称。在亚洲东部的中国和日本，叫做台风；菲律宾叫它碧瑶风；北美洲叫做飓风；印度半岛叫它热带气旋。但也有把风速超过15米/秒，或按风力等级超过8级的持久的强烈的风，称之为风暴。一般把9级的风称为烈风，10级的风称为狂风，11级称为暴风，当风力超过30米/秒(12级时)就称为飓风了。但是，不管何种称呼，本质上都是风暴，这是不容置疑的。

强烈的风暴在陆地上很少见，多半发生在海上。当风速达到15～18米/秒时，就会折断微枝和干树枝，使人觉得前进有困难。强烈的风暴气流形成漩涡黏液时具有阵性的特征，通常风力越强阵性越大。风阵速度要比平均风速大得多，因而它的破坏力相当惊人，可以摧毁篱笆院墙，揭走屋顶。它吹越海面时，当风速达到每小时120多公里时，可以掀起10多米高的巨浪，最高可达30多米高。这是两个较小的海浪在海面堆叠而形成的，当它推进到岸边时会叠起一片浪墙，汹涌上岸，席卷一切，使沿海地区顿时满目疮痍。热带风暴在海上形成之初，只是热带海洋一股低压带暖空气向那里汇流聚集并不断上升，形成巨大的气柱。这股巨大的气柱在上升过程中不断地冷凝成云和雨，从而释放出大量的热能，使这股气流上升更快。强烈的空气漩涡黏液不断旋转，迅速移动，便形成了强烈的热带风暴。据科学家估计，热带风暴从海洋中卷走的水达25万吨，这些水在冷凝过程中释放出来的能量，相当于130亿吨核弹爆炸的能量。当受热的空气上升越来越快时，新的空气不断聚集于风暴中心，这样又形成了速度更猛烈的风暴。孟加拉湾孕育的热带风暴之所以如此猛烈，就是这个缘故。在热带风暴来临之时，先是天空中出现白色薄雾，然后越来越浓，变成浅黄，日落时呈橙色和红色的余辉，显得格外光亮。孟加拉南部4月日出与日落时分呈现出的异常景色，正是热带风暴在形成过程中的天象变化。热带风暴一般不会在赤道附近形成，通常发生于南北纬度6°～20°之间。除了孟加拉湾和阿拉伯海之外，世界上还有一些地方经常发生这种灾害性气候。如加勒比海（安的列斯群岛附近）和墨西哥湾、菲律宾附近的东亚海上、中国南海和东海、日本海、毛里求斯岛的印度洋、太平洋的赫布里底斯群岛和萨摩亚群岛区域等。其中北太平洋西部大多发生在菲律宾以东的海面，但行进的路线不同，一般分为三路：一路向西，经南海在我国两广地区和越南一带登陆；一路向西北，穿越我国台湾岛，到福建和江苏沿海登陆，又一路向北，又转向东北，移向日本。而大西洋上孕育的热带风暴，直径一般为800公里，有的超过1000公里，风暴中心称为“风眼”，即有约半径为5公里至30公里的平静区。

地下小“水库”

日本没有大河，水灾问题似乎并不严重。其实不然，正由于它的境内缺乏宽阔的河川，而又面向海洋，气候湿润多雨，一些小河渲泄不良，才发生了特殊的洪水灾害。有人甚至说，这儿并非没有水灾，而是被强烈的火山、地震掩蔽住，转移了人们的视线焦点，才没有充分注意到这个不露形色的破坏者。在这儿，水灾集中发生在人口稠密狭窄的滨海平原上，洪水从出山到人海结束，过程特别短，也是它常常被人们忽视的一个原因。可是在这里汹涌出山的洪水，由于河床纵比降大，水势特别猛烈。因为靠近山根，还常常和泥石流、滑坡、山崩伴生，和别处的单一洪水泛滥不同，有其特殊性，值得我们研究。

为了应付穿越而过的平野川泛滥，大阪在街道下面20米深处，修建了内径

10 米、长 1890 米，贮水量 14 万立方米的洪水调节池。名古屋的若宫大街下面10 米处，也建成了长 316 米、宽约 50 米，可以贮水 10 万立方米的同样的地下蓄洪设施。东京正在研究一种方案，修建几个巨大的“地下水库”，连接成为地下河，直接排入东京湾。地狭多雨的日本有特殊的洪水，也有特殊的防洪方法。

新滩滑坡

1985 年 6 月 12 日凌晨，一个平凡的夏夜，长江三峡正在酣睡，山，静静的；人，静静的。只有永不停息的流水在江心卷起暗沉沉的波浪，打着漩儿、冒着泡儿，发出一些轻微的声响，朝向远方流去。在西陵峡中的新滩镇，忽然传出了一阵阵极不平凡的喧嚣声音。从寂静的夜幕中可以分辨出，那是嘈杂的人声，声音中充满着一种难以抑制的惊恐、惶惑的意味。可以判断出，那儿必定有什么事情发生了。凌晨 3 点 45 分，突然发出一声山崩地裂的巨响，压住了嘈杂的人声。新滩，发生滑坡了。

新滩，是历史上经常发生山崩的地方，长江曾经多次被崩落的岩块阻塞断流。无数巨大的岩块滚落江心成为礁石，每当冬、春枯水季节水落石出，一个个礁石显露出狰狞面貌。江水从密布的石缝里泻流出来，好像是一道汹涌的瀑布。下行船必须绕过一座座险礁，顺着急流从石缝里冲泻下去。上行船迎着波涛，要翻过这道礁石组成的“门坎”更加困难，是长江三峡里的枯水第一险滩。

飞石

飞石，是山区常见的自然灾害之一。当雨水或是别的原因触动了岩顶的风化岩层，一些石块往往会失去平衡，顺着山坡滚落、或是凌空飞坠下来造成危险。

1966 年 11 月，英国威尔士一个矿区和平时一样，正在过着平静的生活，忽然发生了一场泥石流。凶猛的泥石流沿着沟谷奔泻下来，使猝不及防的人们无处奔逃。许多房屋被冲毁了，一些矿工和他们的家属成为了牺牲者，蒙受了重大的损失。这儿树木茂密，环境幽静，从来也没有天灾发生，为什么忽然祸从天降，造成这样一场重大的灾难呢？事后调查原因，原来是他们自己造成的。矿工们采矿时，把许多矿渣和无用的土石废料漫不经心地倾倒在山坡上，日积月累逐渐成为了一个大“垃圾堆”。从前山坡上绿草如茵，没有废物堆积，不管下多大的雨，也不会爆发泥石流。可是现在的斜坡上堆积了厚厚一大堆工业垃圾，经过雨水冲动，就很容易发生泥石流了。可怜的遇难矿工，做梦也没有想到自己亲手制造了一场泥石流，白白搭上了自己的性命。这种“人造泥石流”，称为矿山泥石流，是潜伏在矿山里的一个新的煞星。在不合理堆放废料的矿区经常发生矿山泥石流，给人们带来烦恼。

赤潮

赤潮又称“红潮”，是指海水中由于某种或多种海洋浮生物（大多为浮生植物）在一定环境下暴发性繁殖或高度聚集，引起能使局部水体改变颜色的生态异常现象。通常水体颜色因赤潮生物的数量、种类的不同而呈红、黄、绿和褐色等。

赤潮是一个历史沿用名，实际上，赤潮并不一定都是红色的，它可因引发赤潮的生物种类和数量不同而呈现出不同颜色。如夜光藻、中缢虫等形成的赤潮是红色的，裸甲藻赤潮则多呈深褐色、红褐色，角毛藻赤潮一般为棕黄色，绿藻赤潮是绿色的，一些硅藻赤潮一般为棕黄色。1937 年，厦门西港所发生的浮动弯角藻和尖刺菱形藻赤潮，水体黄褐而略带绿。因此，赤潮实际上是各种色潮的统称。

赤潮灾害能产生毒素，从而对动物鳃组织产生物理性刺激或降低水体中溶解氧引起海洋动物的大量死亡，同时藻类毒素通过在鱼类和贝类体内存集，最终对摄食他们的其他动物包括人类产生毒害作用。

赤潮发生必须具备以下条件：海域水体高营养化；某些特殊物质参与作为诱发因素，已知的有维生素 B1、B12、铁、锰、脱氧核糖核酸；环境条件，如水温、盐度等也决定着发生赤潮的生物类型。发生赤潮的生物类型主要为藻类，目前已发现有 63 种浮游生物，硅藻有 24 种、甲藻 32 种、蓝藻 3 种、金藻 1 种、隐藻 2 种、原生动物 1 种。

根据赤潮藻有无毒性，可将赤潮分为三大类：①无毒的赤潮。这类赤潮一般是无害的，不会引起海产养殖的大问题，只是由于赤潮藻的数量过高，当它们死亡分解时会造成海水缺氧，致使鱼类和无脊椎动物死亡，如在我国发生较普遍的夜光藻赤潮就是这一类;②有毒的赤潮。这类赤潮藻通过食物链造成人类肠胃消化系统或神经系统中毒。这类赤潮藻的某些种类可产生危害严重的神经性毒素,威胁人类健康,应引起人们注意;③对人无毒,但对鱼类及无脊椎动物有害的赤潮。这类赤潮藻主要是对鱼鳃等发生堵塞或机械伤害作用。1998年在香港、广东南部海域发生的大规模赤潮均属于这一类。

目前,赤潮已成为一种世界性的公害,美国、日本、中国、加拿大、法国、瑞典、挪威、菲律宾、印度、印度尼西亚、马来西亚、韩国等30多个国家和地区的赤潮发生都很频繁。

龙卷风

龙卷风,因为与古代神话里从波涛中窜出腾云驾雾的东海蛟龙很相像而得名,它还有不少的别名,如"龙吸水"、"龙摆尾"、"倒挂龙"等等。其实龙卷风是一种涡旋:空气绕龙卷的轴快速旋转,受龙卷中心气压极度减小的吸引,近地面几十米厚的一薄层空气内,气流被从四面八方吸入涡旋的底部,并随即变为绕轴心向上的涡流,龙卷中的风总是气旋性的,其中心的气压可以比周围气压低10%。

龙卷风是云层中雷暴的产物。具体地说,龙卷风就是雷暴巨大能量中的一小部分在很小的区域内集中释放的一种形式。龙卷风的形成可以分为四个阶段:大气的不稳定性产生强烈的上升气流,由于急流中的最大过境气流的影响,它被进一步加强;由于与在垂直方向上速度和方向均有切变的风相互作用,上升气流在对流层的中部开始旋转,形成中尺度气旋;随着中尺度气旋向地面发展和向上伸展,它本身变细并增强。同时,一个小面积的增强辅合,即初生的龙卷在气旋内部形成,产生气旋的同样过程,形成龙卷核心;龙卷核心中的旋转与气旋中的不同,它的强度足以使龙卷一直伸展到地面。当发展的涡旋到达地面高度时,地面气压急剧下降,地面风速急剧上升,形成龙卷风。

一般来说,龙卷的形状像漏斗,上面大下面小。龙卷的下部直径最小的只有几米,一般为几百米,最大可达千米以上,上部直径则为数千米。龙卷一般尺度较小,中心气压很低,因此水平气压梯度很大,从而造成很强的风速,一般为50~150米/秒,最大风速可达200米/秒。

龙卷风的"脾气"极其粗暴。在它所到之处,吼声如雷,强的犹如飞机机群在低空掠过。这可能是由于涡旋的某些部分风速超过声速,因而产生小振幅的冲击波。龙卷风里的风速究竟有多大,人们至今还无法测定,因为任何风速计都经受不住它的摧毁。一般情况,风速可能在每秒 50 ~ 150 米,极端情况下,甚至达到每秒 300 米或超过声速。龙卷是强对流天气的产物,常发生在中高纬度低层大气层结不稳定的地区,往往与锋面、气旋或非热带性质的雷暴相伴。登陆后的热带气旋移动到中纬度地区衰亡前,也易形成龙卷,有时还可出现在热带地区。

龙卷风常发生于夏季的雷雨天气时,尤以下午至傍晚最为多见。袭击范围小,龙卷风的直径一般在十几米到数百米之间。龙卷风的生存时间一般只有几分钟,最长也不超过数小时。风力特别大,破坏力极强,龙卷风经过的地方,常会发生拔起大树、掀翻车辆、摧毁建筑物等现象,有时把人吸走,危害十分严重。

1995 年在美国俄克拉荷马州阿得莫尔市发生的一场陆龙卷,诸如屋顶之类的重物被吹出几十英里之远。大多数碎片落在陆龙卷通道的左侧,按重量不等常常有很明确的降落地带。较轻的碎片飞到 300 多千米外才落地。

美国的俄克拉荷马州曾发生过这样一件怪事。两匹马拖着一辆大车走在海滨大道上,车夫坐在车上,由于天晴气爽,他打起瞌睡来。突然,一声巨响把他从昏睡中惊醒。他用双手揉揉眼睛清醒过来,一下子被吓呆了,两匹马无影无踪。再摸摸自己,脑袋还在肩上,四肢还都在,可车子却少了一根车辕。

发生在同一城市还有一件怪事。在一个晴朗的夏日,一对夫妇躺在床上休息,一声刺耳的巨响使他们惊坐起来,却没发现任何异常现象,他俩以为这声音是梦中听到的,于是又躺了下去。但是,他们忽然发现他们的床已被弄到荒无人烟的旷野,周围没有房子,没有任何建筑物,只有一只椅子还留在他们的旁边,折叠好的衣服仍好端端地摆在上面。

山崩

在山坡上,风化侵蚀作用形成的岩块、岩屑、土壤,甚至露出的岩层,受到重力作用,向下快速崩落的现象,称为山崩。狭义的山崩是指岩石或土壤以不同的凝聚力块体形态快速向下坡运动;广义的解释是地质材料以任何形式向下坡运动。地质材料向下坡运动,一般的说法还有边坡破坏、块体毁坏等。那么,为什么会发生山崩呢?

重力是山崩的基本因素。但是有些山坡坡度小,并不发生山崩;有些坡度陡峭,就时常发生山崩,因此坡度也是重要的因素;另外一个重要因素就是水分多寡,如果所含水分多,不但重量增加,加上水对黏土矿物的润滑作用,土石更容易向下滑落。

山崩发生的原因可分为外在因素和内在因素,外在因素会造成剪应力的增加,而抵抗的剪刀强度却没有改变。外在因素有边坡荷重的增加、侵蚀或人工开发而增加边坡坡度、地震摇动等。内在因素所造成的山崩则没有任何可以察看的外在形状的改变,包括任何降低剪刀强度的作用在内。此外,还有一些山崩的情况是介于内外两者因素之间的,例如快速的滑落造成剪应力的增加,并伴随着剪刀强度的下降。其他介于中间的情况包括迅速的土壤液化作用以及地下之风化和侵蚀。

我们再来看看山崩的运动方式。

1. 坠落

岩块的垂直坠落,通称为落石。发生在节理特别发达的峭壁或陡坡,通常不会造成重大灾害,偶尔击伤人车或暂时阻碍交通。

2. 滑动

沿着破裂面向下移动的现象,称为滑动。依据破裂面的形式,分为平面滑动、圆弧滑动和楔形破坏二种。常会造成重大灾害或长期交通中断,是台湾常见的山崩形式。

3. 流动

没有一定的运动面,土石富含水分,呈现流体或半流体状。土壤、岩块与雨水混合后产生的集体流动,通称为土石流。由于侵蚀力强大、搬运力大、运动快速,会造成重大的生命财产损失。土石流的形成条件有松散的地质材料、陡峭的河床、高涨的地下水位、大量的地表径流。

山崩可以造成很大的灾害。严重时可以毁坏整个村庄,砸死人畜,毁坏工厂、电站,堵塞道路。山崩后的石块、土块大量落入河道中,还会阻塞河流,形成洪水灾害。1933 年 8 月,四川西北部的茂县发生一次山崩,无数石块从山上滚落下来,掉人岷江中。不一会儿,岷江中出现了 3 条 100 多米长的大坝。河水被挡住了,形成了两个“湖泊”。10 月,南边的一个大坝突然溃决,洪水先后淹没了茂县的大片土地,使当地人民遭受了一次大水灾。1976 年 5 月 29 日,云南省龙陵地区发生了两次强烈地震,震中附近的 100 多平方千米范围内发生山崩,破坏了大片稻田,堵塞了许多沟渠,甚至使一个电厂也遭到破坏。

因此,在人类活动会增加山崩严重性的例子中,我们需要学习如何认识、控制,并尽可能地减小它们发生的几率。

雷暴

雷暴是伴有雷电现象的中小尺度对流性天气系统。出现时必有强烈的积雨云活动,因此往往伴随有阵雨、龙卷、冰雹、大风等。产生雷暴的积雨云称雷暴云,一个雷暴云叫做雷暴单体,它的水平范围约 19 千米,持续时间几十分钟。雷暴云也可以孤立分散出现或者组成雷暴群,出现在几百千米至几千千米的范围内,持续时间几小时至十几小时。雷暴具有极强的破坏性和杀伤力,是一种强危险性气象灾害。它直接威胁着人们的生命财产安全。那么,雷暴的产生条件是什么呢?

雷暴产生的必要条件是:大量的不稳定能量、充沛的水汽、足够的冲击力。因为要发生对流性天气,首要条件是大气层结构不稳定。在储存有大量不稳定能量的大气中,一旦受到足够的冲击力,不稳定能量就会释放出来变为空气的动能。充沛的水汽也是雷暴形成的必要条件,如果没有充沛的水汽,即使发生了对流,也不可能出现旺盛的积雨云。大气中大量不稳定能量和充沛的水汽的存在,只是具备了发生雷暴的可能,要使可能变为现实,还需要有促使空气上升到达自由对流高度以上的冲击力,这样,大量不稳定能量才能释放出来,上升气流才能猛烈发展,形成雷暴天气。

雷暴释放出的能量极为可观,据估计,一次发生的雷暴相当于 10 枚投掷于广岛的原子弹爆发所产生的能量。

耀眼的闪电划破长空,隆隆的雷声震撼大地。频频的雷击对于各种输电、通讯等线路和设备是有害的,电气机车也最怕雷击。对于飞机来说,产生闪电和雷击的积雨云是头等危险,因为云层内强烈上升或下降的气流会使飞机操纵失控而发生事故。

中国年平均雷暴日数的分布形势是南方比北方多,山区比平原多,陆面比水面多。中国雷暴日数最多的地区是云南南部和两广地区,年平均雷暴日数可达 90 ~ 100 天,甚至更多。其中西双版纳和海南岛中部山区,年平均雷暴日可达 120 天以上。一般来说,南方沿海雷暴多,持续时间也长;干旱地区雷暴少,持续时间也短;青藏高原地区则介于其间,即雷暴日数不算少,可是持续时间一般不长，大多数不会超过2小时。

那么，雷暴是怎么形成的呢？我们知道，雨雷云内带有电荷，顶部的是正电荷，底部的是负电荷，而雷暴下的地面是正电荷。电荷增长，闪电就会出现，为天空带来短暂的亮光。雷是雷雨云中巨大的冲激电流引起空气加热而急剧膨胀所形成的现象。

虽然雷阵雨会给人类带来灾难，但它也有好的一面。雷暴时，雷电使空气中的氧气和氮气生成一氧化氮，再经过一系列变化之后落到地面上，便成了氮酸盐，这是一种极好的肥料。因此，有人称雷是“天然化肥厂中的工程师”。

台风

台风是发生在北太平洋西部热带洋面上的一种很猛烈的大风暴。在海洋的某些区域里面，由于海水被太阳晒得很热，海面上的空气就向高空直升，这时在它周围较冷的空气乘势补缺，一齐向中心流动，由于地球自转，使空气成逆时针方向剧烈旋转。它一边旋转，一边朝西或者西北方向移动，越转越快，越转越大。台风中心就是这个旋转空气区域的中心，它的气压极低，风力很微弱。台风造成的灾害以狂风和暴雨最为显著，有时会引起高潮，使海水倒灌。台风中心附近风力经常在10级以上，并有暴雨，在海洋上能掀起山岳般的巨浪。

1989年，世界气象组织规定，按照热带气旋中心附近平均最大风力的大小，把热带气旋划分成热带低压、热带风暴、强热带风暴和台风四类。风力低于8级的热带气旋称为热带低压，8～9级的称为热带风暴，10～11级的称为强热带风暴，12级及以上的称为台风。在东太平洋、大西洋和澳大利亚中心附近最大风力12级或12级以上的热带气旋称为飓风。

那么，台风到底是怎么形成的呢？

（1）要有广阔的高温、高湿的大气。热带洋面上的底层大气的温度和湿度主要决定于海面水温，台风只能形成于海温高于26℃～27℃的暖洋面上，而且在60米深度内的海水水温都要高于26～27℃；

（2）要有低层大气向中心辐射、高层向外扩散的初始扰动，而且高层辐射必须超过低层辐射，才能维持足够的上升气流，低层扰动才能不断加强；

（3）垂直方向风速不能相差太大，上下层空气相对运动很小，才能使初始扰动中水汽凝结所释放的潜热能集中保存在台风眼区的空气柱中，形成并加强台风暖中心结构；

(4)要有足够大的地转偏向力作用，地球自转作用有利于气旋性涡旋的生成。地转偏向力在赤道附近接近于零，向南北两极增大，台风发生在大约离赤道5个纬度以外的洋面上。

我国是世界上台风灾害最为严重的国家。影响我国的台风常发生在5～10月，尤其以7～9月最为频繁。1949～1992年，我国除台湾省以外的省区，共发生台风灾害155次，其中东南沿海的广东、海南、福建、浙江等省最多，占114次，为全国总次数的74%，给工农业生产、交通运输和人民生命财产造成了严重损失。仅对1980年以来10年台风损失情况统计，平均每年受灾面积多达313万公顷，死亡人数超过500人。台风具有极大的摧毁力，能拔树倒屋，并造成巨大的洪水灾害。

气象科研部门曾开展过大规模的热带气旋现场试验，取得了宝贵的观测资料，并进行了一系列的研究，从而对台风的运动突变、结构、强度变化和台风暴雨等方面取得了新的进展，由此涌现出一些大气科学的理论成果，为减轻灾害做出了很大贡献。

第五章　气象百科

天气预报的由来

1854年11月14日，夜幕低垂，乌云密布，位于欧洲东南部的黑海海面上掀起了滔天巨浪，紧接着一场可怕的暴风雨汹涌而至。当时正与敌人作战的英法联合舰队，刚好行驶到这儿，立即遭到这场暴风雨的袭击。主旗舰"阿恩力4号"翻沉，几乎全军覆没。这次暴风雨给联军造成了极大的损失，这给当时法国的执政者拿破仑三世震动很大。他命令当时著名的天文学家，海王星的发现者，巴黎天文台台长勒维烈全力调查这次风暴的移动规律。勒维烈立即把各地的观测资料收集起来，并详细询问了11月12日到12月16日各地的天气情况，然后把这些结果标志在一张空白地图上。经过认真细致地研究后，勒维烈惊讶地发现，那次袭击英法联军的黑海风暴是从欧洲西北部移过来的，而且是以一定速度向东南方向运动。经过推理，勒维烈认为，若能事先就有一张"天气图"，那么那次风暴完全可以躲过去。此后"天气图"就应运而生了。

人类生存的地球是由一层很厚的"空气海洋"——大气层包围着的，"空气海洋"的底部约几十千米是空气对流层，它是地球上气候变化的主要原因。空气温度的变化引起空气对流，形成空气漩涡，这种空气漩涡的移动，就形成了风暴。风暴通常都由形成地点（通常为海洋表上）以一定速度向一定方向运动的，风暴移动方向与移动速度与各个地方的温度变化有关。因此如果这时把各个地方的气候条件汇总，加以分析研究，就能预测风暴的运动情况，播发出去就成为天气预报。我国就是由中央气象台汇集各个地方气象台的观测结果，然后经分析研究后再向全国发布，这就成为中央气象台的"天气预报。"

风的形成

在大气环境中,不同地方、不同时间、不同高度,气压的高低是不一样的,有的地方气压高,有的地方气压低,这就产生了气压差。气压差能促使空气流动,产生大小不同的风。气压差的存在是产生风的直接原因,由气压差产生的推动空气运动的力,叫气压梯度力。它决定了风的大小。

什么是气压?气压就是大气的压强,是指单位面积上所承受的大气的重量。也可用单位面积上所受的压力——压强大小来表示。人们测出在纬度45°的海平面上,温度为0℃的情况下,1平方厘米所支持的空气柱压力为101.3千帕。海拔越高,气压越低,如珠穆朗玛峰顶上的气压仅相当于海平面气压的1/3。

空气有重量,大气有压力。气压的分布自成系统,气压高于四周的区域为高气压区,称为高气压。这个区域中的气流自中心向外辐散,北半球风向呈顺时针旋转,高气压区附近盛行下沉气流,天气晴好。与之相反,气压低于四周区域的为低气压区,称为低气压。气流自四周向中心辐合,北半球风向呈反时针旋转,低气压中心附近盛行上升气流,天气较坏。

雨的形成

大洋上以浪花形成的无数气泡不断出现,而且水分子也不断地喷向天空。富含盐的这些分子,通过风从大气层向上推进,使从海洋上升的水蒸气以水滴、冰晶的状态聚集形成云。

云是由在冰晶或空气中的烟尘周围聚集的水蒸气形成。

由于其中的水滴很小(直径为0.01~0.02毫米)因此悬浮和散布在空中。这样一来,天空被云覆盖。

在冰晶和烟雾周围聚集的微小水滴形成雨滴。这样一来,超过空气重量的水滴离开云,以降雨的形式落下。

酸雨的形成

大气是人类生存的重要环境,大气污染直接地影响人们的生活和工作。进入大气的主要污染物有一氧化碳、烃类、氮氧化物、二氧化硫、悬浮颗粒等,其中二氧化硫和氮氧化物是酸雨的主要来源。

酸雨是指 PH 值小于 5.6 的酸性降雨,比较纯净的雨水因溶有二氧化碳(CO_2)而其 PH 值约为 5.6。大多数酸雨中的酸性物质最主要的是硫酸(可占 65% ~70%),其次是硝酸(可占 25% ~30%)。

人们曾经认为,空气中的 SO_2 主要来自铜、铅、锌等有色金属冶炼厂和硫酸厂。事实上空气中二氧化硫(SO_2)最主要的来源是燃烧含硫的燃料。据估测,大气中的 SO_2 有 70% 来源于工业燃煤,12% 来源于工业燃油,其余则来源于生活燃煤等。进入大气中的 SO_2 气体在氮氧化物或悬浮颗粒中的某些过渡金属元素的化合的催化下,部分地被空气中的氧气等氧化为三氧化硫(SO_3),降水时形成硫酸(H_2SO_4)而降下酸雨。

燃料的高温燃烧是大气中氮氧化物的主要来源。主要来自汽车尾气和供热供电用燃料燃烧的产物。在 1200℃或更高温度(内燃机内部能达到的温度可超过 2000℃,空气中的 N_2(氮气)和 O_2(氧气)可生成可检出量的 NO(一氧化氮),后者慢慢与氧气反应而生成 NO_2(二氧化氮),降水时形成硝酸(HNO_3)而进入水中形成酸雨。

大雪花形成的原因

诗人李白用“燕山雪花大如席”来描述雪之大。最近美国科学家在加拿大荒原遭遇暴风雪,激光探测器拍摄到了巨型雪花的照片。加州理工学院的物理学教授称,大雪花直径一般有 2 ~6 英寸,会按照一定的规律出现在世界各地,质地异常松软。吉尼斯记录的最大雪花直径有 15 英寸,比平底锅还要大。科学家分析说,雪花就是一个雪晶体,有很多形状,树模石形的雪花是最大的。巨形雪花容易在温度刚刚高于冰点时形成,因为这时雪晶体黏合性较强。这种聚合在大气中更容易出现,中等大小的雪花通过碰撞的方式,聚合成大雪花。

极光

极光是一种大气光学现象。当太阳黑子、耀斑活动剧烈时，太阳发出大量强烈的带电粒子流，沿着地磁场的磁力线向南北两极移动，它以极快的速度进入地球大气的上层，其能量相当于几万或几十万颗氢弹爆炸的威力。由于带电粒子速度很快，碰撞空气中的原子时，原子外层的电子便获得能量。当这些电子获得的能量释放出来，便会辐射出一种可见的光束，这种迷人的色彩就是极光。

地球的两极有两个大磁场，带电粒子流受地球磁场的影响，飞行路线就要向两极偏转，两极地区形成的粒子流较中纬度更多，在高纬度地区人们能观察到极光的机会更多些。出现在北极的叫北极光，出现在南极的叫南极光。

极光通常有带状、弧状、幕状或放射状等多种形状。由于空气中含有氢、氧、氮、氦、氖、氩等气体，在带电粒子流的作用下，各种不同气体便发出不同的光。比如氖气发出红光，氩气发出蓝光……因此极光的颜色也是丰富多彩、变幻无穷的。极光往往突然出现，连续一段时间以后又突然消失。

在瑞典、挪威、前苏联和加拿大北部，一年可以看到100次左右的极光，出现的时间大多在春季和秋季。在加拿大北部的赫德森湾地区，每年见到的极光多达240次左右。我国最北部的黑龙江省漠河地区，人们常常可以看到五彩斑斓的北极光。

海市蜃楼

在炎热的夏季或沙漠地区，当近地面的空气受到太阳的猛烈照射时，温度升得很高，空气密度变小了，而上层的空气仍然比较冷，空气密度也大，这样由远方物体各点所投射的光线在穿过不同密度的空气层时，就要向远离视线的方向折射。当光线快射到地球表面时，就会发生全反射，于是远处物体上下各点所投射的光线就沿下凹的路径到达观察者眼中，出现“海市蜃楼”。而在地面低温较强的地区，尤其是在冷海面或极地冰雪覆盖的地区，由于底层空气密度很大，而上层空气密度很小，这种上疏下密的空气就能使物体投射的光线经过它产生折射和全反射现象，以致出现“海市蜃楼”的景象。

虹和霓

虹：是光线以一定角度照在水滴上所发生的折射、分光、内反射、再折射等造成的大气光象，光线照射到雨滴后，在雨滴内会发生折射，各种颜色的光发生偏离、其中紫色光的折射程度最大，红色光的折射最小，其他各色光则介乎于两者之间，折射光线经雨滴的后缘内反射后，再经过雨滴和大气折射到我们的眼里，由于空气悬浮的雨滴很多，所以当我们仰望天空时，同一弧线上的雨滴所折射出的不同颜色的光线角度相同，于是我们就看到了内紫外红的彩色光带，即彩虹。

霓：有时在虹的外侧还能看到第二道虹，光彩比第一道虹稍淡，色序是外紫内红。称为副虹或霓。

霓和虹的不同点仅仅在于光线在雨点内产生二次内反射，因此光线通过雨滴后射到我们眼帘时，光弧色带就与虹正好相反。

大气的重量

大气是无色、无味、透明的气体，但是它也和其他物质一样，具有一定的重量。据测定，在零摄氏度和一个标准大气压下，空气的密度为 0.00129 克/平方厘米。

大气的湿度

湿度是表示大气中水汽含量的多少或大气潮湿的程度，表示湿度的大小有以下几种方法:水汽压、绝对湿度、相对湿度。

大气的压力

大气具有重量,那么它就必然存在着压力。我们把单位面积上所承受大气柱的重量称为大气压强,即气压。气压通常有两种表示方法:即毫米和毫巴。在标准状态下,当时的大气压强与 760 毫米水银柱所产生的压强相等,而 760 毫米气压又相当于 1013.25 毫巴。

日、月晕环是怎样产生的

晕是日、月光通过卷层云时,受到冰晶的折射或反射而形成的,当光线射入卷层云中的冰晶后,经过两次折射,分散成不同方向的各色光,实际上,有卷层云时,天空飘浮无数的冰晶,在太阳周围的同一圆圈上的冰晶,都能将同颜色的光折射到我们的眼睛里而形成内红外紫的晕环。天空中有由冰晶组成的卷层云时,往往在日、月周围会出现一个或两个以上以日、月为中心、内红外紫的彩色光环,有时还会出现很多彩色或白色的光点和光弧,这些光环、光点和光弧统称为晕。

云有哪些类型

云按照高度分类通常可分为四大类型;即高云、中云、低云和直展云,高云的云层高度在六千米以上,通常又分为卷云、卷层云、卷积云;中云云底高度在 2500 米 ~6000 米之间,一般分为高层云和高积云;低云云底高度低于 2500 米,又分为层积云、层云和雨层云;直展云云底高度低于 2500 米,有积云和积雨云之分。积雨云:云浓而厚,云体庞大如耸立高山,顶部开始冻结,轮廓模糊,有的有毛丝般纤维结构,底部十分阴暗,常有雨幡、碎雨云。

雾凇

雾凇，又称树凇、树挂、水汽花、冰花、雪柳，是空气中的水汽在树枝（或别的露天接触物）上凝华的产物。冬季在我国高纬度的东北、西北地区，以及一些高山地区，每年都可能出现。

空中的冷空气遇到岸边的冷树枝，在适宜的温度、风力条件下，水汽就会在树枝上凝华成冰晶，并逐步加厚，从而形成雾凇。

厄尔尼诺现象

地球表面的71%被海水所覆盖，海洋对气候的变化有着巨大的调节和控制作用。一般情况下，西太平洋的海水温度较高，而东太平洋的海水温度较低，使地球的气候保持平衡状态。但是，每隔几年，南美洲的秘鲁的厄瓜多尔太平洋沿岸附近的表层海水就会奇怪地变暖，并向西传播，使整个东太平洋的广大洋面出现长时间的异常增暖区，导致海面上空大气温度升高，从而破坏了全球气候的平衡。于是，全世界的气候都出现了异常现象。人们称这种现象为“厄尔尼诺”，即西班牙语“圣婴”的意思。

“厄尔尼诺”现象一旦发生，一般要持续几个月，甚至一年以上。它往往给人类带来灾难：澳大利亚、印度尼西亚等地区发生严重干旱；夏威夷遭到热带风暴袭击；欧洲会产生洪涝灾害……1982年～1983年，发生了一次严重的“厄尔尼诺”现象，它使世界上1/4的地区受到危害，全世界经济损失估计达80亿美元。

“厄尔尼诺”的成因和活动规律是科学家们争论不休的话题。有人认为，它的出现与地球自转的变化有关系；也有人说，“厄尔尼诺”是由于太平洋赤道信风减弱引起的；还有人认为，“厄尔尼诺”现象与地壳板块移动有关。以上的观点哪个更具有说服力，还需要做进一步的研究和讨论。

为什么云有不同的颜色

天空有各种不同颜色的云，有的洁白如絮，有的是乌黑一块，有的是灰蒙蒙一片，有的发出红色和紫色的光彩。这不同颜色的云究竟是怎么形成的呢？

我们所见到的各种云的厚薄相差很大，厚的可达七八公里，薄的只有几十米。有满布天空的层状云，孤立的积状云，以及波状云等许多种。

很厚的层状云，或者积雨云，太阳和月亮的光线很难透射过来，看上去云体就很黑；稍微薄一点的层状云和波状云，看起来是灰色，特别是波状云，云块边缘部分，色彩更为灰白；很薄的云，光线容易透过，特别是由冰晶组成的薄云，云丝在阳光下显得特别明亮，带有丝状光泽，天空即使有这种层状云，地面物体在太阳和月亮光下仍会映出影子。

有时云层薄得几乎看不出来，但只要发现在日月附近有一个或几个大光环，仍然可以断定有云，这种云叫做“薄幕卷层云”。孤立的积状云，因云层比较厚，向阳的一面，光线几乎全部反射出来，因而看来是白色的；而背光的一面以及它的底部，光线就不容易透射过来，看起来比较灰黑。

日出和日落时，由于太阳光线是斜射过来的，穿过很厚的大气层，空气的分子、水汽和杂质，使得光线的短波部分大量散射，而红、橙色的长波部分，却散射得不多，因而照射到大气下层时，长波光特别是红光占着绝对的多数，这时不仅日出、日落方向的天空是红色的，就连被它照亮的云层底部和边缘也变成红色了。

由于云的组成有的是水滴，有的是冰晶，有的是两者混杂在一起的，因而日月光线通过时，才会造成各种美丽的光环或虹彩。

地球上暴风最多的地方

我国暴风最多的地方是位于台湾海峡中的澎湖列岛，一年中有 138 天刮 8 级大风。这是由于海峡像一个风口，岛屿上很平坦，海上空气流动的阻力小，风变得更加频繁和强烈了。由于岛上常年刮大风，使土地变得贫瘠，连树木也稀少了。

南极洲的风暴更多、更盛行，被称为“暴风王国”。几十年前，澳大利亚探险家毛孙到南极洲东部地区考察，曾经描述过那里的情景：“这是一个可怖的、空虚的、狂暴的、惊心动魄的地方……无情的风暴咆哮着、撕裂着、冻结着。刺人的雪使人睁不开眼，喘不过气来……我们来到暴风的王国，这是一个该死的地方。”毛孙到达的地方只是沿海地区，而南极洲阿德尔地区的德尼森角是一个巨大谷地的谷口，才是名副其实的“风都城”。一年中有 340 天刮风暴，全年平均风速 19.4 米每秒，相当于长年刮 8 级风。1912 年 5 月，测得平均风速相当于每天刮 10 级风。5 月 15 日的日平均风速相当于刮了一整天 12 级（风速 33 米每秒）以上的大风。1951 年 2 月 22 日，在“风都”又测得日平均风速 45 米每秒，阵风达 92.6 米每秒。

风速最大的世界记录是 1958 年 4 月 12 日在美国东部 1916 米高的华盛顿 LI—l 上测得的，极端最大风速为 103 米每秒（时速 371 千米）。

年降水最多的地区

夏威夷是太平洋中部的一组火山岛，为美国的一个州。它由 8 个大岛和 124 个小岛组成。夏威夷是太平洋水域的运输和文化中心，被称为“太平洋的十字路口”，同时，它还是重要的旅游胜地。首府檀香山（火奴鲁鲁）位于瓦胡岛。面积最大的夏威夷岛上有壮观的火山喷发。夏威夷位于北回归线稍偏下的位置，由于信风在太平洋洋面上吹过，广阔的水面起到了稳定气候的作用，其温和的热带气候被认为是世界上最为理想的处所。这里各地之间的降雨相差悬殊。考爱岛上的怀厄莱阿莱山被称为世界上最多雨的地区，有记载 60 年当中年平均降雨达 11280 毫米。夏威夷岛上的卡韦哈伊平均年降水则仅有 220 毫米。由于信风挟带来的潮湿空气时常吹遍各岛，因此空气中的水分很容易凝聚，形成伞状云朵，沿着海岸和群山飘散，这些地区的植被要比背风海岸的植被更加茂盛。

地球上最干旱的地方

在南美洲智利北部沙漠里，有一个不知名的地方，从 1845 年到 1936 年整整91年里,没有落过一滴雨。

智利北部濒临大洋,为什么会这样呢？原来那里正好位于副热带高压常年坐镇不动的地区,而靠近智利的海岸,又是秘鲁寒流流经之处。由于寒流的温度较低,使那里的空气十分稳定,大气不发生上升运动,即使在海边,水汽也不能进入高空凝结成雨,因此成了世界“旱极”。

地球上最寒冷的地方

1838年,俄国商人尼曼诺夫路径西伯利亚的亚尔库次克,无疑中测得了一次零下60℃的最低温度,在当时引起了一场轰动。但是谁也不太相信这位商人测得的记录是正确的。47年以后,就是1885年2月,位于北纬64°的奥依米糠,人们测得了零下67.8℃最低温度,这一次真正获得了世界寒极的称号。

1957年5月,位于南极“极点”的美国安莫森·斯考托观测站传出了一个惊人的消息,那里的最低气温降到了零下73.6℃,因而世界寒极由北半球迁到南极去了。同年9月,这个观测站又记录了一个更冷的零下74.5℃的温度。

二十四节气的划分

目前保存最完好的最古老的天文台“登封观星台”(现存的建筑遗迹,建于元初),坐落在古都洛阳东南的登封县告成镇。这座巍然挺拔的古建筑遗迹,由高8.5米的“测景台”、长30.3米的“星天尺”组成。相传周公曾风尘仆仆从西周首都镐京来到这里,主持过测量日影。台上至今还珍藏着公元724年唐代所立的石表,上刻“周公测景台”五个字。

在观察、测量太阳位置变化规律的基础上,我国古代人民把一年划分为若干“节气”。春秋末年,根据每年“冬至”时刻的测定,推算出一年岁实是365.25日,这在当时是世界上最精密的数值,为准确预报季节、反映气候寒暖变化创造了条件。《春秋》书中,已有许多春夏秋冬四季的记载。西汉时期问世的《淮南子·天文训》则完整地记录了全部“二十四节气”。惊蛰、清明、谷雨等,这些名词与天气、物候的对应,足以证明它同农业、畜牧业及人民生活息息相关,它至今仍为我国人民所沿用,具有悠久的历史。

“三九”的由来

从冬至起，每九天为一九，一直到九九，共81天。冬至后第一个九天至第二十七天为“三九”，是一年中最冷的日子。有民谣：“一九二九难出手，三九四九冰上走，五九六九沿河看柳，七九河开，八九燕来，八九加一九，耕牛遍地走。”又有：“春打六九头”（或五九尾），即六九的第一天（或五九的第九天）立春，自此天气渐暖。

“三伏”的由来

每年夏天的7月中旬至8月中旬，是我国独有的“三伏”节气，并都印在我国的日历上，那么，您知道“三伏”是怎么来的吗？

我国从公元前776年至今，流行“干支纪日法”，即：把天干的甲乙丙丁戊已庚辛壬癸；地支的子丑寅卯辰巳午未申酉戌亥各取一个字结合而得甲子、乙丑、丙寅等六十组不同的名称来记日子，每逢有“庚”字的日子叫“庚日”。秦汉时盛行“五行生克”的唯心说法，认为最热的夏天日子属火，而庚属金，火克金（金怕火烧融），所以到庚日，金必伏藏。于是就规定从夏至日（阳历6月21日或22日）后第三庚日为初伏（有10天），第四庚日为中伏（有的年是10天，有的年是20天），立秋（阳历8月7日或8日）后第一庚日为三伏，有10天。这样，三伏就有固定的日期了。按照这种规定，可以算出伏天在阳历的7月中旬至8月中旬。

伏天之所以酷热，从日地关系上看，自春分日开始到夏天，太阳从直射赤道逐渐变为直射北回归线。夏至这天是北半球一年中白昼最长的一天，这一天北半球地面接受的太阳热量最多而散热最少。但一年中最热的日子并不是夏至，而是夏至后的伏天，特别是中伏和三伏天。

“四象”、“三垣”的由来

“四象”，是我国古代用来表示天空东、北、西、南四个方位的景象，即东方青龙，北方玄武，西方白虎，南方朱雀。这是古人把每一方的七宿联系起来，想像成四种动物的形象，叫做“四象”。如东方青龙，从角宿到箕宿看成一条龙，角像龙角，氐、房像龙身，尾宿即龙尾。南方朱雀，从井宿到珍宿看成一只鸟，柳为鸟嘴，星为鸟颈，张为嗉，翼为羽。

“三垣”，我国古代将全天的恒星分为三区，叫做“三垣”。即紫微垣、太微垣、天市垣。古人在黄河流域常见的的北天上空，以北极星为标准，集合周围其他各星，合为一区，叫“紫微垣”。紫微垣外，在星、张、翼、轸以北的星区是太微垣。在房、心、尾、箕、斗以北的星区是天市垣。

球形闪电

闪电是一种司空见惯的自然现象。你一定会说，闪电就像多杈的树枝，像撕裂天空的一道曲线。不错，我们常见的闪电就是这样的。

还有一种闪电，很少有人见过，那就是球形闪电。据目击者描述，球形闪电总是带着五颜六色的光晕，毫无秩序的蹦跳着，碰到物体后，还时常发出巨大的爆炸声。

这种球形闪电会上树、钻进飞机，会跑进楼房，甚至钻进冰箱里。有一次，在美国的一个小镇里，一个球形闪电钻进了一家的冰箱，把里面的鸭子、蔬菜、鸡蛋等食品都弄熟了。奇怪的是，冰箱竟然没有损坏。

还有一次，前苏联的两个孩子在牛棚的屋檐下避雨。突然，他们看见有个橙黄色的火球在对面的白杨树上翻滚跳跃着。不一会儿，就蹦到了他们面前。两个孩子不知所措，在慌乱中踢了它一脚，只听“轰隆”一声巨响，火球爆炸了！两个孩子被震倒在地，幸运的是他们没有受伤，但牛棚里的 12 头牛却只活下来一头。事后，人们才知道那个火球就是球形闪电。

从 19 世纪开始，科学家们对球形闪电进行了各种研究和探索，希望能了解球形闪电形成的原因，但至今仍然没有揭开其中的奥秘。

人工降雨

现在闭上你的眼睛开始想象：一个像办公楼一样大的风动涡轮，放置在距离海平面35米高的地方，旋转时将小滴的水珠撒向空中。海上的雾气浓起来，云彩越积越厚，最后缓缓上升，在温柔的逆风下，向陆地上空漂移。

这个主意的始作俑者、爱丁堡大学63岁的工程学教授索尔特几乎拥有一个疯狂发明家的一切要素：“乱七八糟的思维，可能产生大量垃圾，但是接着能够从中挑选出黄金。”他的发明常常为人不齿，即使是一个最具有同情心的科学家也会将他10个发明中踢走9个。但无论如何，还是有人在关注他的发明：英国政府去年就拨款10.5万英镑给索尔特，让他研究降雨涡轮。

这笔拨款让索尔特可以继续他的研究。计算复杂的气候模型需要数月的时间，而第一个完全具有规模的模型出现可能需要数年的时间。索尔特估计，10万个涡轮一起工作带走的海水，能够使海平面下降1米，阻止海平面继续上升。虽然不少气象学家对索尔特的发明嗤之以鼻，但对数十亿居住在地势低洼或者急需用水的人而言，索尔特的主意值得一试。

气象站的百叶窗为什么是白色的

白色对太阳光的反射能力很强。夏天人们爱穿白色的衣服，也是因为白衣服挡光，凉快。气象站的百叶箱里装着许多仪器。这些仪器是用来测量大气的温度和湿度的。为了避免太阳光的照射影响这些仪器的测量结果，人们就在百叶箱上涂上了一层白漆。

什么是霾

霾这个字在史书中是用来表示有风沙的天气，有“风而雨土为霾”之说。在气象学中霾是一种天气现象，是指大量极细微的干尘粒均匀浮游在空中，使水平能见度小于10公里的空气普遍混浊现象，霾使远处光亮物体微带黄、红色，使黑暗物体微带蓝色，当水汽凝结加剧、空气湿度增大时，霾就会转化为雾。霾的形成与污染物的排放密切相关，城市中机动车微米级的细小颗粒物，停留在大气中，当逆温、轻风等不利于扩散的天气出现时，就形成霾。

佛光

佛光是自然界中的一种光学现象,它的出现必须具备三个条件:阳光、云雾、地形。只有当太阳、人体和云雾三者处在一条倾斜的直线上时,方能产生佛光效应。佛光是由太阳光与云雾中的小水滴经过衍射作用形成的。当佛光产生时,会出现一种圆形的彩色光带,它的大小与阳光的强烈程度和云雾的浓薄有关。它的出现时间长短也取决于阳光是否被云雾遮盖和云雾的稳定性。至于佛光中的人影,则是太阳光照射人体后在云层上所形成的投影。

地光

科学家认为地光的产生与大气圈、岩石圈和水圈都有关系。地震过程,是地球释放能量的过程。由于地球不停地转动,促使地壳中的岩石发生变形。与此同时,岩层也产生出一种反抗变形的力,叫作地应力。随着岩层变形,地应力不断增加,当这些渐变积累到一定程度后,岩石突然破裂和错动,释放出大量能量,形成地震波。地震波有高频波和低频波之分。这些波就是形成地光的一个原因。

第六章　农业科技

袁隆平和超级杂交稻

袁隆平发明的杂交水稻被誉为中国奉献给人类的“第五大发明”。1997年，袁隆平院士首先提出“超级杂交水稻选育”的新思路，为中国粮食安全问题和促进世界粮食发展作出了重大贡献。目前，超级稻发源地湖南已提前实现第一期亩产700公斤和第二期亩产800公斤目标。

2004年，有关专家对48亩实验田的超级杂交水稻晚稻的实测结果表明：水稻稻谷结实率达95%以上，每亩产量达847公斤。这表明“杂交水稻之父”袁隆平杂交水稻的二期计划——亩产水稻800公斤以上的目标已经实现。

2005年，袁隆平院士宣布提前一年在湖南正式启动三期计划，争取用3~5年的时间实现超级稻一季亩产900公斤，实现超级杂交水稻的新突破，继续在世界上领跑。袁隆平院士表示，由于自然环境尤其是温度等因素限制，要用常规培育方法大面积实现亩产900公斤已不大可能。他将通过走“优良株型、杂种优势利用、寻求有利基因”的技术路线，实行超高产品种与超高产栽培相结合。

同时，我国以杨焕明为首的基因科学家，以袁隆平的超级杂交水稻为材料，在世界上首先完成了籼型水稻基因组的核苷酸测序，发现籼型水稻基因组比人类基因组还多一万余个基因。籼型水稻基因组遗传密码的成功破译，不仅使我国的基因212工程研究走到了世界前列，而且，为培育产量、质量更高的超级杂交水稻奠定了基础。

同时，四川农业大学水稻研究所从福建省引进杂交稻新组合“D702优多系1号”进行的再生稻高产栽培，也在2000年12月通过专家验收，表明其产量超过国家超级杂交水稻验收指标。这一新组合品种“米质优，具有再生高产潜力”。

什么是彩棉

人们崇尚自然。棉花自带彩色，不用化学颜料染色，是人类的一个梦想。可喜的是，前苏联的科学家用白色的棉花和埃及棉花进行杂交，培育出一种绿色棉花。后来，科学家们通过育种、控制光照和土壤湿度等方法，培育出红、黄、棕、蓝等二十几种彩色棉花。这种彩色棉花不仅色彩鲜艳，而且很结实，弹性好。目前，不用染料的花衣服已上市，受到用户欢迎。

中国彩棉研究虽然起步很晚，但在美国研究成果的基础上，不断有新的进展，目前已处于世界领先水平。

中国首先开发出可供大面积种植的数个定型品种和九十余份优良选系材料，其中棕色、绿色、驼色三个定型品系在新疆大面积种植取得成功，平均亩产达到85公斤，最高达到140公斤，产量及纤维品质都处于国际领先水平。

我国继新疆之后，一种天然彩色棉花在安徽省大面积试种成功。试种基地的400公顷棉田2004年喜获丰收，据专家测算，棉农每公顷至少可比种普通白棉增收1800元人民币。

2004年，我国彩色棉研究取得新的进展，通过应用克隆技术和转基因技术，获得了当代表达红、蓝、黑三个基本色的3个彩色棉花新品种，并在新疆种植成功。

天然彩色棉花是采用现代生物工程技术培育出来的一种新型棉花，在种植过程中不施用农约、化肥、除草剂等化学物质，棉纤维在生长、成熟过程中没有化学物质残留。目前，彩色棉花及其制品在国际市场上供不应求，因此发展彩棉产业市场前景广阔。

无籽西瓜怎么培育

无籽西瓜是用科学家们发明的一种叫“多倍体育种”的农业高技术培育成功的。

要培育无籽西瓜，首先要用0.01% ~0.4%的秋水仙碱溶液浸泡普通西瓜的种子，或者涂抹它的幼芽。秋水仙碱能使西瓜种子中的染色体加倍，从二倍体变成四倍体。然后，用四倍体种子与二倍体正常西瓜种子混种，得到三倍体西瓜种子。三倍体西瓜种子依然要开花，但雄花已失去授精的功能。雌花若得不到花粉授精，便不能生子结果。所以，将三倍体西瓜种子与二倍体正常西瓜种子混种，让二倍体西瓜种子的雄花给三倍体西瓜种子的雌花授粉，就能结出西瓜来。这样的西瓜严格说来并非无籽，只是因为三倍体的雌花是不育的，用二倍体的雄花受精后胚胎不能发育成种子。于是，没有瓜籽的西瓜便培育出来了。

什么是克隆

克隆是英文 clone 的音译，简单讲就是一种人工诱导的无性繁殖方式。但克隆与无性繁殖是不同的。无性繁殖是指不经过雌雄两性生殖细胞的结合、只由一个生物体产生后代的生殖方式，常见的有孢子生殖、出芽生殖和分裂生殖。由植物的根、茎、叶等经过压条或嫁接等方式产生新个体也叫无性繁殖。绵羊、猴子和牛等动物没有人工操作是不能进行无性繁殖的。科学家把人工遗传操作动物繁殖的过程叫克隆，这门生物技术叫克隆技术。

克隆的基本过程是先将含有遗传物质的供体细胞的核移植到去除了细胞核的卵细胞中，利用微电流刺激等使两者融为一体，然后促使这一新细胞分裂繁殖发育成胚胎，当胚胎发育到一定程度后，再被植入动物子宫中，便可产下与提供细胞者基因相同的动物。这一过程中如果对供体细胞进行基因改造，那么无性繁殖的动物后代基因就会发生相同的变化。

克隆技术不需要雌雄交配，不需要精子和卵子的结合，只需从动物身上提取一个单细胞，用人工的方法将其培养成胚胎，再将胚胎植入雌性动物体内，就可孕育出新的个体。这种以单细胞培养出来的克隆动物，具有与单细胞供体完全相同的特征，是单细胞供体的“复制品”。英国英格兰科学家和美国俄勒冈科学家先后培养出了“克隆羊”和“克隆猴”。克隆技术的成功，被人们称为“历史性的事件，科学的创举”。有人甚至认为，克隆技术可以同当年原子弹的问世相提并论。

转基因食品

将人工分离和修饰过的基因导入到生物体基因组中，由于导入基因的表达，引起生物体的性状的可遗传的修饰，这一技术称之为转基因技术。人们常说的“遗传工程”、“基因工程”、“遗传转化”均为转基因的同义词。经转基因技术修饰的生物体在媒体上常被称为“遗传修饰过的生物体”（Genetically modified organism，简称 GMO）。

太空育种

经历过太空遨游的农作物种子，返回地面种植后，不仅植株明显增高增粗，果型增大，产量比原来普遍增长而且品质也大为提高。

太空环境对植物基因产生影响已经得到各国科学家的证实。但是对太空育种原理的解释仍在争论之中。

科学家认为，太空育种主要是通过强辐射，微重力和高真空等太空综合环境因素诱发植物种子的基因变异。由于亿万年来地球植物的形态、生理和进化始终深受地球重力的影响，一旦进入失重状态，同时受到其他物理辐射的作用，将更有可能产生在地面上难以获得的基因变异。综合太空辐射、微重力和高真空等因素的太空环境对植物种子的生理和遗传性壮举有强烈影响，但是究竟是哪些因素产生影响，以及如何产生影响，至今还没有定论。

五谷指的是什么

“五谷”是水稻、小米、高粱、麦子和豆子。水稻，经过加工后就是我们平常吃的大米。它是我国人民最主要的粮食之一，全世界也有一半的人口以大米为主食，所以又被称为“五谷之首”。而小米、高粱、麦子、豆子等经过加工后也都是我们生活中必不可少的粮食。

世界四大水果

苹果、葡萄、柑桔和香蕉并称为世界四大水果。苹果的果糖含量堪称水果之冠。葡萄是当今世界栽培面积最大、产量最多的水果。它是一种树姿优美，适应性强，易繁殖，是庭院绿化的理想果树。柑桔具有生津止渴、化痰去瘀、润肺止咳等多功效。香蕉是广为人知的果品之一，它有促使胃粘膜细胞生长的物质，有防治胃溃疡的作用。它们都有很高的营养价值，有利于身体的生长发育。

二十四节气对农业气候的意义

二十四节气如实地反映了黄河流域的气候特点，表示温度的节气有小暑、大暑、处暑、小寒、大寒五个节气。表示降水的节气有雨水、谷雨、白露、寒露、霜降、小雪、大雪七个节气，大部分在春播和秋播季节，强调水分对农业生产的重要作用。雨水节气表示降雨开始和雨量开始增多两个含义，在这些节气中白露、寒露和霜降虽是降水现象，但温度的意义更重要，也可以作为表示降温程度的节气，表示日照长短的有春分、冬至，反映了日照时数的季节变化。二十四节气中的这些节气明显地表示气候的季节变化和转折。其他节气中，惊蛰间接表示地温的升高，清明、小满通过物象表示气温的升高，芒种以农事活动表示盛夏到来。每个节气都表示气候特征。

二十四节气的创立与发展是和农业生产的发展紧密相连的。在人类从事农业生产的早期，由于播种收获等农事活动，就开始洞察自然与农业生产的联系，认识到春生夏长秋收冬藏的规律。到了秦汉时代，农业已相当发达，和这种农业生产水平相适应，便有了完整的二十四节气，用以指导农业生产。

香米田

四川石柱土家族自治县悦来乡有个叫寺院村的土家山寨，山寨海拔1200多米，周围有数百亩梯田。在这些梯田中，有5块香米田。田中长成的稻米，晶莹，透亮，蒸熟后香气扑鼻，馥溢四邻。这5块地零星分布于数百块梯田中，总面积不过2亩，外貌与周围水田没有什么区别，并与其他水田同耕同种。最令人不解的是，不论变换什么品种，这5块田长出的都是香稻米，而且，不论遇上什么灾害，它总是旱涝保收，米的香味也丝毫不减。

三农

“三农问题”是农村问题、农民问题、农业问题的总称。

我国加入世贸后，参与国际竞争，使得三农的矛盾更为突出。解决问题的方法有很多，如加快结构调整，改革传统的农业经营方式，加大中央和省级政府的转移支付力度等。但都无法回避由于农业人口过多而导致的生产能力过剩、商品化需求不足、人均占有资源过少限制收入增长，以及转移支付由于人口基数太大形成的财政压力等。因此，关键在于减少农民，加快农业劳动力向非农产业转移，促使农村人口向城镇集中。以此带动农产品的商品需求，促进结构调整，从增加非农就业和农村人均资源占有量两个方面，提高农民收入，降低中国加入世贸后对农业带来的风险。

联合国粮农组织

联合国粮食及农业组织（简称“粮农组织”，Food and Agriculture Or_ganization of the United Nations——FAO）是根据1943年5月召开的联合国粮食及农业会议的决议，于1945年10月16日在加拿大魁北克正式成立。1946年12月成为联合国的一个专门机构。现总部设在意大利罗马。

联合国粮农组织的宗旨是通过加强世界各国和国际社会的行动，提高人民的营养和生活水平，改进粮农产品的生产及分配的效率，改善农村人口的生活状况，以及帮助发展世界经济和保证人类免于饥饿等。该组织的业务范围包括农、林、牧、渔生产、科技、政策及经济各方面。它搜集、整理、分析并向世界各国传播有关粮农生产和贸易的信息；向成员国提供技术援助；动员国际社会进行农业投资，并利用其技术优势执行国际开发和金融机构的农业发展项目；向成员国提供粮农政策和计划的咨询服务；讨论国际粮农领域的重大问题，制定有关国际行为准则和法规，加强成员之间的磋商与合作。

粮农组织下设全体成员大会、理事会和秘书处。全体成员大会是该组织的最高权力机构，每两年举行一次会议；理事会隶属于大会，由大会选出的主席和19个理事国组成，它在大会休会期间执行大会赋予的权力，一般每两年至少开会三次。理事会下设计划、财政、章程法律、农业、林业、渔业、商品、粮食安全等八个职能委员会；秘书处是大会和理事会的执行机构，负责人是由大会选出的总干事。粮农组织设有5个区域办事处、5个分区域办事处、5个联络处以及78个驻国家代表处。截至2006年4月，共有189个成员国和一个成员组织（欧洲联盟）。主要出版物有《粮农状况》和《谷物女神》，以及各种专业年鉴和杂志。现任总干事为塞内加尔人雅克·迪乌夫（Jacqques Diouf），1993年11月在粮农组织大会上当选总干事。2005年11月，在罗马召开的第33届联合国粮农组织大会决定任命迪乌夫为新一任粮农组织总干事，其任期从2006年1月开始，任期为6年。

中国是粮农组织的创始国之一。1973年4月中国恢复其在粮农组织的合法席位，并在粮农组织第17届大会上被选为理事国。同年，我国向该组织派出常驻代表，建立了中国常驻联合国粮农机构代表处。1983年1月，粮农组织在北京设立代表处。1997年11月18日，中国当选为粮农组织理事会成员。

绿色农业

绿色农业包括生态农业、高效农业和产后农业。一切从事有利于环境保护、有利于食品安全卫生的这么一类农业生产都可以被认为是绿色农业。它是绿色食品、无公害农产品和有机食品生产加工的总称。发展绿色农业要逐步采用高新农业技术，形成现代化的农业体系，战略转移的关键是规模和技术，走向是开拓国内外大市场，目标是实现农业可持续发展和推进农业现代化，确保整个国民经济的良性发展，满足新世纪城乡居民的生活需要。

生态农业

生态农业是指在保护、改善农业生态环境的前提下，遵循生态学、生态经济学规律，运用系统工程方法和现代科学技术，集约化经营的农业发展模式。生态农业是一个农业生态经济复合系统，将农业生态系统同农业经济系统综合统一起来，以取得最大的生态经济整体效益。它既是农、林、牧、副、渔各业综合起来的大农业，又是农业生产、加工、销售综合起来，适应市场经济发展的现代农业。以生态经济系统原理为指导建立起来的资源、环境、效率、效益兼顾的综合性农业生产体系。

中国的生态农业包括农、林、牧、副、渔和某些乡镇企业在内的多成分、多层次、多部门相结合的复合农业系统。20 世纪 70 年代主要措施是实行粮、豆轮作，混种牧草，混合放牧，增施有机肥，采用生物防治，实行少免耕，减少化肥、农药、机械的投入等；80 年代创造了许多具有明显增产增收效益的生态农业模式，如稻田养鱼，林粮、林果、林药间作的主体农业模式，农、林、牧结合，粮、桑、渔结合，种、养、加结合等复合生态系统模式，鸡粪喂猪、猪粪喂鱼等有机废物多级综合利用的模式。生态农业的生产以资源的永续利用和生态环境保护为重要前提，根据生物与环境相协调适应、物种优化组合、能量物质高效率运转、输入输出平衡等原理，运用系统工程方法，依靠现代科学技术和社会经济信息的输入组织生产。通过食物链网络化、农业废弃物资源化，充分发挥资源潜力和物种多样性优势，建立良性物质循环体系，促进农业持续稳定地发展，实现经济、社会、生态效益的统一。因此，生态农业是一种知识密集型的现代农业体系，是农业发展的新型模式。

绿色食品

绿色食品是经专门机构认证、许可使用绿色食品标志的无污染的安全、优质、营养类食品。分 A 级和 AA 级，A 级指在生态环境质量符合规定标准的产地，生产过程中允许限量使用限定的化学合成物质，按特定的生产操作规程生产、加工，产品质量及包装经检测、检查符合特定标准，并经专门机构认定，许可使用A级绿色食品标志的产品。AA级绿色食品指在生态环境质量符合规定标准的产地，生产过程中不使用任何有害化学合成物质，按特定的生产操作规程生产、加工，产品质量及包装经检测、检查符合特定标准，并经专门机构认定，许可使用AA级绿色食品标志的产品。

生物农药

生物农药是指利用生物活体或其代谢产物对害虫、病菌、杂草、线虫、鼠类等有害生物进行防治的一类农药制剂，或者是通过仿生合成具有特异作用的农药制剂。关于生物农药的范畴，目前国内外尚无十分准确统一的界定。按照联合国粮农组织的标准，生物农药一般是天然化合物或遗传基因修饰剂，主要包括生物化学农药（信息素、激素、植物调节剂、昆虫生长调节剂）和微生物农药（真菌、细菌、昆虫病毒、原生动物，或经遗传改造的微生物）两个部分，农用抗生素制剂不包括在内。我国生物农药按照其成分和来源可分为微生物活体农药、微生物代谢产物农药、植物源农药、动物源农药四个部分。按照防治对象可分为杀虫剂、杀菌剂、除草剂、杀螨剂、杀鼠剂、植物生长调节剂等。就其利用对象而言，生物农药一般分为直接利用生物活体和利用源于生物的生理活性物质两大类，前者包括细菌、真菌、线虫、病毒等，后者包括农用抗生素、植物生长调节剂、信息素、摄食抑制剂、保幼激素和源于植物的生理活性物质等。但是，在我国农业生产实际应用中，生物农药一般主要泛指可以进行大规模工业化生产的微生物源农药。

经济作物

经济作物又称技术作物、工业原料作物。指具有某种特定经济用途的农作物。按其用途分为：纤维作物（棉花、麻类、蚕桑）、油料作物（花生、油菜、芝麻、大豆、向日葵等）、糖料作物（甜菜、甘蔗）、饮料作物（茶叶、咖啡、可可）、嗜好作物（烟叶）、药用作物（人参、贝母等）、热带作物（橡胶、椰子、油棕、剑麻）。

广义还包括蔬菜、瓜果、花卉等园艺作物。经济作物具有地域性强、技术性高、经济价值大和商品率高的特点，对自然条件要求较严格，宜于集中进行专门化生产。世界上一些主要经济作物如棉花、甜菜、甘蔗、麻类及热带、亚热带经济作物的集中化与专门化程度均较高。

20世纪80年代初以来,中国在“决不放松粮食生产,积极发展多种经营”的方针下,逐步扩大经济作物面积,并根据“因地制宜,适当集中”的原则,调整作物布局,建设各种经济作物的商品基地,促进了各类经济作物全面发展。

温室

温室又称暖房。能透光、保温(或加温),用来栽培植物的设施。在不适宜植物生长的季节,能提供生育期和增加产量,多用于低温季节喜温蔬菜、花卉、林木等植物栽培或育苗等。温室的种类多,依不同的屋架材料、采光材料、外形及加温条件等又可分为很多种类,如玻璃温室、塑料温室;单栋温室、连栋温室;单屋面温室、双屋面温室;加温温室、不加温温室等。温室结构应密封保温,但又应便于通风降温。现代化温室中具有控制温湿度、光照等条件的设备,用电脑自动控制创造植物所需的最佳环境条件。

温室是以采光覆盖材料作为全部或部分围护结构材料,可在冬季或其他不适宜露地植物生长的季节供栽培植物的建筑。

复合肥料

复合肥料一般指含有氮、磷、钾三种或其中两种要素,由化学方法加工制成的化学肥料。含有两种要素的称二元复合肥料,含有三种的称三元复合肥料,此外还有含三要素和某些其他元素的多元复合肥料。复合肥料的有效养分含量高,贮藏、运输和施用均较方便。

复合肥料一般用三要素有效成分的含量来表示。例如,15-15-12即表示这种复合肥含氮(N)为15%,含磷(P205)15%,含钾(K20)12%,20-15-0,即表示含氮(N)为20%,含磷(P205)15%,不含钾素;而15-15-10-B2,则表示这种多元复合肥含氮(N)为15%,含磷(P205)15%,含钾(K20)10%,含有效硼(B)2%。

第七章 资源矿产

水

水包括天然水（河流、湖泊、大气水、海水、地下水等），人工制水（通过化学反应使氢氧原子结合得到水）。水（化学式：H_2O）是由氢、氧两种元素组成的无机物，在常温常压下为无色无味的透明液体。水是地球上最常见的物质之一，是包括人类在内所有生命生存的重要资源，也是生物体最重要的组成部分。水在生命演化中起到了重要的作用。人类很早就开始对水产生了认识，东西方古代朴素的物质观中都把水视为一种基本的组成元素，水是中国古代五行之一；西方古代的四元素说中也有水。

水在常温常压下为无色无味的透明液体。在自然界，纯水是罕见的，水通常多是酸、碱、盐等物质的溶液，习惯上仍然把这种水溶液称为水。纯水可以用铂或石英器皿经过几次蒸馏取得，当然，这也是相对意义上纯水，不可能绝对没有杂质。水是一种可以在液态、气态和固态之间转化的物质。固态的水称为冰；气态叫水蒸汽。水汽温度高于374.2℃时，气态水便不能通过加压转化为液态水。

水对气候具有调节作用。大气中的水汽能阻挡地球辐射量的60%，保护地球不致冷却。海洋和陆地水体在夏季能吸收和积累热量，使气温不致过高；在冬季则能缓慢地释放热量，使气温不致过低。

海洋和地表中的水蒸发到天空中形成了云，云中的水通过降水落下来变成雨，冬天则变成雪。落于地表上的水渗入地下形成地下水；地下水又从地层里冒出来，形成泉水，经过小溪、江河汇入大海。形成一个水循环。

雨雪等降水活动对气候形成重要的影响。在温带季风性气候中，夏季风带来了丰富的水汽，夏秋多雨，冬春少雨，形成明显的干湿两季。

此外，在自然界中，由于不同的气候条件，水还会以冰雹、雾、露水、霜等形态出现并影响气候和人类的活动。

地球表面有71%被水覆盖，从空中来看，地球是个蓝色的星球。水侵蚀岩石土壤，冲淤河道，搬运泥沙，营造平原，改变地表形态。

地球表层水体构成了水圈，包括海洋、河流、湖泊、沼泽、冰川、积雪、地下水和大气中的水。由于注入海洋的水带有一定的盐分，加上常年的积累和蒸发作用，海和大洋里的水都是咸水，不能被直接饮用。某些湖泊的水也是含盐水。世界上最大的水体是太平洋。北美的五大湖是最大的淡水水系。欧亚大陆上的里海是最大的咸水湖。

水是生命的源泉。人对水的需要仅次于氧气。人如果不摄入某一种维生素或矿物质，也许还能继续活几周或带病活上若干年，但人如果没有水，却只能活几天。

人体细胞的重要成分是水，水占成人体重的60—70%，占儿童体重的80%以上。水份有什么作用呢？

1. 人的各种生理活动都需要水，如水可溶解各种营养物质，脂肪和蛋白质等要成为悬浮于水中的胶体状态才能被吸收；水在血管、细胞之间川流不息，把氧气和营养物质运送到组织细胞，再把代谢废物排出体外，总之人的各种代谢和生理活动都离不开水。

2. 水在体温调节上有一定的作用。当人呼吸和出汗时都会排出一些水分。比如炎热季节，环境温度往往高于体温，人就靠出汗，使水分蒸发带走一部分热量，来降低体温，使人免于中暑。而在天冷时，由于水贮备热量的潜力很大，人体不致因外界温度低而使体温发生明显的波动。

3. 水还是体内的润滑剂。它能滋润皮肤。皮肤缺水，就会变得干燥失去弹性，显得面容苍老。体内一些关节囊液、浆膜液可使器官之间免于摩擦受损，且能转动灵活。眼泪、唾液也都是相应器官的润滑剂。

4. 水是世界上最廉价最有治疗力量的奇药。矿泉水和电解质水的保健和防病作用是众所周知的。主要是因为水中含有对人体有益的成分。当感冒、发热时，多喝开水能帮助发汗、退热、冲淡血液里细菌所产生的毒素；同时，小便增多，有利于加速毒素的排出。

5. 大面积烧伤以及发生剧烈呕吐和腹泻等症状，体内大量流失水分时，都需要及时补充液体，以防止严重脱水，加重病情。

6. 睡前一杯水有助于美容. 上床之前，你无论如何都要喝一杯水，这杯水的美容功效非常大。当你睡着后，那杯水就能渗透到每个细胞里。细胞吸收水分后，皮肤就更娇柔细嫩。入浴前喝一杯水常葆肌肤青春活力，沐浴前一定要先喝一杯水。沐浴时的汗量为平常的两倍，体内的新陈代谢加速，喝了水，可使全身每一个细胞都能吸收到水分，创造出光润细柔的肌肤。

7. 需要指出的是，对老人和儿童来说，自来水煮沸后饮用是最利于健康的，目前市场上出售的净水器，净化后会降低水内的矿物质，长期饮用效果并不如天然水源。

煤炭

煤炭是千百万年来植物的枝叶和根茎，在地面上堆积而成的一层极厚的黑色的腐植质，由于地壳的变动不断地埋入地下，长期与空气隔绝，并在高温高压下，经过一系列复杂的物理化学变化等因素，形成的黑色可燃沉积岩，这就是煤炭的形成过程。

一座煤矿的煤层厚薄与这地区的地壳下降速度及植物遗骸堆积的多少有关。地壳下降的速度快，植物遗骸堆积得厚，这座煤矿的煤层就厚，反之，地壳下降的速度缓慢，植物遗骸堆积的薄，这座煤矿的煤层就薄。又由于地壳的构造运动使原来水平的煤层发生褶皱和断裂，有一些煤层埋到地下更深的地方，有的又被排挤到地表，甚至露出地面，比较容易被人们发现。还有一些煤层相对比较薄，而且面积也不大，所以没有开采价值，有关煤炭的形成至今尚未找到更新的说法。

石油

石油又称原油，是从地下深处开采的棕黑色可燃粘稠液体。主要是各种烷烃、环烷烃、芳香烃的混合物。它是古代海洋或湖泊中的生物经过漫长的演化形成的混合物,与煤一样属于化石燃料。石油主要被用来作为燃油和汽油,燃料油和汽油组成目前世界上最重要的一次能源之一。石油也是许多化学工业产品如溶液、化肥、杀虫剂和塑料等的原料。

研究表明,石油的生成至少需要200万年的时间,在现今已发现的油藏中,时间最老的可达到5亿年之久。在地球不断演化的漫长历史过程中,有一些“特殊”时期,如古生代和中生代,大量的植物和动物死亡后,构成其身体的有机物质不断分解,与泥沙或碳酸质沉淀物等物质混合组成沉积层。由于沉积物不断地堆积加厚,导致温度和压力上升,随着这种过程的不断进行,沉积层变为沉积岩,进而形成沉积盆地,这就为石油的生成提供了基本的地质环境。

伴随各种地质作用,沉积盆地中的沉积物持续不断地堆积。当温度和压力达到一定程度后,沉积物中动植物的有机物质转化为碳氧化合物分子,最终生成石油和天然气。

原油的分布从总体上来看极端不平衡:从东西半球来看,约3/4的石油资源集中于东半球,西半球占1/4;从南北半球看,石油资源主要集中于北半球;从纬度分布看,主要集中在北纬20°-40°和50°-70°两个纬度带内。波斯湾及墨西哥湾两大油田和北非油田均处于北纬20°-40°内,该带集中了51.3%的世界石油储量;50°-70°纬度带内有著名的北海油田、俄罗斯伏尔加及西伯利亚油田和阿拉斯加湾油田。

自上世纪50年代初期以来,我国先后在82个主要的大中型沉积盆地开展了油气勘探,发现油田500多个。以下是我国主要的陆上石油产地。

1. 大庆油田

位于黑龙江省西部,松嫩平原中部,地处哈尔滨、齐齐哈尔市之间。油田南北长140公里,东西最宽处70公里,总面积5470平方公里。1960年3月党中央批准开展石油会战,1963年形成了600万吨的生产能力,当年生产原油439万吨,对实现中国石油自给自足起到了决定性作用。1976年原油产量突破5000万吨成为我国第一大油田。目前,大庆油田采用新工艺、新技术使原油产量仍然保持在5000万吨以上。

2. 胜利油田

地处山东北部渤海之滨的黄河三角洲地带,主要分布在东营、滨州、德州、济南、潍坊、淄博、聊城、烟台等8个城市的28个县(区)境内,是我国第二大油田。

3. 辽河油田

主要分布在辽河中上游平原以及内蒙古东部和辽东湾滩海地区。已开发建设26个油田，建成兴隆台、曙光、欢喜岭、锦州、高升、沈阳、茨榆坨、冷家、科尔沁等9个主要生产基地，地跨辽宁省和内蒙古自治区的13市（地）32县（旗），总面积10万平方公里，产量居全国第三位。

4. 克拉玛依油田

地处新疆克拉玛依市。40年来在准噶尔盆地和塔里木盆地找到了19个油气田，以克拉玛依为主，开发了15个油气田，建成了792万吨原油配套生产能力（稀油603.1万吨，稠油188.9万吨），陆上原油产量居全国第四位。

5. 四川油田

地处四川盆地，已有60年的历史，发现油田12个。在盆地内建成南部、西南部、西北部、东部4个气区。目前生产天然气产量占全国总量近一半，是我国第一大气田。

6. 华北油田

位于河北省中部冀中平原的任丘市，包括京、冀、晋、内蒙古区域内油气生产区。1975年，冀中平原上发现了我国最大的碳酸盐岩潜在大油田任丘油田。1978年原油产量达到1723万吨，为当年全国原油产量突破1亿吨做出了重要贡献。直到1986年，保持年产量原油1千万吨达10年之久。目前原油产量约400多万吨。

7. 大港油田

位于天津市大港区，其勘探地域辽阔，包括大港探区及新疆尤尔都斯盆地，总勘探面积34629平方公里，其中大港探区18628平方公里。现已在大港探区建成投产15个油气田24个开发区，形成年产原油430万吨和天然气3.8亿立方米生产能力。目前，发现了千米桥等上亿吨含油气构造，为老油田的增储上产开辟了新的油气区。

8. 中原油田

地处河南省濮阳地区，于1975年发现，经过20年的勘探开发建设，已累计探明石油地质储量4.55亿吨，探明天然气地质储量395.7亿立方米，累计生产原油7723万吨、天然气133.8亿立方米。现已是我国东部地区重要的石油天然气生产基地之一。

9. 吉林油田

地处吉林省扶余地区，油气勘探开发在吉林省境内的两大盆地展开，先后发现并探明了18个油田，其中扶余、新民两个油田是储量超亿吨的大型油田，油田生产已达到年产原油350万吨以上。

10. 河南油田

地处豫西南的南阳盆地，矿区横跨南阳、驻马店、平顶山三地市，分布在新野、唐河等8县境内。已累计找到14个油田，探明石油地质储量1.7亿吨及含油面积117.9平方公里。

11. 长庆油田

勘探区域主要在陕甘宁盆地，勘探总面积约37万平方公里。油气勘探开发建设始于1970年，先后找到了油气田22个，其中油田19个，累计探明油气地质储量54188.8万吨（含天然气探明储量2330.08亿立方米），目前已成为我国主要的天然气产区，并成为北京天然气的主要输送基地。长庆油田已成为我国重要能源基地和油气生产主战场。2009年长庆油田油气当量已达到3000万吨，2015年长庆油田油气当量将达到5000万吨。

12. 江汉油田

江汉油田是我国中南地区重要的综合型石油基地。油田主要分布在湖北省境内的潜江、荆沙等7个市县和山东寿光市、广饶县以及湖南省境内衡阳市。先后发现24个油气田，探明含油面积139.6平方公里、含气面积71.04平方公里，累计生产原油2118.73万吨、天然气9.54亿立方米。

13. 江苏油田

油区主要分布在江苏的扬州、盐城、淮阴、镇江4个地区8个县市，已投入开发的油气田22个，目前勘探的主要对象在苏北盆地东台坳陷。

14. 青海油田

青海油田位于青海省西北部柴达木盆地。盆地面积约25万平方公里，沉积面积12万平方公里，具有油气远景的中新生界沉积面积约9.6万平方公里。目前，已探明油田16个，气田6个。

15. 塔里木油田

油区位于新疆南部的塔里木盆地，东西长1400公里，南北最宽处520公里，总面积56万平方公里，是我国最大的内陆盆地。中部是号称“死亡之海”的塔克拉玛干大沙漠。1988年轮南2号井喷出高产油气流后，经过7年的勘探，已探明9个大中型油气田、26个含油气构造，累计探明油气地质储量3.78亿吨，具备年产 500 万吨原油、100 万吨凝折、25 亿立方米天然气的资源保证。

核能发电量最多的国家

目前，日本总发电量中有 30% 来自核能，核电装机容量为 4750 万千瓦。日本自然资源缺乏，一次能源需求约 80% 依靠进口来满足。最初，日本依靠石化燃料进口，主要是从中东地区进口石油。1973 年石油危机使得这种地理单一、商品单一的弱点更加突出。当时，日本核工业已经在成长之中，拥有 5 台运行中的核电机组。对国内能源政策做了重新评价之后，结论是要突出能源多样化，并重点发展核电。降低日本对石油进口的依赖度被提到最优先的地位。

发电量最大的水电站——伊泰普水电站

伊泰普水电站位于巴西与巴拉圭之间的界河——巴拉那河（世界第五大河，年径流量 7250 亿立方米）上，伊瓜苏市北 12 公里处，是目前世界第二大水电站，由巴西与巴拉圭共建，发电机组和发电量由两国均分。目前共有 20 台发电机组（每台 70 万千瓦），总装机容量 1400 万千瓦，年发电量 900 亿度，其中 2008 年发电 948.6 亿度。是当今世界装机容量第二大，发电量最大的水电站（装机容量最大的是长江三峡水电站，目前装机容量 1820 万千瓦，加上两台 5 万千瓦的电源电站，以及后期建设的地下电站的 6 台 70 万千瓦机组投入运行，总装机容量将达到 2250 万千瓦，年发电量为 900 亿度左右）。巴拉那河发源于巴西东南部，流经 3000km，在阿根廷汇入拉普拉塔河注入大西洋。这里河水流量大，水流湍急。1973 年巴西、巴拉圭两国政府签订协议，共同开发界河长 200km 一段水力资源，历时 16 年，耗资 170 多亿美元，1991 年 5 月建成世界瞩目的伊泰普水电站，坝址控制流域面积 82 万平方公里，大坝全长 7744 米，高

196米，拦腰截断巴拉那河，形成面积1350平方千米、库容290亿立方米的人工湖。多年平均流量8500立方米/s。坝址处常水位时河宽约400m，枯水河槽宽250m，基岩主要为坚硬完整玄武岩。电站总库容290亿立方米，有效库容190亿立方米 。

根据巴西和巴拉圭两国政府在1997年初的决定，在原电站厂房的预留机坑扩建2台机组，到2001年伊泰普电站由18台变为20台70万kW水轮发电机组，全电站总装机容量从1260万kW增加到1400万kW，多年平均发电量900亿kW·h，为目前世界单机容量最大机组，年发电量可达900亿度。枢纽左岸属巴西，右岸属巴拉圭。主要建筑物自左坝头起有左岸土坝，左岸堆石坝，导流明渠及其控制建筑物（混凝土重力坝及坝内泄水孔）、主坝、发电厂房、右岸翼坝（混凝土大头坝）、溢流坝、右岸土坝等，枢纽全长7744m。发电厂房设在主坝和控制建筑物下游侧，并在左岸堆石坝与导流明渠及其控制建筑物之间预留后期扩建新发电厂房位置。主坝为双支墩大头坝，最大坝高196m，长1064m，是世界最高的大头坝。混凝土重力式溢流坝长390m，安装14扇20m×20m弧形闸门，最大下泄流量62000m^3/s。发电厂房长968m，包括两座装配场。18台机组中9台周波60Hz，经500kV和765kV高压线送电入左岸开关站，以三回765kV输电线向巴西供电；另9台周波50Hz升压500kV后送入右岸开关站，其中一部分直接送巴拉圭，另一部分转变为60Hz向巴西售电。主要工程量石方开挖3300万立方米，围堰填筑1000万立方米，混凝土浇筑1100万立方米。工程于1975年开工，1979年8月主坝混凝土浇筑，1983年中第一台机组发电，1991年全部建成。

伊泰普是以发电为主的水电工程，水库水位消落只有1m，只有在溢洪道需要维修时才不得已将水库水位降低3m。下游水位随下泄流量改变，实际上也没有大的变化。电站水头变幅小，水库水位变化小，基本上是在恒定水头下满负荷运行，只要机组维护好不出毛病，机组都可满发。中国三峡工程是以防洪为主进行规划设计的，发电的条件完全是依附于既定的防洪规划，造成水轮机的设计难度远远超过伊泰普，其复杂的运行条件也可称常规机组之最。三峡26台机组的年平均发电量达到847亿度，只是枯水期受来水量限制，汛期本可以多利用用之不完的滚滚江水多发电，却因为需要防洪，将水位从175米下降到145米，导致大量的水能被放弃，因而其发电量较伊泰普电站略少。伊泰普水电站于1974年10月17日动工修建，1991年5月6日竣工，历时17载。

轻金属

轻金属包括铝、镁、钠、钾、钙、锶、钡共7种，这类金属的共同特点是密度均小于4.5克/立方厘米，如铝是水的2.7倍，镁是水的1.7倍，而钾只有水的0.87，钠只有水的0.97倍。其次是化学活性大，与氧、硫、碳和卤素的化合物均非常稳定。铝是地壳中最多的一种金属元素，约为8%，呈银白色，铝是轻金属中用量最大的一种，其产量和消费量均仅次于钢铁，是第二大金属。

重金属

重金属指比重大于4或5的金属，约有45种，如铜、铅、锌、铁、钴、镍、锰、镉、汞、钨、钼、金、银等。尽管锰、铜、锌等重金属是生命活动所需要的微量元素，但是大部分重金属如汞、铅、镉等并非生命活动所必须，而且所有重金属超过一定浓度都对人体有毒。如汞中毒的临床表现有，全身症状为头痛、头昏、乏力、发热，口腔及消化道症状表现为齿龈红肿酸痛、糜烂出血、牙齿松动、龈槽溢脓，口腔有臭味，并有恶心、呕吐、食欲不振、腹痛、腹泻。皮肤接触可出现红色斑丘疹，以四肢及头面部分布较多。少数患者可有肾损害，个别严重者可有咳嗽、胸痛、呼吸困难、绀紫等急性间质性肺炎的表现。

重金属中毒会使体内的蛋白质凝固，这个你可以从高三的化学书看到，如果轻微中毒，就大量喝牛奶，牛奶中的蛋白质会和重金属反应，这样不会损伤到你自身的身体机能，喝了以后马上就医。

贵金属

贵金属主要指金、银和铂族金属（钌、铑、钯、锇、铱、铂）等8种金属元素。这些金属大多数拥有美丽的色泽，对化学药品的抵抗力相当大，在一般条件下不易引起化学反应。他们被用来制作珠宝和纪念品，而且还有广泛的工业用途。目前市场上销售的贵金属首饰可分为金首饰、银首饰、铂首饰和钯首饰4种。

金首饰

根据金含量的不同,通常可分为18K金、足金和千足金等。1K等于100%除以24,即1K约等于4.1667%。24K的理论纯度为100%。

①18K金首饰的金含量不低于75%,可标识为18K或G18K、G750、Au750、金18K、金750。

②足金首饰的金含量不低于99%,可标识为足金或G990、Au990、金990。

③千足金首饰的金含量不低于99.9%,可标识为千足金或G999、Au999、金999。此外市面上(特别在国外)还可见到一些9K(金含量不低于37.5‰)、14K(金含量不低于58.5‰)和22K(金含量不低于91.6‰)之类的金首饰。

银首饰

市面上常见的银首饰有:

①925银,有人也称为纹银,要求银的含量不得低于925‰,其他75‰可以是铜或抗氧化元素,可标识为S925或Ag925、银925。

②足银,要求银的含量不得低于990‰,可标识为S990或Ag990、银990。偶尔也能见到800银(银含量不得低于800‰)。近几年发现生产厂家为了防止银首饰氧化,常常在925银和足银的表面再镀上一层镍,检测时若不小心就很容易将其误认为是假货或仿银制品。

铂首饰

铂也称白金。近几年,随着消费层次的不断提升,铂首饰越来越受城乡男女消费者的青睐。首饰市场中,常见的铂首饰有Pt900、Pt950和Pt990。

①Pt900,要求铂的含量不得低于900‰,可标识为Pt900或铂900。

②Pt950,要求铂的含量不得低于950‰,可标识为Pt950或铂950。

③Pt990,要求铂的含量不得低于990‰,可标识为Pt990或铂990、足铂(足

白金)。偶尔也能见到 Pt850(铂的含量不得低于 850‰),Pt750(铂的含量不得低于 750‰)。

钯首饰

钯这个贵金属是近年才单独被制作为首饰的,以往都是在铂首饰中作为掺合物,是贵金属首饰家族中又一个新成员。目前市面上流行的钯首饰主要有 Pd950 和 Pd990。

①Pd950,要求钯的含量不得低于 950‰,可标识为 Pd950 或钯 950。

②Pd990,要求钯的含量不得低于 990‰,可标识为 Pd990 或钯 990。含钯量不低于 750‰和 500‰的钯首饰主要用于镶嵌。不允许将钯首饰称作为"钯白金首饰"、"钯铂金首饰"等含混名称。另外,标准规定还要求,贵金属首饰的重量要保留两位小数,单件重量在 100 克以内的饰品,其重量负偏差不得大于 0.01 克。

黑色金属

金属是具有光泽、有良好的导电性、导热性与机械性能,并具有正的温度电阻系数的物质。金属,是个大家庭,现在世界上有 86 种金属。通常人们根据金属的颜色和性质等特征,把金属分成两大类,黑色金属和有色金属。黑色金属主要指铁、锰、铬及其合金,如钢、生铁、铁合金、铸铁等。黑色金属以外的金属称为有色金属。

黑色金属和有色金属常常使人误会,以为黑色金属一定是黑的,其实不然。黑色金属只有三种:铁、锰与铬。而它们三个都不是黑色的。纯铁是银白色的;锰是银白色的;铬是灰白色的。因为铁的表面常常生锈,盖着一层黑色的四氧化三铁与棕褐色的三氧化二铁的混合物,看去就是黑色的。怪不得人们称之为"黑色金属"。常说的"黑色冶金工业",主要是指钢铁工业。因为最常见的合金钢是锰钢与铬钢,这样,人们把锰与铬也算成是"黑色金属"了。

天然气

天然气系古生物遗骸长期沉积地下，经慢慢转化及变质裂解而产生之气态碳氢化合物，具有可燃性，多在油田开采原油时伴随而出。

天然气蕴藏在地下多孔隙岩层中，主要成分为甲烷，比重0.65，比空气轻，具有无色、无味、无毒之特性，天然气公司皆遵照政府规定添加臭剂（四氢噻吩），以供用户嗅辨。

若天然气在空气中浓度为5%～15%的范围内，遇明火即可发生爆炸，这个浓度范围即为天然气的爆炸极限。爆炸在瞬间产生高压、高温，其破坏力和危险性都是很大的。依天然气蕴藏状态，又分为构造性天然气、水溶性天然气、煤矿天然气等三种。而构造性天然气又可分为伴随原油出产的湿性天然气、与不含液体成分的干性天然气。

天然气主要有以下几个用途：

（1）天然气发电，具有缓解能源紧缺、降低燃煤发电比例，减少环境污染的有效途径，且从经济效益看，天然气发电的单位装机容量所需投资少，建设工期短，上网电价较低，具有较强的竞争力。

（2）天然气化工工业，天然气是制造氮肥的最佳原料，具有投资少、成本低、污染少等特点。天然气占氮肥生产原料的比重，世界平均为80%左右。

（3）城市燃气，特别是居民生活用燃料。随着人民生活水平的提高及环保意识的增强，大部分城市对天然气的需求明显增加。天然气作为民用燃料的经济效益也大于工业燃料。

（4）压缩天然气汽车，以天然气代替汽车用油，具有价格低、污染少、安全等优点。

目前人们的环保意识提高，世界需求干净能源的呼声高涨，各国政府也透过立法程序来传达这种趋势，天然气曾被视为最干净的能源之一。再加上1990年中东的海湾危机，加深美国及主要石油消耗国家研发替代能源的决心。因此，在还未发明真正的替代能源前，天然气需求量自然会增加。

地热田

地热田是指在目前技术条件下可以采集的深度内，富含可经济开发和利用的地热流体的地域。它一般包括热储、盖层、热流体通道和热源四大要素，是具有共同的热源，形成统一热储结构，可用地质、物化探测方法圈闭的特定范围。

中国开发利用地热田的有台湾、西藏、云南、广东、北京、天津、河北等地。其中西藏羊八井地热田所释放的能量高达10000千卡/秒，温度140℃～172℃，最大蒸气田的热显示区达21万平方公里，发电10000千瓦，已成为拉萨的稳定电源。1988年元月，中国地矿部门又在西藏拉萨附近的羊应乡打出了201.8℃、工作压力为9.1个大气压的高温地热流体井，单井发电潜力高达5000～6000千瓦，是中国迄今打出的第一眼超过200℃的高温地热井。羊应乡地热田距羊八井西南45公里，海拔4500米。西藏地处欧亚板块和印度板块的碰撞边界，岩浆活动、地震活动和水热活动十分强烈，形成了世界著名的喜马拉雅地热带。羊应乡大于200℃地热流的勘探成功，不仅为西藏能源建设提供了一个新的后备基地，而且也是整个“地中海——喜马拉雅地热带”地球科学研究的重要突破。它将促使科学家们重新认识喜马拉雅地热带中地热系统的机制，揭开地热田内部活动的奥秘。河北怀来县后郝天地热田也已用来作为小型发电。京、津、唐平原地热资源也比较丰富，据统计，在50000平方公里范围内圈定了四个热异常区，面积约6800平方公里；其中3000米以浅的地热资源总量为1.2兆千卡，相当171亿吨标准煤的能量，而2000米以浅为0.72兆千卡，相当102亿吨标准煤的能量。自牛驼起，雄县、新城、固安、永清一带（均位于京、津、唐平原的中部）530～2000米的深度内，单井出水量达400～1000立方米/日以上，水温70℃～85℃。地下热水一般可分为五级，即：极高温（>1000℃）、高温（800℃～100℃）、中高温（60℃～80℃）、中温（40℃～60℃）、低温（25℃～40℃）。

液态金属

一说到金属,大家就会联想到固体。这是因为我们平常见到的金属几乎都是固体的缘故。但是,是不是还有液态的金属呢？有,在常温下,汞就是唯一呈液态的金属。

其实,汞对大家来说并不神秘,它就是我们常说的水银。为什么把汞叫水银呢？这主要与汞的一些特性有关。

汞并不是在任何情况下都呈液态,它只是在常温下呈液态。如果温度在零下 38.7℃时,它会变成美丽的银蓝色固体;如果温度在 357.25℃时,它又会沸腾气化。汞在常温下是稳定的,但如果加热至近于沸点时,它便会氧化成红色的氧化汞。汞虽能溶于水,但与水不起化学反应,与盐碱和稀硫酸以及碱也不起作用。汞在低温时不导电,但当它在高温下时,则既导电又能发射绿色光和紫外线光谱。

此外,汞易流动,又能挥发,它的蒸气有毒,但硫磺却能制服它,所以当少量汞洒落时,我们必须尽可能地收集起来或用硫黄粉覆盖处理。

汞是一种银白色、有极强金属光泽的液体,它很重,密度为 13.6,也就是说,它比银和铝都重。正由于此,人们才给它取一个形象的名字——水银。它在现代生活中有着广泛用途。由于汞在 0℃ ~200℃之间时,体积膨胀系数变化均匀且不会沾湿玻璃,因此我们便把它用于制做温度计;由于它化学活动性小,易流动、密度大,我们又常常把它用在真空泵、气压计和水银蒸气灯等的制造上。

除上述特性外,汞最有趣的性质之一,是能溶解除铁和铂以外几乎所有的金属,它与这些金属所组成的合金统称为汞齐。汞齐可以呈液态,也可以是糊状或固体,汞齐中的金属仍保留它原有的性质。人们在很久以前便利用汞的这个性质来提取金、银。汞的合金由于有可塑性和易硬性,因而我们在医院里常见到医生用有锡、银或金的汞剂来补牙。

在医药上,有许多汞的化合物:像日常外伤用的红药水,作泻药用的甘汞、消毒用的升汞、中药用的朱砂等都是汞的化合物。

此外,爆破上用的雷汞也是用汞制造的。据不完全统计,目前汞在冶金、电气、仪表、化工、农业、美术、医学等方面的用途达 1000 多种,而且在现代国防及宇航科学领域中也有许多用途。

核燃料

1896年,法国物理学家贝克勒尔正在日以继夜地从事磷光现象的研究。所谓磷光现象,就是一种物质受到太阳光照射后,在黑暗中能够继续发光的现象。有一天,贝克勒尔正想用铀盐做试验,天气忽然转阴,他便只好把铀盐放进暗橱里;暗橱里还有用纸包好的照相底片。过了几天,天晴了,他准备把铀盐拿出去放在阳光下照射,同时检查一下照相底片是否已经曝光,于是取出一张底片来冲洗。结果使他大吃一惊,照相底片上竟出现了一把钥匙的影像,这把钥匙正是他无意中放在底片上的。意外的发现使他惊奇万分,他立刻集中全力研究这块奇怪的矿物,研究结果告诉他,正是这块矿物里的铀,放出某种看不见的射线,使照相的底片感光了。这种现象就是我们通常所说的物质的放射性。

又过了40多年,1939年人类完成了科学史上的一项重大发现,用人工的方法轰击铀原子核,铀原子核会连续发生分裂,同时放出惊人的能量,这种由于原子核发生裂变反应而放出的能量,我们称之为原子能或核能。

此后,又经过许多人的研究,终于在1945年人类用铀或钍制成了原子弹,并于1954年,在前苏联的奥布宁斯克建成了世界上第一座原子能发电站,它的发电功率虽然仅有14万千瓦,但却宣告了一个新的时代的到来——“原子能时代”!

可燃冰

我国刚刚在南海北部成功钻获的可燃冰这种神秘物质,在广州首次亮相就引起轰动。这种叫“可燃冰”的物质,学名天然气水合物,被称作“21世纪新能源”。科学家估计,其全球蕴藏量是已知煤炭和油气资源量总和的两倍,至少可供人类使用100年。

目前,中国是继美国、日本、印度之后第4个通过国家级研发计划采到水合物实物样品的国家。这证实了我国南海北部蕴藏有丰富的天然气水合物资源,也标志着中国天然气水合物调查研究水平一举步入世界先进行列。

天降石

天降石也叫天眼石，是一种稀有宝石，属于沉积岩之一种，含有玉质及玛瑙成分。主要产地在西藏、藏东、不丹、锡金、拉答克等喜马拉雅山域，是一种稀有宝石。天珠为九眼石页岩，含有玉质及玛瑙成分，为藏密七宝之一，史书记载为“九眼石天珠”。西藏人至今仍认为天珠是天降石。天珠的藏语发音为“思怡”，为美好、威德、财富之意，而梵文是以“昧自尬”称呼天珠。

天珠内部结构，具有天然宇宙强烈的磁场能量，其中镱元素的磁场相当的强烈，且全世界目前仅有西藏天珠有此特殊元素磁场，因此配用天珠而产生的避邪、血症、防止中风、增强内气等之功效。天珠属于沉积岩之一种，组成颗粒为1/256公厘，主要由黏土固结而成的薄页片状岩石。天珠的色泽大约可分为黑色、白色、红色、咖啡色及绿色等颜色，页岩颜色因所含化学物质而不同，如含氧化铁者呈红色，含氢氧化铁者呈微黄色，含炭质则呈灰黑色。

天珠磁场为水晶的三倍，水晶磁波为4伏特，天珠则为13伏特。矿石的硬度越高，磁场越强，而天珠是半宝石，硬度为莫氏7~8.5，除南非钻石硬度为莫氏10外，当今地球上再也没有任何矿石的磁场强得过天珠。这也是唯独西藏的玛瑙才称为天珠，而巴西、波斯、苏联、印尼、台湾的玛瑙，并不能称为天珠的原因。不过任何矿石都有磁场，只是强弱有别而已。

祖母绿

祖母绿的英文名称为Emerald，起源于古波斯语，后演化成拉丁语Smaragdus，大约在公元16世纪左右，成为今天英文名称。祖母绿又叫“吕宋绿”、“绿宝石”。古希腊人称祖母绿是“发光”的“宝石”。

祖母绿是一种含铍铝的硅酸盐，其分子式为$BeAl[Si_6O_{18}]$，属于绿柱石家族中最“高贵”的一员，属六方晶系。晶体单形为六方柱、六方双锥，多呈长方柱状，集合体呈粒状、块状等。翠绿色，玻璃光泽，透明至半透明。折光率1.564~1.602，双折射率0.005~0.009，多色性不明显。非均质体。硬度7.5，密度2.63~2.90克/立方厘米。解理不完全，贝壳状断口，具脆性。X射线照射下，祖母绿会发出很弱的纯红色荧光。

玛瑙

玛瑙是一种名贵的玉料,它的成因要追溯到亿万年前。由于地壳的剧烈运动,岩浆从火山口喷出,形成熔岩,岩浆中混有的各种被熔解的矿物质,冷却凝固后成为各种石料,玛瑞便是其中一种。它含有钙、镁、铁的硅酸盐,后经土中酸化作用,形成红、黄、绿、白、灰、蓝、黑、紫等色,故有“千种玛瑙”的美称。玛瑙质地坚硬,形状各异,种类繁多,产于我国辽宁、黑龙江等省。

玛瑙雕刻工艺品的制作过程很复杂,由于玛瑙料硬度大,性脆,琢磨难度大,不易加工,所以要经过“相玉”、“巧用俏色”、“量料取材”、“因材施艺”的设计,通过切、扣、划、钻、冲、压、勾、撤、顶、撞、擦、透、拉、串、光等工艺加工,才能雕琢成一件精美的玛瑙工艺品。

星光红宝石

缅甸抹谷星光红宝石,是世界上所有红宝石产地(缅甸,斯里兰卡,泰国,澳大利亚,中国)中唯一有星光的红宝石,世界五大珍辰石之一,晶莹剔透,吉祥如意。仅凭宝石中独有的两种包裹体(绢丝状金红石包裹体,及形成的六射星光和乳白色絮状斑块;弥漫状气液包裹体,而形成较高的透明度,致使价格昂贵),就能够和其他产地的红宝石区别开来。星光红宝石颜色鲜明但不均匀,常见平直的色带,多色性明显,肉眼从不同的方向观察,可以见到两种不同的颜色,:鸽血红、玫瑰红、粉红、猪血红。世界宝石学会定红宝石为七月的生辰石。日本人选其为结婚 40 周年(红宝石)、52 周年(星光红宝石)的珍贵纪念品。价格和重量成正比,即越重越贵,每克拉 100 ~ 500 美元。

蓝宝石

蓝宝石以其晶莹剔透的美丽颜色,被古代人们蒙上神秘超自然的色彩,被视为吉祥之物。早在古埃及、古希腊和古罗马，被用来装饰清真寺、教堂和寺院，并作为宗教仪式的贡礼。它也曾与钻石、珍珠一起成为英帝国国王、俄国沙皇皇冠上和礼服上不可缺少的饰物。自从近百年宝石进入民间以来，蓝宝石分别跻身于世界五大珍辰石之列，是人们珍爱的宝石品。世界宝石学界定蓝宝石为九月的生辰石。日本人选其作为结婚23周年(蓝宝石)、26周年(星光蓝宝石)的珍贵纪念品。

世界蓝宝石产地不多，主要有缅甸、斯里兰卡、泰国、澳大利亚、中国等，但就宝石质量而言，以缅甸、斯里兰卡质量最佳。

蓝宝石最大的特点是颜色不均，可见平行六方柱面排列，深浅不同的平直色带和生长纹。聚片双晶发育，常见百叶窗式双晶纹。裂理多沿双晶面裂开。二色性强，世界不同产地的蓝宝石除上述共同的特点之外，亦因产地不同各具特色。依据地质成因不同，可分两类：一类是缅甸、斯里兰卡和印度克什米尔产的蓝宝石；另一类是澳大利亚、泰国、中国产的蓝宝石。缅甸等地产的蓝宝石，因含钛致色，故呈鲜艳的蓝色，含绢丝状金红石和指纹状液态包裹体。绢丝状金红石包裹体可产生六射或十二射星光，属优质宝石品种。澳大利亚、泰国、中国产的蓝宝石因其中含有较多的铁，由铁致色，故宝石颜色很暗，刻面宝石反光效果亦不太好，一般均需经过加热以处理才能使用。

金绿石猫眼

金绿石的猫眼石是所谓正宗猫眼石，非常罕有，尤其是5卡以上而质优的，其售价可以高达七万多港元一卡。

猫眼是指具有猫眼效应的金绿宝石，在所有宝石中，具有猫眼效应的宝石品种很多，但在国家标准中只有具有猫眼效应的金绿宝石才能直接称为猫眼，其他具有猫眼效应的宝石都不能直接称为猫眼。金绿宝石矿物为铍铝氧化物($BeAl_2O_4$)，原生矿物晶体常呈板状、短柱状晶形，属斜方晶系，折射率为1.745~1.755，密度为$3.76g/cm^3$，硬度为8~8.5，常见颜色为金黄色、黄绿色、灰绿色、褐色、褐黄色等，其颜色成因是在于金绿宝石矿物中含有F离子。猫眼主要产在斯里兰卡、巴西等地，斯里兰卡猫眼一直著称于世。

猫眼产生的原因，是在于金绿宝石矿物内部存在着大量的细小、密集、平行排列的丝状金红石矿物包体，金红石的折射率为2.60~2.90，由于金绿宝石与金红石在折射率上的较大差异，使入射光线经金红石包体中反射出来，集中成一条光线而形成猫眼。当金绿宝石越不透明，金红石丝状包体越密集，则猫眼效应越明显。当用一个聚光手电照射猫眼宝石时，在某个角度，猫眼向光的一半呈现黄色，而另一半则呈现乳白色。如果用两个聚光手电从两个方向照射猫眼，并同时以丝状包体方向为轴线来回转动宝石，可见猫眼线一会儿张开，一会儿闭合的现象。

世界最大的金矿

世界最大的金库在海里！上个世纪，人们就惊异地发现海水里溶解有金。而且，含金量之多，令人难以置信。

海水含金浓度达十亿分之五，即每立方千米海水有5吨金，从含金率来说，比地壳高10倍；从绝对量来说，海水中溶解有黄金70亿吨！这还没有包括海底大量的沙金呢，无怪乎人们说："世界金库在海里"。正是这样，向这个"大金库"提取黄金，就成为科学家致力以求的大事。

世界最大的煤矿

20世纪，世界煤炭产量最多的地区是美国阿巴拉契亚煤田。该煤田位于美国东部的阿巴拉契亚山地及其西侧的阿拉巴契亚高原，面积18万平方公里，地质总储量3107亿吨，探明储量1013亿吨，其中炼焦煤探明储量163亿吨（占美国的92%）。该煤矿地质条件优异，99%的煤层是水平或近水平煤层，煤层平均厚1.7米，煤质坚硬，瓦斯含量少，灰分低(14%)。

1699年，英国殖民者在弗吉尼亚州首次发现煤藏。1769年，开始工业性采煤。1900年，煤产量即达17600万吨，从此一直是世界最大的煤炭产地。1980年，商品煤炭产量占世界煤炭总产量(37.2亿吨)的1/10。

阿巴拉契亚矿区有9个州采煤，其中西弗吉尼亚、肯塔基、宾夕法尼亚和俄亥俄州的产量占全矿区的80%以上，每年有1亿吨以上煤外运和出口。外运的煤主要供给东北工业区和南部的得克萨斯州；出口的煤远销日本、意大利和法国等多个国家，占美国煤炭出口量的99%。

由于阿巴拉契亚所产的煤品质优良，适于炼焦，在国际煤炭市场享有盛誉。20世纪70年代以来，德国、法国、意大利、荷兰、日本和罗马尼亚等国纷纷在该矿区投资开发煤炭资源，从而更促进了煤田的开发。

坎斯克·阿钦斯克煤田

坎斯克·阿钦斯克世界已开发的预测储量最多的煤田，位于俄罗斯克拉斯诺雅尔斯克边疆区的南部，沿西伯利亚大铁路展布，西部伸入西西伯利亚的克麦罗沃州，东部延伸到伊尔库茨克州境内，面积6万平方千米，600米深度内的预测储量达6380亿吨。据1992年报道，适于露天开采的储量有1120亿吨，其中探明储量（A+B+C1级）814亿吨。埋藏优质褐煤，硫0.1%～0.8%，灰分6%～14%，发热量14.7兆焦/千克，水分40%。有20个可采煤层，大部分煤层的厚度为6～15米，有的达60～70米，埋藏很浅，露天矿的剥采比仅1～2立方米/吨（m^3/t）。于第二次世界大战期间开始开发，1989年产量为47.3兆吨（Mt）。已建和拟建的露天矿规模很大，别沃卓夫斯基1号矿第一期年产能力27Mt，1988年投产，最终能力55Mt；在建的鲍鲁亭2号矿，年产能力40Mt；拟建的乌鲁勃矿和伊塔斯基1号矿分别为53Mt和50Mt。大规模露天开采的生产成本很低。

铜储量最多的国家

智利素以“铜的王国”闻名于世，已探明储量1.85亿吨，占世界总储量的34%，居世界之首。如按目前的开采水平计算，可开采100年。这还不算品位低、目前不具备开采价值的9900万吨。

智利矿藏储量大，品种多。铜矿储量列世界首位，锂矿储量列世界第二位，另有大量金、银、铁、钼等矿产及丰富的煤矿、石油和天然气资源，是世界上唯一出产天然硝石的国家，其硝石产量居世界首位。

最轻的金属

1817年，瑞士化学家阿·阿尔弗维特桑在稀有岩石中，发现了一种白色的金属——锂。锂非常轻，是所有金属中最轻的一种，比重仅为0.536，只有铝的1/5，水的1/2；不仅能浮在水面上，甚至可以浮在煤油上。有人估计，如果用锂来做飞机，那么俩个人就可以抬走。实际上，锂根本不能制造飞机，甚至连筷、勺也不能做。因为锂很软，用小刀可以毫不费力的将它挖开；而且化学性质也很活泼，在热水中，它便与水发生反应，变成氢氧化锂而溶解于水。锂在二氧化碳中也能燃烧，发出明亮的火焰。

不锈铁之谜

月面岩石样本中含有纯铁颗粒，科学家认为它们不是来自陨星。前苏联和美国的科学家还发现了一个更加奇怪的现象，这些纯铁颗粒在地球上放了7年还不生锈。在科学世界里，不生锈的纯铁是闻所未闻的。

产锑最多的国家

中国是世界上锑矿最多的国家，也是世界上产锑最多的国家。中国的锑矿分布在湖南、广东、广西、云南、贵州、四川等省，其中以湖南省新化县锡矿山的锑矿储量最大，因此被誉为“世界锑都”。

早在明朝的时候，新化当地居民就发现山上有矿，当时以为它是锡矿，因此叫它“锡矿山”这名字一直沿用至今天。那里主要是辉锑矿，有锡一般的金属光泽，它的化学成分是三硫化二锑，含锑20%以上。在工业上，人们用碳还原辉锑矿，制得金属锑。

锑是银灰色的金属，很脆，易熔，有热缩冷胀的特性，大多用来与铅溶在一起，制成合金使用。与其他金属制成不列颠合金后，可制造轴承。锑的化合物有许多用处，在火柴工业上，用三硫化锑或五硫化锑作火柴盒的摩擦剂；在橡胶工业上，用五硫化二锑作着色剂；在医药上，锑用来制造许多药物，如治肺病、血吸虫病、黑热病等的一些特效药，都是锑的有机化合物。锑的一些氧化物和硫化物，还被大量用作颜料。硫化锑还是很好的半导体材料。

产钨最多的国家

俗话说："真金不怕火炼"，其实，真正不怕火的不是金，而是钨。在炽热的炼钢炉里，当温度达到1600℃时，坚硬的钢铁都会化成沸腾的钢水，金子也会变成流动的液体，而钨却纹丝不动，仍是固体。钨的熔点为3410℃，沸点高达5927℃，它的熔点和沸点在金属中都是最高的。在钢铁生产中，它是不可缺少的添加料。它的化合物用于染料、油漆和化学试剂。近些年来，钨还加入到尖端科学技术领域，如掺入银10% ~15%的钨，可用来制造火箭的燃料喷管。

中国的钨矿，不但储量丰富，而且质量优异，是世界上产钨最多的国家。很早以前，中国的钨产量就达到世界总产量的70%以上。中国在10世纪就发现了钨矿，分布很广，中南、华北和西南都有，其中以江西省分布最多，全省钨矿山有数百处，最大的钨矿储量达几十万吨。

古老的合金

1976年，原苏联瓦什卡河岸上，发现了一块拳头大闪着白光的怪石。经分析：是一块稀有金属的合金，其中锡占67.2%，镧占10.90%，钕占8.78%，还有铁、镁、铀、铝，但没有铀的衰变物。专家们认为：这是一块人造合金，年龄不超过10万年。地球上没有类似的天然物，它很可能是用只有几百个原子的微小粉末作原料，在几十万个大气压下冷压而成。对这样小的物质，加如此高压，其设备和手段，即使是现代文明社会，也无法达到。是谁，用什么方法，制造了这块合金，并把它遗落在瓦什卡河岸呢？在秘鲁高原，考古学家发现了铂的装饰品。人们知道：铂在1800℃的温度中，才开始熔化。但是，谁在远古时期，就搭起了能产生如此高温的熔炉呢？

在印度新德里的一座寺院里，竖立着一根古代的铁柱，日晒雨淋已达4000多年，却没有一点锈迹。据考察，这铁柱既不含硫，也不含磷，所以不被大气腐蚀，但是，4000 年前的古人，是怎样掌握冶炼不锈合金的呢？

铁曾比黄金还要贵

铁是自然界中次于铝的第二个存量最大的金属，但天然的铁非常稀少。人类祖先最先使用的铁可能来源于陨石。铁在空气中很快被氧化，主要是以氧化物的形式存在。由于铁的氧化作用，使得古代制造的铁器保存下来的十分稀少。人们发现铁大约是在 5000 年前。最初，铁是很昂贵的，价格比黄金还高，经常用铁的宝饰镶嵌在黄金中。各大洲的人民几乎同时知道金、银和铜，但对于铁，情况却不同。在埃及和美索不达米亚，从矿石中提炼出铁是在公元前 2000 年前；在外高加索、小亚细亚和古希腊是在公元前 2000 年后；在印度也是在公元前 2000 年后；在中国则晚得多，只是在公元前 1000 年以后。在新大陆国家中，铁器时代是随着欧洲人的到达才开始的，也就是公元 11 世纪之后。一些非洲部落越过了发展中的青铜时期，一开始就使用铁器。这是由于自然条件的不同，在一些铜和锡自然资源稀少的国家中，出现代用这些金属的要求。美洲是拥有天然铜的最大资源之一，就没有必要去寻找新金属。铁的生产逐渐增大后，铁就开始跨出贵金属的范畴，进入普通金属行列。在公元纪元开始时期，铁已经被广泛使用。

会“吃”噪音的金属

悠扬悦耳的歌声，能使人消除疲劳，促进身心健康；可是有些声音，比如飞机的轰鸣声、机器的隆隆声却使人感到烦恼。人们称这些使人烦恼的声音为噪音。讨厌的噪音有相当大的部分是来自金属的振动，这种振动不仅容易损伤机件，缩短机器的使用寿命，而且危害人们的健康。防止噪音的最有效、最根本的方法是将发声体改变成不发声体。近年来科学家发现了一些金属本身就有消声作用，即会“吃”噪音的金属。首先被发现的会“吃”噪音的金属是铅。铅是导声性很差的金属，可是它太软了，不能用它来制造机器。于是人们便把铜和钢结合起来，制成了一种新的会“吃”噪音的金属。这种金属既有钢的硬度，又有铅不爱发噪音的性能。继而，人们又把锰和铜制成合金，这种合金比普通的钢铁强度大,又有相当的韧性,而且振动发声只有钢的1/50。会"吃"噪音的金属,在国外已经广泛地应用在汽车、造船、机器制造和家庭电器用具等工业部门。英国用锰铜合金制成螺旋桨,它在高速转动时也不会发出声响。日本把会"吃"噪音的金属加工成鼓风机,有的国家还把它应用到鱼雷和潜水艇上,既降低了噪音,又提高了战斗性能。

中华麦饭石

麦饭石是一种特殊的非金属矿产资源,其形似斑状、或黄或白、颇似麦粒。我国明代大医学家李时珍在《本草纲目》中记载:"状如握聚一团麦饭,有粒如豆如米,其色黄白",麦饭石故此得名。

经分析测定,麦饭石是一种次火山岩矿石,含有铁、镁、钾、钠、钙、锰、锌、磷、硅、硫等20多种对人体健康有益微量元素。麦饭石气味甘温无毒,主治一切痈疽、发背,对老年血管硬化有一定疗效,并有利尿、健胃、保肝之功能,被称为保健药石。用麦饭石浸泡过的水相当于矿泉,麦饭石还是优良的天然食品保鲜防腐剂和冷藏除臭剂。

1983年沈阳地质矿产研究所的工作人员在内蒙古通辽市奈曼旗平顶山上发现了优质麦饭石,命名为中华麦饭石。

海底锰结核

锰结核是一种深海海底自生的锰矿产,又称锰矿瘤、锰矿球、大洋多金属结核矿等。主要成分为锰和铁的氧化物和氢氧化物,含铜、镍、钴等多种金属元素,广泛分布于太平洋、印度洋和大西洋水深4000米~6000米的海底。一般呈球状或椭球状,或块状,直径1~20厘米。最早由英国"挑战者"号调查船环球考察时发现。至20世纪40年代以后,调查研究工作取得重大进展。据有关专家估计,世界洋底的锰结核总量达3万多亿吨,其中太平洋底最多,约为1.7万亿吨,含锰4000亿吨、镍164亿吨、铜88亿吨和钴58亿吨。这些储量相当于目前陆地矿产锰储量的400多倍,镍的1000多倍,铜的88倍和钴的5000多倍。若以每年消耗锰2400万吨计,可供使用70000年以上;含铜88亿吨,以世界年消耗量400万吨计，可供全世界用2200年；含钴约50亿吨，以世界每年消耗50000吨计，可供使用10万年；含镍达150亿吨，以每年消耗60万吨计，可供全世界用2000万年。更有趣、更重要的是，这种鹅卵状的黑色物质还在不断生长。据美国科学家梅鲁估计，太平洋底的锰结核，以每年1000万吨左右的速度在“疯狂”生长。如果仅用每年从太平洋底新生出来的锰结核中提取金属的话，其中铜可供全世界用3年，钴可用4年，镍可以用1年。20世纪70年代，随着勘探技术和开发技术的进展，国际上出现锰结核开发“热”，主要从勘探、采掘、冶炼和环境保护四方面加强研究。预计到21世纪初它将形成新兴的海洋矿产业。

双头水晶

晶体内包着许多黑色物体，属亮皮水晶原矿。一边有一个晶头，另一边的晶头上带长着另一个小晶头，天然生长纹清晰可见，无任何抛光处理。这么大的块度，晶头完整的不多见。原石之美尽显其中，这种带黑色内包物的双头水晶有非常强的挡煞功效，它会把负能量吸到水晶晶体里。

第八章　军事科学

激光武器

激光武器是一种利用沿一定方向发射的激光束攻击目标的定向性武器，具有快速、灵活、精确和抗电磁干扰等优异性能，在光电对抗、防空和战略防御中可发挥独特作用。它分为战术激光武器和战略激光武器两种。它将是一种常规威慑力量。

战术激光武器的突出优点是反应时间短，可拦击突然发现的低空目标。用激光拦击多目标时，能迅速变换射击对象，灵活地对付多个目标。

激光武器的缺点是不能全天候作战，受限于大雾、大雪、大雨，且激光发射系统属精密光学系统，在战场上的生存能力有待考验。

陆军的快速发射高炮的炮管寿命短，连续发射几分钟后就要更换，而激光武器不存在多次发射的寿命问题。可以预计，未来在目前弹炮结合防空武器系统的基础上，将出现新型防空导弹、高炮和激光武器三结合的对空防御系统。其中，激光武器主要拦截从低空、超低空突然来袭的近距离目标，这有可能大大提高对精确武器的拦截概率，解决当前存在的极近程防空问题，并可用于保卫重要目标，如重要机构、指挥中心、通讯和动力中枢等。目前研制激光武器的体积一般较大，重量较重，所以各国首先考虑舰载应用。目前，发达国家的大型水面舰只已开始采用核能作为动力，中型水面舰只的电动化改进也已进入实质阶段，这都为激光武器在舰艇上的应用铺平了道路。鉴于激光武器的重要作用和地位，美、俄、以色列和其他一些发达国家都投入了巨额资金，制定了宏大计划，组织了庞大的科技队伍，开发激光武器。至 90 年代初，仅美国政府对激光武器的研究投资就达 90 亿美元。80 年代中后期，苏联和英国的军舰或陆上已有实验性战术激光武器装备，美、法、德等国也作了大量试验。战略激光武器研究费用高，技术难度大，其前景还有待观察。

激光武器的效费比是比较高的。在防空武器方面，当前主体是导弹，激光武器与之相比消耗费用要便宜得多。例如，一枚“爱国者”导弹要60－70万美元，一枚短程“毒刺”式导弹要2万美元，而激光发射一次仅需数千美元，今后随着技术的发展，激光发射一次的费用可降至数百美元。

去年6月6日，美国军方在新墨西哥州南部的怀特桑兹导弹试验场首次进行战术高能武器试验，成功摧毁了一枚飞行中的喀秋莎火箭。美军方官员称，这是世界上第一种以激光为基础的反导系统。美军方还将于近期进行该武器击落多枚“来袭导弹”的试验。该系统由美加利福尼亚洲的承包商汤普森·拉莫·伍尔德里奇公司专门为美国陆军和以色列设计制造，开发费用高达2亿美元。该系统尤其适合部署在人口稠密的地方，而且成本十分低廉，据估算，每拦截一枚导弹只需约3000美元。美国防部目前正在考虑研制一种机动性能更强、打击范围更广、主要针对弹道导弹的激光拦截技术。

原子弹

原子弹主要是利用核裂变释放出来的巨大能量来起杀伤作用的一种武器。它与核反应堆一样，依据的同样是核裂变链式反应。

按理，反应堆既然能实现链式反应，那么只要使它的中子增殖系数 k 大于1，不加控制，链式反应的规模将越来越大，则最终会发生爆炸。也就是说，反应堆也可以成为一颗“原子弹”。实际上也是这样，若增殖系数 k 大于1而不加控制的话，反应堆确实会发生爆炸，所谓反应堆超临界事故就是属于这样一种情况。

但是，反应堆重达几百吨、几千吨，无法作为武器使用。而且在这种情况下，裂变物质的利用率很低，爆炸威力也不大。因此，要制造原子弹，首先要减小临界质量，同时要提高爆炸威力。这就要求原子弹必须利用快中子裂变体系，装药必须是高浓度的裂变物质，同时要求装药量大大超过临界质量，以使增殖系数 k 远远大于1。

在讲述原子弹的结构原理之前，我们先来介绍一下原子弹的装药。到目前为止，能大量得到、并可以用作原子弹装药的还只限于铀235、钚239和铀233三种裂变物质。

铀 235 是原子弹的主要装药。要获得高加浓度的铀 235 并不是一件轻而易举的事，这是因为，天然铀 235 的含量很小，大约 140 个铀原子中只含有 1 个铀 235 原子，而其余 139 个都是铀 238 原子；尤其是铀 235 和铀 238 是同一种元素的同位素，它们的化学性质几乎没有差别，而且它们之间的相对质量差也很小。因此，用普通的化学方法无法将它们分离；采用分离轻元素同位素的方法也无济于事。

为了获得高加浓度的铀 235，早期科学家们曾用多种方法来攻此难关。最后“气体扩散法”终于获得了成功。我们知道，铀 235 原子约比铀 238 原子轻 1.3%，所以如果让这两种原子处于气体状态，铀 235 原子就会比铀 238 原子运动得稍快一点，这两种原子就可得到分离。气体扩散法所依据的，就是铀 235 原子和铀 238 原子之间这一微小的质量差异。

这种方法首先要求将铀转变为气体化合物。到目前为止，六氟化铀是唯一合适的一种气体化合物。这种化合物在常温常压下是固体，但很容易挥发，在 56.4℃即升华成气体。铀 235 的六氟化铀分子与铀 238 的六氟化铀分子相比，两者质量相差不到百分之一，但事实证明，这个差异已足以使它们分离了。

六氟化铀气体在加压下被迫通过一个多孔隔膜，含有铀 235 的分子通过多孔隔膜稍快一点，所以每通过一个多孔隔膜，油 235 的含量就会稍增加一点，但是增加的程度是十分微小的。因此，要获得几乎纯的铀 235，就需要让六氟化铀气体数千次地通过多孔隔膜。

气体扩散法投资很高，耗电量很大，虽然如此，这种方法目前仍是实现工业应用的唯一方法。为了寻找更好的铀同位素分离方法，许多国家做了大量的研究工作，已取得了一定的成绩。例如目前离心法已向工业生产过渡，喷嘴法等已处于中间工厂试验阶段，而新兴的冠醚化学分离法和激光分离法等则更有吸引力。可以相信，今后一定会有更多更好的分离铀同位素的方法付诸实用，气体扩散法的垄断地位必将结束。

原子弹的另一种重要装药是钚 239，钚 239 是通过反应堆生产的。在反应堆内，铀 238 吸收一个中子，不发生裂变而变成铀 239，铀 239 衰变成镎 239，镎 239 衰变成钚 239。由于钚与铀是不同的元素，因此虽然只有很少一部分铀转变成了钚，但钚与铀之间的分离，比起铀同位素间的分离来却要容易得多，因而可以比较方便地用化学方法提取纯钚。

铀 233 也是原子弹的一种装药，它是通过钍 232 在反应堆内经中子轰击，生成钍 233，再相继经两次 β 衰变而制得。

从上面我们可以看到,后两种装药是通过反应堆生产的。它们是依靠铀235裂变时放出的中子生成的,也就是说,它们的生成是以消耗铀235为代价的,丝毫也离不开铀235。从这个意义上来说,完全可以把铀235称作"核火种",因为没有铀235就没有反应堆,就没有原子弹,就没有今天大规模的原子能利用。

有了核装药,只要使它们的体积或质量超过一定的临界值,就可以实现原子弹爆炸了。只是这里还有一个原子弹的引发问题,也就是如何做到不需要它爆炸时,它就不爆炸;需要它爆炸时,它就能立即爆炸。这可以通过临界质量或临界尺寸的控制来实现。

在1964年10月16日我国成功爆炸了第一颗原子弹,1967年6月17日又成功地进行了首次氢弹试验,打破了超级大国的核垄断、核讹诈政策,为人类作出了贡献。我们相信,作为武器的原子弹和氢弹终究是要被消灭的。但是作为放出巨大能量的核爆炸,却在和平建设中有着吸引人的应用前景。

黄埔军校

黄埔军校,全名黄埔陆军军官学校,是一所中华民国的军事学校,培养了许多在抗日战争和国共内战中闻名的指挥官。第一次国共合作时期的一至六期,原址设于中国大陆广东省广州市黄埔区长洲岛,军校在1924年由中国国民党成立,目的是为国民革命军训练军官,黄埔军校于1927年改制为中央陆军军官学校,1946年再改制为陆军军官学校,并于"中华民国政府"迁台时一并迁至台湾高雄县凤山市。

1924年,在国共两党首度携手合作、国民革命风起云涌之际,世纪伟人孙中山先生高瞻远瞩,视"教育为神圣事业,人才为立国大本",在广州亲手创办了一文一武两所学堂——国立广东大学(今天的中山大学)和黄埔军校。黄埔军校建校时的正式名称为"中国国民党陆军军官学校",因其校址设在广州东南的黄埔岛,史称黄埔军校。黄埔军校建立的目的是为国民革命军训练军官,尔后其学员成为国民政府北伐统一中国的主要军力。1946年行宪之后中国国民党名义上移交军队于国家后改称“中华民国陆军军官学校”至今。

黄埔军校是孙中山先生在中国共产党和苏联的积极支持和帮助下创办的，是第一次国共合作的产物。作为中国现代历史上第一所培养革命干部的新型军事政治学校，其影响之深远，作用之巨大，名声之显赫，都是始料所不及的。

黄埔军校建立以来，以孙中山的“创造革命军队，来挽救中国的危亡”为宗旨，以“亲爱精诚”为校训，以培养军事与政治人才，组成以黄埔学生为骨干的革命军，实行武装推翻帝国主义和封建军阀在中国的统治，完成国民大革命为目的。一方面积极进行孙中山革命的三民主义教育，一方面介绍马克思列宁主义的思想。军校采用军事与政治并重，理论与实践结合的教学方针，为中国革命培养了大批军事政治人才。广大黄埔师生在反帝反封建、争取国家统一与民族独立的斗争中立下了赫赫战功，为中国革命做出了重大贡献。

黄埔军校自1924年6月在广州创办到1949年底迁往台湾高雄县凤山市，在大陆共办了二十三期，在台续办至今已七十八期，在大陆时期其毕业生包括各分校、训练班在内，计有41386人。黄埔军校名将辈出，战功显赫，扬威中外，影响深远，在中国近现代史上占有显赫地位。而昔日的黄埔军校旧址于1988年被中华人民共和国列为第三批全国重点文物保护单位。

西点军校

西点军校是美国第一所军事学校，位于纽约州西点(哈德逊河西岸)，距离纽约市约80公里。学校占地1万6千英亩(约6千5百公亩)。西点军校的校训是“责任、荣誉、国家”，该校是美国历史最悠久的军事学院之一。它曾与英国桑赫斯特皇家军事学院、俄罗斯伏龙芝军事学院以及法国圣西尔军校并称世界“四大军校”。

1802年3月16日，美国第三任总统、当年《独立宣言》的主要起草人——托马斯·杰弗逊签署国会法令，宣告在西点成立“联邦西点陆军军官学校”。西点军校是美国建立最早的军事院校，首任校长由美国著名政治家和科学家本杰明·富兰克林的外孙乔纳森·威廉姆斯担任。但是，被尊称为“西点军校之父”的却是自1817年至1833年期间任校长的西尔维纳斯·萨耶尔上校。因为正是他在任期间提高了西点的学术水准，严明了军事纪律，以及强调行为诚实正直。

他还倡导了萨耶尔教学法，即由通晓专业知识的教官进行小班授课，学员和教官每天对课程进行讨论，这一方法至今还在西点军校被广泛采用。

200 年来，西点军校已由当年成立时仅有 1800 英亩的面积，第一期仅有两名学员毕业的小学校，成长为如今占地 16000 英亩、每年有 900 多名男女学员毕业的名校和众多美国青年人向往的地方。如今，这所名校的任务是教育、训练和激励学员，使每一位学员成为恪守“职责、荣誉、国家”价值观、“品德高尚”的现役军官；把学员培养成以美国陆军军官作为职业发展和终身为国家服务的优秀军事人才。据此，西点有着自己严格的入学条件和标准。据西点军校招生官员介绍，西点招生对象必须是年龄为 17－22 岁的未婚高中毕业生或具有同等学历的士兵，身高 1.68——1.98 米，经政府高官（如副总统或国会议员或陆军部高官）推荐、考试和体检后择优录取。考试范围包括学业能力倾向测验、体育等。西点的学制为四年，课程分为文科、理科、工程、军事科学和体育等，每年暑期（6－8 月）进行野外军训。但西点军校副教务长肯·格瑞斯博士补充说，“9·11”恐怖袭击事件发生后，学校适时增设和调整了部分专业和课程，其中包括反恐怖主义、网络恐怖主义、冲突解决、信息保障、国际法、法律制度比较、国际安全研究、核工程和化学工程等，同时引进了有关国际法和伊斯兰法律方面的专家和南亚问题专家。

西点军校从 1976 年开始招收女学员，现在整个学员队的人数为 4000 名，每年的 7 月 1 日约有 1200 名新学员入学。学员在校的主要制服颜色为灰色，这是早在 1816 年就确定了的，因此，学员队又有“灰色长队”之称。学员毕业后被授予理科学士和陆军少尉军衔，一般至少需服现役 5 年。

自 1898 年西点军校把“职责、荣誉、国家”正式定为校训以来，西点军校特别重视对学员品德的培养。他们反复强调，西点仅仅培养领导人才是不够的，必须是“品德高尚”的领导人才。为此，学员从进校的第一天起，就被灌输西点的基本价值观，即正直诚实和尊敬他人的尊严。《学员荣誉准则》明确规定“学员不得撒谎、欺骗和行窃，也不得容忍他人有上述行为”。西点军校公关部主任詹姆斯·威利中校举例说，学员在撰写论文时，如果不在脚注中对一些被引用的观点和文字加以说明的话，一经查出，轻者要被严厉批评，重者则被勒令退学。至于尊敬他人，西点告诫每位学员，如果自己想得到别人的尊敬，就必须以同样的尊敬和尊严对待别人。从西点军校走出的杰出人士：德怀特·艾森豪威尔，美国第 34 任总统（1953 年 1 月 20 日——1957 年 1 月 20 日，1957 年 1 月 20 日——1961 年 1 月 20 日），1890 年 10 月 14 日出生，1915 年毕业于西点，陆军五星上将。

尤利乌斯·格兰特,1822 年 4 月 27 日出生,1843 年毕业于西点,1846 年~1848 年参加了美墨战争。1864 年被任命为联邦军总司令。1867 年—1868 年担任临时陆军部长。内战结束后,成为美军历史上第一位上将,军衔高于华盛顿。1869 年—1877 年先后担任两届美国总统。

小乔治·史密斯·巴顿,1885 年 11 月 11 日出生,1909 年毕业于西点。

美国空军之父亨利·哈利·阿诺德 1886 年 6 月 25 日出生,1907 年毕业于西点。

诺曼·施瓦茨科普夫 1934 年 8 月 22 日出生,1957 年毕业于西点。

南军总司令罗伯特·李 1807 年 1 月 19 日出生,1829 年毕业于西点。1852 年曾出任西点军校校长。

一战远征军司令约翰·约瑟夫·潘兴 1860 年 9 月 13 日出生,1886 年毕业于西点,1897 年—1898 年任教于西点。

二战盟军统帅道格拉斯·麦克阿瑟 1880 年 1 月 26 日出生,1903 年以全班第一的成绩毕业于西点。

其中,特别要提到的是 1915 届毕业生:共有 164 人毕业,59 人获得准将或更高的军衔,3 位将军,并且有两人成为五星上将和陆军参谋长,此外还有一位美国总统,堪称黄金一代。其成员包括:1945 年后空军司令部以及朝鲜战争中远东空军的指挥官斯特拉特迈耶,二战第九军团的指挥官查尔斯 W. 赖德,二战第十二军团的指挥官福德·欧文,1945 年后美军德国占领区长官麦克纳尼,空军学院首位校长休伯特哈曼,朝鲜战争陆军参谋长奥马尔 N. 布莱德利以及艾森豪威尔。

AK-47 突击步枪

AK-47 是卡拉什尼科夫 1947 年设计的自动步枪。1946 年,卡拉什尼科夫在他设计的使用 7.62×39mm M1943 式中间型威力枪弹的半自动步枪的基础上,设计了一种可连发射击的样枪(称为 AK-46),他设计的回转式闭锁枪机,成为此后设计的 AK 系列枪械闭锁机构的原型。同年参加靶场选型试验,经过一系列试验,并改进了导气装置与活塞系统,设计而成 AK-47,在风沙泥水环境中经过严格测试,1947 年被选中定为苏联军队制式装备,1949 年最终定型,正式投入批量生产,在伊热夫斯克军工厂生产。1951 年开始装备前苏联军队,取代西蒙洛夫半自动卡宾枪。在 1953 年 AK-47 改变了机匣的生产方法,由冲压工艺变为机加工艺,AK-47 开始大量装备苏联军队。苏军所装备的 AK-47

于50年代末由其改进型AKM所取代。从1950年代到1980年代,AK－47系列是前苏联军队和华沙条约组织国家军队制式装备。在1980年代5.45mm口径的AK－74系列装备前苏联军队后,7.62mm口径的AK－47系列逐渐从苏军制式装备中退出(实际上AKM一直沿用,从第二次车臣战争的图片中可以看到俄军有使用AKM)。现在AK－47的代替品为AKM。

AK－47系列步枪名闻天下是在1960年代的越南战争,AK－47和其中国生产制造的56式突击步枪(中国产AK－47)武装北越正规军和游击队。这种自动武器在丛林环境中深受士兵信赖。在越南战争时期,据说许多美国士兵丢弃手中的不适应热带雨林恶劣条件下的笨重的M14自动步枪或者故障频出的M16突击步枪,转而使用缴获的越南士兵的AK－47,只是因为AK－47系列步枪拥有非常优良的可靠性、容易控制而密集的火力,AK47突击步枪一般作战适用于300米内的突击和冲锋。

苏联(俄罗斯)将AK－47系列步枪及其及制造技术输出到世界各地。由于AK－47和其改进型令人惊诧的可靠性,结构简单,坚实耐用,物美价廉,威力巨大,使用灵活方便,许多第三世界国家甚至西方国家的军队或者反政府武装都广泛使用的AK－47系列步枪。某些地区冲突的各方都非常乐意使用AK－47。另外,世界上有许多国家进行了仿制或特许生产,其中包括原东德(仿制型号为Mpi－47)、前南斯拉夫、匈牙利、中国(中国特许生产型长时间被称为56式冲锋枪,56式突击步枪等)、波兰、罗马尼亚、保加利亚、埃及、古巴、朝鲜等,进入21世纪它仍旧在生产。AK－47的设计思路也影响了以色列、芬兰、中国等多个国家步兵轻武器设计,如以色列加利尔突击步枪、中国的81式自动步枪、56式突击步枪。AK－47系列步枪是使用最广泛的步枪武器之一,其广泛程度在轻武器历史上可能只有毛瑟步枪和柯尔特左轮手枪可以相比。AK－47约生产1亿支,共装备了53个国家的军队,有5个国家把它画到了军徽上,所以卡拉什尼科夫因为AK系列步枪在世界范围内的广泛使用被誉为“世界枪王”。

无人驾驶飞机

无人驾驶飞机简称“无人机”,是利用无线电遥控设备和自备程序控制装置操纵的不载人飞机。机上无驾驶舱,但安装有自动驾驶仪、程序控制装置等设备。地面、舰艇上或母机遥控站人员通过雷达等设备,对其进行跟踪、定位、遥控、遥测和数字传输。可在无线电遥控下像普通飞机一样起飞或用助推火箭发射升空,也可由母机带到空中投放飞行。回收时,可用与普通飞机着陆过程一样的方式自动着陆,也可通过遥控用降落伞或拦网回收。可反覆使用多次。广泛用于空中侦察、监视、通信、反潜、电子干扰等。

自动化在飞机驾驶中的应用是在人飞上蓝天后,又一个重大的科技进步。无人驾驶飞机是一种以无线电遥控或由自身程序控制为主的不载人飞机。由于他是高科技技术的集中载体,其主要应用于现代战争。它的研制成功和战场运用,揭开了以远距离攻击型智能化武器、信息化武器为主导的“非接触性战争”的新篇章。

与载人飞机相比,它具有体积小、造价低、使用方便、对作战环境要求低、战场生存能力较强等优点,备受世界各国军队的青睐。无人驾驶飞机以其准确、高效和灵便的侦察、干扰、欺骗、搜索、校射及在非正规条件下作战等多种作战能力,发挥着显著的作用,并引发了层出不穷的军事学术、装备技术等相关问题的研究。它将与孕育中的无人驾驶坦克、机器人士兵、计算机病毒武器、天基武器、激光武器等一道,成为21世纪陆战、海战、空战、天战舞台上的重要角色,对未来的军事斗争造成较为深远的影响。一些专家预言:“未来的空战,将是具有隐身特性的无人驾驶飞行器与防空武器之间的作战。”但是,由于无人驾驶飞机还是军事研究领域的新生事物,实战经验少,各项技术不够完善,使其作战应用还只局限于高空电子及照相侦察等有限技术,并未完全发挥出应有的巨大战场影响力和战斗力。

准确的攻击能力:无人机和战斗机的结合,构成了一种全新的武器系统——无人驾驶战斗机。近年来,随着中远程巡航导弹和弹道导弹发展的日新月异,地空导弹、空空导弹的制导技术日臻成熟,可重复使用的无人驾驶飞机的控制水平也日益提高,有人将反辐射导弹的技术移植到无人机上,研制出了反辐射无人机,成为一种对地面雷达极具威胁的新式武器。这种航空武器的出现,可以说是向无人战斗/攻击机的发展目标又迈进了一步,但它还不是真正意义上的无人驾驶战斗机。它采取“自杀”的方式,与敌方雷达同归于尽,充其量仅仅是巡航导弹的翻版。而真正的无人驾驶战斗机应是“可以重复使用的巡航导弹”。

美国国防部高级研究项目局在1999年1月进行了一系列翼展60厘米、重200克的小型无人机试验,并获得了成功。目前,该局在其空中飞行器计划中又推出了12种大小只有152毫米的袖珍型无人飞行器的预研方案,其中4种的研制工作已正式启动。这4种袖珍型无人机有两种固定翼型、一种直升机型、一种折叠翼(活动翼)型。由维伦蒙特公司研制的固定翼样机,其翼展为15厘米,时速48公里,装备有5克重微型GPS装置,试飞22分钟获得成功;另一种固定翼样机的翼展也是15厘米,装有军用摄像机,航程5到10公里,由洛克希德·桑德斯公司研制;直升机型重300克,携带红外成像设备,样机有三轴稳定器,采用GPS导航,持续飞行时间可达2小时;折叠翼型袖珍无人驾驶飞机正由美国加州工学院进行研制,其主要战斗诸元仍处于尖端武器的机密领域。另外,据军事科学家们透露,一种仅有一美元纸钞大小的遥控战斗机已经研制出来。机上装有超敏锐感应器,可"闻"出柴油发动机排出的废气,一旦被它盯上,就会紧追不放,且可以拍摄夜间红外照片,将敌动态和坐标传到200公里外的基地,引导导弹精确命中目标。它执行任务时不用担心敌方雷达系统,适合全天候全时程作战。

双重性的驾驶机理:为了提高作战效益和执行各种任务的需要,一种有人和无人两用型战斗机,也将随着无人驾驶飞机技术的日益成熟而在未来的空战中出场。它具有两个可以相互独立工作的飞机操作平台,既可以和普通飞机一样由飞行员操纵飞行,也可以由基地指挥中心直接遥控飞行或预置飞行程序自身控制飞行。两用型战斗机的优点是在执行某项任务中,当飞行员伤亡或出于其他原因对飞机操作失灵或是需要暂时脱离飞行操作工作以完成其他任务时,飞机的遥控指挥系统只要未被破坏,仍可以顺利完成任务,安全返回。

可见,在未来战争中,品类众多、功能各异的无人驾驶飞机,必将成为广袤空域中的百变幽灵而无处不在,无所不能。随着航空工艺、材料和技术的不断进步,无人驾驶飞机在未来的20年间将会真正崛起,成为自动化技术舞台上一颗耀眼的"明星"。

电磁脉冲武器

电磁脉冲武器号称"第二原子弹",世界军事强国电磁脉冲武器开始走向实用化,对电子信息系统及指挥控制系统及网络等构成极大威胁。常规型的电磁脉冲炸弹已经爆响,而核电磁脉冲炸弹——"第二原子弹"正在向人类逼近。

目前电磁脉冲武器主要包括核电磁脉冲弹和非核电磁脉冲弹。核电磁脉冲弹是一种以增强电磁脉冲效应为主要特征的新型核武器。非核电磁脉冲弹,是利用炸药爆炸压缩磁通量的方法产生高功率微波的电磁脉冲武器。微波武器可使敌方武器、通讯、预警、雷达系统设备中的电子元器件失效或烧毁;导致系统出现误码、记忆信息抹掉等，强大的高功率微波辐射会使整个通讯网络失控。甚至能够提前引爆导弹中的战斗部或炸药。电磁脉冲武器还能杀伤人员，当微波低功率照射时，可使导弹、雷达的操作人员、飞机驾驶员以及炮手、坦克手等的生理功能发生紊乱，出现烦躁、头痛、记忆力减退、神经错乱以及心脏功能衰竭等症状；当微波高功率照射时，人的皮肤灼热，眼患白内障，皮肤内部组织严重烧伤甚至致死。前苏联的研究人员曾用山羊进行过强微波照射试验，结果1公里以外的山羊顷刻间死亡，2公里以外的山羊也丧失活动功能而瘫痪倒地。

1961年10月31日，苏联在新地岛上空35千米处进行空爆核试验，不料氢弹不仅毁灭爆心附近的一切，还对数千千米范围内的电子系统产生冲击，苏军地面的防空雷达被烧坏，无法探测空中的飞行目标；数千千米长的通讯中断，部队1个多小时处于无法指挥状态。无独有偶，1963年7月9日，美国在太平洋的约翰斯顿岛上空40千米处进行空爆核试验后，距约翰斯顿岛1400千米之遥的檀香山却陷入一片混乱。防盗报警器响个不停，街灯熄灭，动力设备上的继电器一个个被烧毁……

当时人们并不能解开这个谜，后来经过几年的研究，才发现这是氢弹爆炸所产生的电磁脉冲造成的恶果。原子弹爆炸会产生冲击波、光辐射、早期核辐射和放射性污染四种效应，而氢弹爆炸又增加了另一种效应，即电磁脉冲。

氢弹爆炸时，早期核辐射中的α射线会与周围介质中的分子、原子相互作用，激发并产生高速运动的电子（康普顿效应），大量高速运动的电子形成很强的电场。在爆心几千米范围内电场强度可达到每米几千伏到几万伏，并以光速向四周传播。它的作用范围随着爆高的增加而扩大。当量1000吨的氢弹如在40千米高空爆炸，可影响整个欧洲。

美国军事专家看到了这种由核爆炸产生的瞬时电磁脉冲的军事价值，开始不遗余力地研究如何增强核爆炸时产生的电磁脉冲效应而抑制其他几种效应，他们把这种能产生强大电磁脉冲的武器称为电磁脉冲弹。

电磁脉冲是短暂瞬变的电磁现象，它以空间辐射传播形式透过电磁波，可对电子、信息、电力、光电、微波等设施造成破坏，可使电子设备半导体绝缘层或集成电路烧毁，甚至设备失效或永久损坏。

1. 强大的电磁脉冲建立的瞬间电场，使通讯系统内部电场重新分布，形成电涌电压，对通讯信号系统造成损坏。

2. 通讯系统内部电场瞬间重新分布形成涌流，对通讯信号系统造成损坏。

3. 强大的电磁场，穿过通讯系统内部电路，产生感生电流，造成通讯信号差模干扰，损坏系统。

4. 强大的电磁脉冲中丰富的频谱，微电子器件极易产生谐振发热损坏。

见过原子弹爆炸的人很少，但是几乎人人都见过“第二原子弹”爆炸。这种爆炸就是自然界的雷电和静电现象。雷电、静电形成的电磁辐射和太阳、星际的电磁辐射以及地球磁场和大气中的电磁场，所产生的爆炸只是有大小区别，其原理都是一致的。此外，“第二原子弹”的爆炸还有人为现象，就是人为产生电磁辐射源的电磁辐射。

随着科学技术的发展，全社会电气设备大量普及，如电视发射台、广播发射台、无线电台站、航空导航系统、雷达系统、移动通信系统、高电压送变电系统、大电流工频设备和轻轨、干线电气化铁路系统等。总之，一切以电磁能应用进行工作的工业、科学、医疗、军用的电磁辐射设备，以及电火花点燃内燃机为动力的机器、车辆、船舶、家用电器、办公设备、电动工具等，都会产生不同频率、不同强度的电磁辐射，其中，大部分是电磁脉冲辐射。

现代战场的电磁环境是各种电磁能量共同作用的复合环境，既有自然电磁干扰源，如雷电、静电等，又有强烈的人为干扰源，如各种功率的雷达、无线电通信、导航、计算机以及与之对抗的电子战设备、新概念电磁武器等。因此，战场电磁环境比平时要复杂得多，高技术条件下的战场电磁环境效应主要由各类电磁脉冲场构成。

如此说来，没有蘑菇云的人类巨灾——电磁脉冲灾害，有自然的和人为的两大类。和平时期，各种自然和人为的电磁脉冲危害时时发生。全球每年因雷电电磁脉冲导致信息系统瘫痪等事故频繁发生，从卫星通信、导航、计算机网络乃至家用电器都会受到雷电灾害的严重威胁。

核电磁脉冲是核爆炸产生的强电磁辐射，核电磁脉冲的破坏力十分巨大。一些国家的核试验中，核电磁脉冲能量侵入电子、电力系统，烧断电缆、烧坏电子设备的事例也屡见不鲜。高空核爆炸产生的电磁脉冲危害，比地面和地下核爆炸更大，核电磁脉冲强度大、覆盖区域广。

由于大气的衰减作用，高空核爆炸产生的热、冲击波、辐射等效应，对地面设施的危害范围都不如电磁脉冲效应大，100 万吨当量的核武器在高空爆炸时，总能量中约万分之三以电磁脉冲的形式辐射出去。随着核技术的发展，发达国家已研制出核电磁脉冲弹，增强了电磁脉冲效应，而削弱了冲击波、核辐射效应，电磁脉冲的破坏力明显增大。

人类研制电磁脉冲武器起始于 20 世纪 70 年代，到 20 世纪 90 年代进入实用化阶段。

1985年，美国在制定“战略防御倡议”计划时，把高功率微波武器列为其空间武器的主攻项目，重点研究其杀伤机理。1987年，美国国防部提出“平衡技术倡议”计划，高功率微波武器是其五大关键技术之一。

1991年海湾战争期间，美军在E－8“联合星”飞机携带和使用电磁脉冲武器。美国和俄罗斯小型化电磁干扰机，可被常规兵器投掷到敌方，不仅可损伤敌方指挥控制系统，而且直接影响精确制导武器和信息化单兵的作战效能。

1993年，美国进行了代号为“竖琴”的电磁脉冲武器实验，天线群向电离层发射电磁脉冲，阻断通信和摧毁来袭导弹。1996年，美国一国家实验室研制出手提箱大小的高能电磁脉冲武器，以及可装备在巡航导弹上的电磁脉冲武器，其有效作战半径达10公里。

1998年，俄罗斯发明了重8公斤的小型强电流电子加速器，爆炸时发出X射线、高功率微波，可破坏电子设备。

1999年3月，美国在对南联盟的轰炸中，使用了尚在试验中的微波武器，造成南联盟部分地区通信设施瘫痪3个多小时。伊拉克战争中，美军于2003年3月26日，用电磁脉冲弹空袭伊拉克国家电视台，造成其转播信号中断。

除俄罗斯和美国外，英、法、德、日等国家也都在进行高功率微波武器的开发。有国际军事专家分析认为，海湾战争中伊拉克之所以被动挨打，重要原因是指挥控制系统和防空设施遭到破坏，丧失电磁环境控制权。

电磁脉冲炸弹的打击目标与传统原子弹有很大不同。它的攻击目标有三类，一是军用和民用电子通信和金融中心，如指挥部、军舰、通信大楼和政府要地等；二是防空预警系统；三是各类导弹和导弹防护系统。

美国和前苏联在研究和发展电磁脉冲武器时，都十分重视武器装备电磁环境效应和防护加固技术的研究。1979年，美国总统卡特发布命令，强调核电磁脉冲的严重威胁，要求每开发一种武器，必须考虑电磁脉冲防护能力。为此，美国在新墨西哥州科特兰、亚利桑那州等地，建立了十余座电磁脉冲场模拟器。

从20世纪60年代起，一些国家开始核电磁脉冲特性研究，陆续取得一定进展。但是，对电磁防护的研究，基本都停留在电磁兼容范畴内，未重视电磁脉冲防护。至今，这些国家的绝大多数军用、民用电子设备未采取电磁脉冲防护措施，有的甚至无任何强制性出厂检验标准和设施，其整体水平至少落后美国和俄罗斯20年左右。

这意味着，这些国家在军事强国的电磁脉冲武器的打击面前，早已敞开了胸膛。一旦这些国家的政府机构、金融中心、通信网络、广播电视等事关国计民生的重要系统和军事设施，受到强电磁脉冲打击时，不可避免地出现大范围瘫痪或损坏，国民经济和社会秩序难以正常运行。

噪音弹

噪音弹是通过爆炸时放出的噪音波麻痹人的听觉和中枢神经，造成人在短时间内昏迷的弹药。它用途广泛，尤其适用于应对恐怖暴力事件。在德国发生的一次劫机事件中，特种部队接近被劫飞机，往机舱内扔进了一颗噪音弹。机上人员全部昏迷。特种部队士兵趁机冲上飞机。劫机分子无一漏网。而乘客和机组人员不久都苏醒过来，安然无恙。

空中预警机

空中预警机是为了克服雷达受到地球曲度限制的低高度目标搜索距离，同时减轻地形的干扰，将整套雷达系统放置在飞机上，自空中搜索各类空中、海上或者是陆上目标。

空中预警机比较常见的是以客机或者是运输机改装而来，因为这类飞机的内部可使用空间大，能够安装大量电子与维持运作的电力与冷却设备，同时也有空间容纳数位雷达操作人员。也有国家以直升机作为载具，不过这一类的空中预警机的效果不如以中大型机体改装而来的机种。

空中预警机借飞行高度,提供较佳的预警与搜索效果,延长容许反应的时间与弹性。不过空中预警机搭载的人数与装备的限制,除了提供早期预警的功能之外,最多可以另外提供非常有限的空中指挥与管制的能力。

以大型飞机改装,容纳更多电子设备与指挥管制人员的空中预警管制机可以算是空中预警机的放大与强化版。除了将雷达系统放置在飞机上以外,空中预警管制机可以强化或者是替代地面管制站的功能,直接指挥飞机进行各种任务。

降落伞

降落伞是利用空气阻力,依靠相对于空气运动充气展开的可展式气动力减速器,使人或物从空中安全降落到地面的一种航空工具。主要由柔性织物制成。是空降兵作战和训练、航空航天人员的救生和训练、跳伞运动员进行训练、比赛和表演,空投物资、回收飞行器的设备器材。

降落伞的主要组成部分有伞衣、引导伞、伞绳、背带系统、开伞部件和伞包等。由降落伞绸(早期曾用丝绸、棉布、现用锦纶织物制作)、伞绳、伞带和伞线等纺织材料以及部分金属件及橡胶塑料件构成。伞绳采用空芯或有芯的编织绳,要求结构紧凑、强度高、柔软、弹性好、伸长不匀率小。伞带用作伞衣加强带和背带系统。伞绳是伞衣的骨架,要求具有轻薄、柔软、强度高、有较高的弹性模量和小于伞衣织物的断裂伸长等性能。伞带采用双层或三层织物的厚型带,要求具备很高的强度和防断裂性功。伞线是缝合降落伞绸、带、绳各部件的连接材料,要求强度高、润滑好和捻度均匀稳定。

降落伞俗称“保险伞”。降落伞广泛用于航天航空领域,主要用途是:

(1)应急救生。主要用于飞机失事时拯救飞行员的性命;

(2)稳定作用。保持飞机弹射椅的姿态稳定,空中加油机的加油器稳定;

(3)减速作用。飞机着陆时的刹车减速以及各种航弹伞的滞空减速。降落伞能使飞机着陆滑行由2000多米缩短至800~900米;

(4)回收作用。用于飞机器的空中回收,诸如无人驾驶飞机、试验导弹、运载火箭助推器、高速探测器以及返回式航天飞行器的回收等。还有宇宙飞船和热气球探测器上设备的回收;

(5)空降空投。伞兵空降以及各种物资和武器的空投;

(6)航空运动。如空中跳伞、山坡滑翔、悬挂翼滑翔、动力飞行以及牵引升空等运动。

防毒面具

20 世纪 20 年代，到中国考察的瑞典考古学家安德森在甘肃购得几件新石器时代半山文化的陶塑半身人像，这个陶塑圆头、长颈，颈上似乎围着多圈金属软片，头上似乎戴着头盔，盔上有一对玻璃状的”风镜”。西北高原，风沙弥漫，风镜也许是必不可少的，但当这风镜、这头盔与颈下的服装连接得如此紧密、浑然一体的时候，除了防毒面具、宇航服之外，我们还能想象什么呢？10 年之后，日本也发掘了两个 5000 年前的陶制常世神像，他们头戴密封的头盔，盔上有两个装置成一定角度的观察镜，有现代暗扣的扣眼，一个类似呼吸过滤器的装置清晰可见，衣着宽大臃肿，两道背带从双肩开始，向胸部、臀部延伸交合，一条缀满铆钉的腰带绕过臀部，神气十足。美国宇航局科研人员认为，陶像是穿着宇宙服的宇航员，他们的服装和装备为美国宇航局设计宇航服提供了参考。日本的熊本县与 UFO 颇具渊源，1984 年当地一家公司的职员，意外地成功拍摄到 UFO 照片，一时轰动海内外，而熊本县的一幅古墓画上，我们就可以看到一个头戴三角形面具、头盔的宇宙人！据考证，人类穿衣的历史不过 4600 年，裸体的原始人想到了衣，但绝对想不到漂亮的夹克衫和连体服，也绝对想不到密封的头盔和时髦的吊袜，不管是写生画也罢，记忆画也罢，想象画也罢，他们的依据是什么呢？

帕伦克飞船

1952 年 6 月 15 日，在墨西哥的帕伦克发现了一座壮观的金字塔形的纪念碑，这是一个隐秘的墓穴，下面安放着一个人的遗骸。此人身高 1.70 米，而当地人的身高从来没有超过 1.54 米，这本身就是一个谜。而最激动人心的是掀开石棺上的浮雕石板，石板长 3.80 米，宽 2.20 米，厚 25 厘米，在掀开石板的一刹那，一幅精彩绝伦的浮雕便显现出来。一眼就可看出，浮雕的内容是一个人正在驾驶着一个奇特的飞行器。浮雕上的人上半身前倾，骑坐在一个像火箭一样的飞行座舱里，双手握着某种把手或旋钮,飞行器前尖后凹,许多管道连通前面的控制室和后面的推进装置。有人考证出这是公元683年去逝的玛雅王巴卡尔,这也无改于他死后仍然向往某种遥远目标的坚毅形象。有人把画面竖着,让巴卡尔呈臀部落地的倒下姿势,解释说巴卡尔正同一个怪物一起走向死亡。只要我们把画面横着和竖着加以比较,就会发现这种解释多么牵强和可笑。当然,我们也不能肯定他乘坐的就是火箭,就是宇宙飞船,但肯定是一个高速行驶的机械装置。令人迷惑不解的是,古代美洲根本没有任何种类的飞行器或者机械装置,我们至今也没有发现当时的玛雅人使用过的任何车辆,哪怕是一辆简单的马车。

气浪弹

这种炸弹是美国70年代推出的新式武器。这种炸弹又叫"气浪弹"、"云爆弹"、"窒息弹"、"吸氧武器"、"真空弹"等。我们知道,煤矿里的粉尘和空气混合在一起是一种危险的易燃易爆物质。许多煤矿的事故都是由于粉尘爆炸造成的。燃料空气炸弹正是利用了这个原理。在那随降落伞落下的"啤酒桶"式的金属容器里,装着几十公斤液体燃料——环氧乙烷。在圆桶的中央有一个用普通炸药制成的药柱,那触杆下端连着一个引信。当触杆触到目标时,引信将炸药引爆,把几十公斤环氧乙烷抛撒开来,形成一团"云雾"状的东西。在炸药爆炸的同时还有两枚引爆管也抛了出来。当"云雾"形成并略微稳定后,引爆管再度起爆,将"云雾"引爆,这段时间只有125毫秒。"云雾"爆炸形成强烈的冲击波,足以破坏工事、车辆和各种军用设施。"云雾"无孔不入,可以从窗口或通风管道进人地下设施,因而地下人员和设备有时也不能幸免。"云雾"爆炸是空气中的氧与燃料液滴发生化学反应所致。爆炸后,空气中的氧被大量消耗,据估计氧气浓度可以降到原来的1/5。试想,人员位于其中,焉有不感到窒息之理?

此武器的爆炸力和同等重量的炸弹相比要大3~5倍。有人估计,100颗燃料空气炸弹的破坏力相当于一颗1000吨的核武器。因为它不是依靠弹片,而是直接靠爆炸形成的冲击波来破坏目标,作用面很大,又称为"面武器"。

防空气球

一个古老的兵器正在恢复青春,这就是"防空气球"。读者对这个名词也许感到陌生,防空气球是一种军用系气球,一般用橡胶和尼龙膜制成,外加薄金属保护板。气球采用许多囊状气球组成,即使它被炮火击中也只是部分受损,总升力可基本保持不变。空中布置方式有两种:裙式和串列式。裙式是由若干个钢索相连的气球并列升空。阻拦钢索布设在连接钢索之间,犹如裙子一般形成钢索幕帘。串列式则分上下两层,气球每三个构成一组,钢索连成蜘蛛网状。二次大战后,由于高空轰炸机的出现,防空气球才销声匿迹。

动物武器

美《海军时代》周刊1972年4月26日报道了这样一件事,有一天12名驯兽师和6只经过特殊训练的海豚来到越南海湾。为首的驯兽师对军舰上的海军说:“你们不是对潜水的攻击者束手无策吗?看看我们的本领吧”!表演开始了,海豚被放下水去。在荧光屏上,人们看到那海豚在指定海域进行巡逻搜索。当它发现有武装的水下人员时,立刻向驯兽者发出信号。海豚得到指令后,就用系在头上的武器向敌人袭击。它头上的武器是一个带注射针的微型瓶子,里面装满麻醉液。微型瓶穿在海豚的吻突上,一旦发现入侵者就用注射针攻击,待对方昏迷后将其推到水面上,海洋哺乳动物的定向、定位及感觉器官非常发达。“海豚海底巡逻”这场戏正是利用它的这一特点。据报道,1967~1968年美海军曾用海豚在海底寻找水雷。在3天的搜寻中,一头海豚在海浪4~5节、风速14米/秒的情况下,寻找并标出了17枚水雷,其效率相当于一个水雷搜索小队的两倍。动物充当“兵器”远不只是海豚。第二次世界大战中,苏联训练过专钻坦克的“携弹犬”,美国则花了上百万美元在蝙蝠身上绑上燃烧弹和定时装置,准备“袭击”日本城市。在越南战场上,美军还使用了扫雷军犬。当这种军犬找到爆炸物并叼抓引爆时,它还会立即后退半米卧下,之后继续扫雷。狗有特殊嗅觉,有时可以完成连声纳或雷达都无法完成的侦察任务,例如发现潜水人员等。

现代的军鸽不仅是“通信兵”,而且是“侦察兵”。有一种“侦察军鸽”身上携带无线电方向指示器。它在空中看到隐藏的人或军事设施以后,会立即降落,并将降落地点、方位等情报通过无线电装置传送给跟在后边保持一定距离的侦察巡逻队。有的国家甚至在军鸽身上装上照相机,飞抵对方阵地进行空中摄影,搜集情报。也许有人不理解,现代科学如此发达,还有必要用这些“原始”

的方法吗？这里有两个原因，某些动物的特殊功能至今仍无法人工仿制；在特殊场合现代化设备无法施展本领。例如边防哨所电台出现故障，或潜入敌后不允许使用电台时，军鸽便可携带密码信息，以每小时几十公里的速度，完成联络任务。

微波武器

微波是一种波长很短的电磁波（波长从1毫米～1米），它的传播速度接近或等于光速，并具有直线传播、穿透能力强，能被某些物质反射与吸收、抗干扰性好等特点。微波在通信、科研、医疗、能源等方面有广泛的应用。作为武器，微波可以破坏飞机、雷达、卫星、导弹、计算机和通信器材等设施的内部电子线路和敏感元件，使这些武器装备处于瘫痪状态。当然，要作为武器使用，微波的功率必须足够强大。例如，每平方厘米的照射功率要达到10～100瓦，才能破坏电子线路。有资料说，当微波功率密度达到每平方厘米20～80瓦时，用这种武器照射一秒钟，就可使人员死亡。“微波武器”能照射很大的目标区，作用距离也很远，又不易受气候的影响，因此很受军方的重视。

目前，研究中遇到的一个主要问题是微波在传播中的迅速发散现象。因为微波射线的发散量与波长成正比，而与微波发射天线的口径成反比。例如一个装备有一米反射镜的化学激光器所产生的红外光束只散失了百分之几，而发射频率为10千兆赫的微波射束，若要达到上述发散程度，微波天线的口径需要10公里！这显然是无法实现的。目前，美国和俄罗斯都研制出了新型强微波功率源，估计苏联略微处于领先地位。但要使“微波武器”真正进入实用，还要走一段漫长的路程。

雷达

世界上第一部雷达是由英国人沃森·瓦特发明的。它是于1936年出现的“本土链”对空警戒雷达。

在瓦特发明以前，法国特理学家赫兹、意大利工程师马可尼、美国科学家布赖特和图夫等，都从不同角度对这项技术的运用做出过贡献。这是一种能发射并能接收电波反射的装置，当时能在250千米内发现飞行着的飞机。后来经过多次改进，雷达更加完善，监测距离也更远。

导弹

导弹起源于“二战”时德国的V—2飞弹。由于德国寄希望于秘密武器制胜，所以早在“二战”前的1932年起，德国就开始秘密研制战略性导弹，并于1942年10月3日下午4时成功地发射试验性的对地导弹，但这种导弹无法实际运用。1944年，德国制造V—l诱导飞弹。V—1飞弹的外形像无人驾驶飞机，由弹内磁性罗盘和一种特制装置操纵，以冲压式喷气发动机作动力，用发射架发射，射程241千米，航速每小时达563千米。1944年9月，德国纳粹又向英国发射人类战争史上第一颗战略导弹V—2飞弹，给英国以巨大心理威慑。它是现在的远程导弹和宇宙火箭的先驱。

德国战败，美国和苏联获取了德国的材料和科学家，在此基础上研制了宇宙火箭和战略导弹，并在世界上长期居于领先地位。

火箭

中国人最先发明了火箭。宋代士兵唐福发明了第一枝火药火箭。它是在箭上扎一个纸筒，内放火药，尾部引出引火线，点燃后，火药燃烧产生的火药气体，从纸筒后面喷出，利用反作用力推动纸筒前进。在古代火箭的基础上，诞生了现代火箭。战场上最先应用的是火箭炮，它能发射力量极大的火箭弹。二次大战后，出现一种可操纵的火箭弹导弹。

航空母舰

最早的航空母舰是英国人用运煤船改装成的，叫“百眼巨人号”。1910年11月，在美国的“伯明翰号”巡洋舰上，安装了一个临时供飞机起飞的甲板，第一次在军舰上起飞的飞机是一架“寇蒂斯”双翼机。

1917 年 6 月，世界上第一艘有现代化装备的航空母舰“皇家愤怒号”(排水量为 1.91 万吨)下水。最早直接设计建造成航空母舰的是日本的“Honsho”(凤翔)号(排水量为 7470 吨)，该舰在 1922 年 11 月下水，装备有 21 架飞机，“二战”中日本航母曾横行一时。目前，世界最大的航空母舰是美国海军的尼米兹号(排水量为 9.51 万吨)核动力航空母舰。该舰是 1975 年交付海军的，舰上机库可容纳 100 架飞机。

坦克

第一次世界大战时，英国设计师从澳大利亚的一种试验模型车中深受启发，经过反复研究，终于在英国海军秘密地制造出世界上第一辆坦克。

坦克刚刚来到世界时，外形笨拙丑陋，部件组合极不协调，每小时只能行走 1000～3000 米，最快时速也不过 6000 米，车体内配备 8 名士兵，由于操作复杂，半数是驾驶人员。设计师看到这个由几组部件拼成的“钢铁怪物”，在油布的遮盖下，很像只大木箱子，于是便半开玩笑地把它称作“水柜”(tank)。

这个古怪而且带点海腥味的名字被人们沿袭下来，“tank”一词传入我国后，被音译为“坦克”。

鱼雷

最早的鱼雷，是英国工程师怀特黑德于 1866 年制成的。其直径为 0.35 米，长为 3.58 米，重达 136 千克，利用压缩空气驱动活塞发动机带动旋桨推动，航速达 6 节，航程为 640 米。

最早把鱼雷用于实战的是俄国人。在 1877 年～1878 年的俄土战争中，俄国海军第一次使用鱼雷击沉了土耳其军舰。在其后一百多年里，鱼雷得到了越来越多的改进。鱼雷的发展从无控制到有控制；从程序控制到声导、线导和复合制导；从压缩空气动力到热动力、电动力；从常规装药到核装药；航速从6节到50～60节；航程从640千米到5万米。由于鱼雷在水中爆炸，着重对舰船的要害部位进行破坏，因而对水面舰只有着极大的威胁。

现在，俄国制成的高速鱼雷成为西方国家海军的心病，其先进程度令美国海军胆战心惊。

潜艇

2300多年前，马其顿国王亚历山大想去海底探索奇妙的世界。使命能工巧匠为他做一个用绳子拉着，可以沉落海底的不透水圆桶。他站在桶内，通过透明的玻璃小窗口，尽情观赏海底奇观。这是世界上有史可查的第一个潜水工具。

直到1957年，"沉行海底"的设想由英国人威廉·伯恩提出。1620年，在英国首都伦敦，荷兰物理学家科尼利斯·德雷贝尔建造了世界上第一艘潜水船。船体由木框架外包涂油的牛皮构成，舱内有个大羊皮囊灌上水，船可潜入四五米深的水中。这种潜水艇被认为是潜艇的雏形。1775年，美国人布什内尔建造了一艘单人驾驶的、以手摇螺旋桨为动力的木壳的"海龟号"潜艇，能在水下停留约30分钟。1797年，美国人罗伯特·富尔顿建造了一艘装置鱼雷的潜艇，这艘潜艇被认为是第一艘名副其实的军事潜艇。

进入了21世纪，潜水艇除了作为科学考察和实验之用外，最大的用途仍是军事。

第九章　名胜古迹

九寨沟

九寨沟是我国重点风景名胜区，属于世界自然遗产。位于四川省阿坝藏族羌族自治州九寨沟县境内，南距四川省省会成都400多公里，属高山深谷碳酸盐堰塞湖地貌，景区长80余公里，茫茫六万多公顷，因沟内有盘信、彭布、故洼、盘亚则查洼、黑角寨、树正、菏叶、扎如等九个藏族村寨而得名。据《南坪县志》记载："羊峒番内，海峡长数里，水光浮翠，倒影林岚。"故此地又名中羊峒，又名翠海。

二十世纪七十年代，被一群偶然闯进的伐木工人发现。1982年，成为国家首批重点风景名胜区。1978年，被列为国家自然保护区。1990年，在全国40佳风景名胜区评比中，名列新自然景区榜首。1992年，被联合国教科文组织纳入《世界自然遗产名录》，成为全人类共同拥有的宝贵财富。

九寨沟总面积约620平方公里。自然景色兼有湖泊、瀑布、雪山、森林之美，有"童话世界"的美誉。大多数景点集中于"Y"字形的三条主沟内，纵横50公里。

黄山归来不看山，九寨归来不看水。九寨沟的精灵是水，湖、泉、瀑、溪、河、滩，连缀一体，飞动与静谧结合，刚烈与温柔相济，千颜万色，多姿多彩。高低错落的群瀑高唱低吟；大大小小的群海碧蓝澄澈，水中倒映红叶、绿树、雪峰、蓝天，一步一色，变幻无穷；水在树间流，树在水中长，花树开在水中央。九寨沟现已规划的六个景区是：宝镜岩景区、树正景区、日则景区、剑岩景区、长海景区、扎如景区。

九寨沟的森林2万余公顷，在2000米至4000米的高山上垂直密布。主要品种有红松、云杉、冷杉、赤桦、领春木、连香树等。在这里的原始森林中，栖息着珍贵的大熊猫、白唇鹿、苏门羚、扭角羚、毛冠鹿、金猫等动物。海中野鸭成群，天鹅、鸳鸯也常来嬉戏，是我国著名的自然保护区之一。在与九寨沟相邻的黄龙，森林资源也十分丰富。林中古木参天。中国特有的国家二、三类保护植物中，木本植物有：红杉、冷杉、云杉、青杆、香柏、铁杉，油樟，曼青杠、华山松、油松等60余种；草本植物有：独叶草、天麻、报春、大黄、当归、雪莲花、川贝母、虫草、党参等70多种名贵药材。还有许多国家保护的一、二级野生动物：大熊猫、金丝猴、云豹、牛羚、小熊猫、豺、野牛、旱獭、岩羊、鹫、雪雉、藏雪鸡、红腹锦鸡等上百种珍禽鸟兽。

九寨沟位于海拔3000米左右，游览区海拔1980米至3100米，属高原湿润气候，山顶终年积雪。春天气温较低，且变化较大，有冻土及残雪；夏天气温回升较快且稳定，平均在19℃～22℃之间，但夜晚较凉，宜备薄毛衣；秋季天高气爽，温度宜人，但昼夜温差较大，须备毛衣；冬季寒冷积雪。九寨沟年降雨少而集中，7～8月是典型雨季。一月份2.5℃，四月份9℃，七月份17℃，十月份8.3℃，年平均气温7.8℃，历史记录最高气温32.6℃。

张家界

张家界位于湖南省西北部，澧水之源，武陵腹地。其东与常德交界，南与沅陵县毗连，西与永顺县、龙山县接壤，北与湖北省的鹤峰县与宣恩县为邻。

张家界的气候适中，地处北中纬度，属中亚热带山原型季风湿润气候。因此，雨量丰沛，阳光充足，无霜期长，严寒期短，年平均气温16℃左右。

张家界由于地理地貌特殊，向来以旅游为特色，其丰富的旅游景观、独特的旅游资源早已美名远扬。境内风光山清水秀、峰奇峡幽、暗谷幽然，别有特色。其最大的武陵源自然风景区由张家界森林公园、索溪峪、天子山三部分组成，面积宏大，景色壮观。景区凭借三千翠微峰，八百琉璃水，鬼斧神工似的峡谷峰林地貌博得了“天然博物馆”的美誉。

除了浑然天成的自然景观，张家界还拥有普光禅寺、玉皇洞石窟等名胜古迹，贺龙、杜心五等名人故居，还拥有当地古朴绚丽、略带神秘的少数民族风情。无怪乎大诗人李白也曾想：“功成拂衣去，归于武陵源。”

杭州西湖

杭州地处长江三角洲南翼，杭州湾西端，钱塘江下游，京杭大运河南端，是长江三角洲重要中心城市和中国东南部交通枢纽。杭州市区中心地理坐标为北纬30度16分、东经120度12分。杭州属亚热带季风性气候，四季分明，温和湿润，光照充足，雨量充沛。年平均气温16.2℃，夏季平均气温28.6℃，冬季平均气温3.8℃。无霜期230～260天。年平均降雨量1435毫米，平均相对湿度为76%。

西湖位于杭州市中心，旧称武林水、钱塘湖、西子湖，宋代始称西湖。湖面南北长3.3公里，东西宽2.8公里，水面原面积5.66平方公里，包括湖中岛屿为6.3平方公里，湖岸周长15公里。水的平均深度在2.27米左右，最深处有5米多，最浅处不到1米。如今伴随着"西湖西进"扩大为6.5平方公里，基本达到了300年前西湖的面积。苏堤和白堤将湖面分成里湖、外湖、岳湖、西里湖和小南湖五个部分。西湖与钱塘江沟通后，每天引入钱塘江水约30万立方米，西湖水由原来的一年一换变成每月一换，透明度由原来的不足60厘米提升到120厘米。

中国古代以西湖命名的湖有36个之多，其中以杭州西湖最著名，如单称西湖通常指的就是杭州西湖。西湖是一个历史悠久、世界著名的风景游览胜地，古迹遍布，山水秀丽，景色宜人。

西湖处处有胜景，历史上除有"钱塘十景"、"西湖十八景"之外，最著名的是南宋定名的"西湖十景"和1985年评出的"新西湖十景"。在以西湖为中心的60平方公里的园林风景区内，分布着主要风景名胜40多处，重点文物古迹30多处。概括起来西湖风景主要以一湖、二峰、三泉、四寺、五山、六园、七洞、八墓、九溪、十景为胜。1982年西湖被确定为国家风景名胜区，1985年被评为"中国十大风景名胜"之一。

苏州园林

苏州是中国著名的历史文化名城之一，素来以山水秀丽，园林典雅而闻名天下，有"江南园林甲天下，苏州园林甲江南"的美称。1985年，苏州园林即被评为中国十大风景名胜之一。据记载，苏州城内有大小园林将近200处。其中沧浪亭、狮子林、拙政园和留园分别代表着宋（公元960～1279年）、元（公元1271～1368年）、明（公元1369～1644年）、清（公元1644～1911年）四个朝代的艺术风格，被称为苏州"四大名园"。"四大名园"与同列为《世界遗产名录》的网师园、环秀山庄、艺圃、耦园、退思园一道，构成苏州园林的杰出代表。苏州古典园林宅园合一,可赏,可游,可居,这种建筑形态的形成,是在人口密集和缺乏自然风光的城市中,人类依恋自然,追求与自然和谐相处,美化和完善自身居住环境的一种创造。

苏州古典园林的重要特色之一,在于它不仅为历史文化的产物,同时也是中国传统思想文化的载体。表现在园林厅堂的命名、匾额、楹联、书条石、雕刻、装饰,以及花木寓意、叠石寄情等,不仅是点缀园林的精美艺术品,同时储存了大量的历史、文化、思想和科学信息,其物质内容和精神内容都极其深广。其中有反映和传播儒、释、道等各家哲学观念、思想流派的;有宣扬人生哲理,陶冶高尚情操的;还有借助古典诗词文学,对园景进行点缀、生发、渲染,使人于栖息游赏中,化景物为情思,产生意境美,获得精神满足的。而园中汇集保存完好的中国历代书法名家手迹,又是珍贵的艺术品,具有极高的文物价值。另外,苏州古典园林作为宅园合一的第宅园林,其建筑规制又反映了中国古代江南民间起居休闲的生活方式和礼仪习俗,是了解和研究古代中国江南民俗的实物资料。

承德避暑山庄

避暑山庄,又称热河行宫,位于河北省承德市。这里地势高峻,群山环抱,气候宜人,是清代皇帝夏季避暑和处理政务的行宫。清康熙四十二年(1703年)开始在此地兴建热河行宫,直到乾隆五十五年(1790年),才全部峻工。热河行宫占地面积约564万平方米,各种建筑物110多处,宫墙蜿蜒起伏长达10公里,是我国现存占地面积最大的古代皇家宫苑。热河行宫背山面水,山峦起伏,草木葱郁,宫殿亭阁掩映,湖沼洲岛错落,风光十分旖旎。行宫建筑规模之大,占地面积之广,工匠工艺之巧,都是堪称我国最为著名的、面积最大的皇家园林,也是世界上现存的最大皇家园林。由于这里六月无暑,九月生风,清康熙帝在正宫主殿前的午朝门题写了“避暑山庄”的名号。避暑山庄整个建筑群,分为宫殿区、苑景区和外八庙三部分。宫殿区主要包括东南部的正宫、松鹤斋、万壑松风和东宫等四组宫殿。正宫是清代皇帝举行盛典之地,颇有北京故宫的模式;此殿全部采用楠木建造,不用彩绘,芳香浓郁,殿前庭院有参天古松,更显得威严。清代皇帝留驻山庄时,迎接少数民族王公、各国使节,以及其他重大典礼等,都在这里进行。正宫后廷为皇帝的寝宫,其主楼为“烟波致爽楼”,楼殿有七间,宽阔敞亮,室内布置精巧富丽。每当春夏之交或雨过天晴时,烟波浩渺,令人心旷神怡;所以康熙赞许山庄“四周秀丽,十里平湖,致有爽气”。松鹤斋在正宫的东侧,是皇太后和嫔妃们的寝宫;这里的宫殿主要有门殿、松鹤斋、绥成殿、乐寿堂、畅远楼等,自成格局,但与正宫相比其规模要小些。松鹤斋的后面是万壑松风,在正宫的北侧,主要由万壑松风、鉴始斋、静佳室、颐和书房等组成,为宫殿区中最早的一级建筑;这里建筑布局灵活,颇有南方园林的特点,周围古松很多,故有此题名。万壑松风为正殿,风景优美,康熙、乾隆有时在这里批阅奏章,召见文武百官,或欣赏湖光山色、风光美景。

长江三峡

长江三峡是由长江垂直切穿南北走向的巫山山脉,形成的高山峡谷,从四川奉节县白帝城开始,至湖北宜昌市南津关止,全长约200多公里,成为中国著名的长江峡谷景观。自西向东分为三段峡谷:瞿塘峡、巫峡和西陵峡,因而得名“三峡”。长江三峡两岸高山对峙,山高谷深,崖壁陡峭,江水湍急,群峰竞秀,云雨变幻多姿,成为中外驰名的峡谷风景区。长江三峡可以说是大自然对江山创建出的奇特美景,它兼有泰山之雄伟,华山之险峻,又有黄山之神奇,庐山之变幻等多方面景观,并以山河雄奇壮美、峰石林涧幽深而闻名于华夏。

举世闻名的三峡工程,将在西陵峡中部的三斗坪动工建设,设计大坝高为185米,预计正常蓄水水位高175米,上游沿岸各段水位提高35~95米;大坝建成后将会出现一个宽为1公里,库长600公里,总水面面积约600平方公里的高峡平湖,成为中国中心地带的人造“地中海”。届时以往的礁石、险滩、泡漩、急流,都将消失,而出现的是高峡平湖,烟波浩森,山峰屹立,湖光山色,更加壮观的景色。

日月潭

日月潭是台湾岛最著名的风景区。它位于西部的南投县,是台湾省最大的天然湖泊,卧伏在玉山和阿里山之间的山头上。湖岸周长35千米,面积7.7平方千米,水深二三十米。水面比中国另一个著名湖泊——杭州西湖略大,水深却超过西湖10多倍。

台湾省天然湖泊很少,最大和最有名的就是日月潭,水域面积9平方公里,

平时水深30多米。日月潭中有一个小岛，远看好像浮在水面上的一颗珠子，所以这个小岛被叫做“珠子屿”，现在也叫光华岛。以这个岛为界，湖的北半部分圆圆的像太阳，湖的南半部分弯弯的像月牙，这就是日月潭名字的来源。

日月潭之所以美丽，是因为它的四周是一座座长满绿树的山，而湖水又静静的，蓝蓝的，像一面镜子，将周围的山色倒映在湖里。另外，一年四季，早晨晚上，映在湖里的景色也不一样，变来变去，就像传说中的仙境。

日月潭四周的群山还有几处名胜古迹。其中潭北山腰有文武庙，庙中有孔子像，左右有文吕君与关羽像，从庙里看出去，日月潭左右两个湖，都看得清清楚楚。

乐山大佛

乐山大佛地处四川省峨眉山市东31公里的乐山市郊，岷江、青衣江、大渡河三江汇流处，与乐山城隔江相望。乐山大佛雕凿在岷江、青衣江、大渡河汇流处的岩壁上，依岷江南岸凌云山栖霞峰临江峭壁凿造而成，又名凌云大佛，为弥勒佛坐像。乐山大佛是唐代摩岩造像中的艺术精品之一，是世界上最大的石刻弥勒佛坐像。大佛双手抚膝正襟危坐的姿势，造型庄严，排水设施隐而不见，设计巧妙。佛像开凿于唐玄宗开元初年(公元713年)，是海通和尚为减杀水势，普渡众生而发起，招集人力、物力修凿的，至唐德宗贞元19年(公元803年)完工，历时90年。被诗人誉为“山是一尊佛，佛是一座山”。乐山大佛景区由凌云山、麻浩岩墓、乌尤山、巨形卧佛景观等组成，面积约8平方公里。景区属峨眉山风景名胜区范围，是国家4A级风景名胜区，闻名遐迩的风景旅游胜地。古有“上朝峨眉、下朝凌云”之说。

乐山大佛头与山齐，足踏大江，双手抚膝，大佛体态匀称，神势肃穆，依山凿成，临江危坐。大佛通高71米，头高14.7米，头宽10米，发髻1021个，耳长7米，鼻长5.6米，眉长5.6米，嘴巴和眼长3.3米，颈高3米，肩宽24米，手指长

8.3 米,从膝盖到脚背 28 米,脚背宽 8.5 米,脚面可围坐百人以上。在大佛左右两侧沿江崖壁上,还有两尊身高 10 余米,手持戈戟、身着战袍的护法武士石刻,数百龛上千尊石刻造像,形成了庞大的佛教石刻艺术群。大佛左侧,沿“洞天”下去就是凌云栈道的始端,全长近 500 米。右侧是九曲栈道。佛像凿成之后,曾建有十三层楼阁覆盖,时称“大佛阁”或“大像阁”,宋时称“天宁阁”。可惜毁于明末的战乱,被张献忠的起义军焚毁。可以从大佛两侧的山崖上看到几十处孔穴,那是当年建造楼阁时,安置梁柱的地方。

大佛两侧的岩石是红砂岩,乐山的红砂岩是一种质地疏松,容易风化的岩石,比花岗岩软,是很好的适宜于雕塑的材料。但佛像雕好后,容易受到侵蚀、风化,乐山大佛就是在这种岩石上雕刻而成的。乐山大佛在一千多年的漫长岁月中,仍免不了遭到各种各样的破坏,有自然的,也有人为的。各个朝代都对它进行过维修。自明、清以来的数百年间,大佛饱受自然风雨侵蚀,以致佛身千疮百孔,面目全非。1962 年,政府拨专款对佛像作全面维修,1982 年 2 月被国务院列为全国重点文物保护单位。1990 年,政府拨款对大佛头部进行了比较彻底的维修。同时增加了一些配套设施及服务设施。1996 年 12 月,峨嵋山的乐山大佛被联合国教科文组织批准为“世界文化与自然遗产”,列入《世界自然与文化遗产名录》。联合国教科文组织世界遗产专家桑塞尔博士·席尔瓦教授实地考察时,赞誉“乐山大佛堪与世界其他石刻如斯芬克司和尼罗河的帝王谷媲美”。

敦煌莫高窟

莫高窟是现存规模最庞大的“世界艺术宝库”,1987 年 12 月被联合国教科文组织列为世界文化遗产。莫高窟艺术的特点表现在建筑、塑像和壁画三者的有机结合上。窟形建制分为禅窟、殿堂窟、塔庙窟、穹隆顶窟、影窟等多种形制;彩塑分圆塑、浮塑、影塑、善业塑等;壁画类别分尊像画、经变画、故事画、佛教史迹画、建筑画、山水画、供养画、动物画、装饰画等不同内容,系统反映了十六国、北魏、西魏、北周、隋、唐、五代、宋、西夏、元等十多个朝代及东西方文化交流的各个方面,成为人类稀有的文化宝藏。

自 1900 年 5 月 26 日莫高窟藏经洞中发现五万多卷宗教和世俗文书后,敦煌艺术震撼了整个世界。由日本捐资,在莫高窟对面的三危山下,由敦煌研究院承建了敦煌艺术陈列中心,仿制了部分原大洞窟,使游客在莫高窟的观赏内容更加丰富多彩。

布达拉宫

布达拉宫坐落在西藏首府拉萨市区西北的玛布日山（红山）上，是一座规模宏大的宫堡式建筑群。它最初是松赞干布为迎娶文成公主而兴建的，17世纪重建后，成为历代达赖喇嘛的冬宫居所，也是西藏政教合一的统治中心。整座宫殿具有鲜明的藏式风格，依山而建，气势雄伟。宫中还收藏了无数的珍宝，堪称是一座艺术的殿堂。1961年，布达拉宫被中华人民共和国国务院公布为第一批全国重点文物保护单位之一。1994年，布达拉宫被列为世界文化遗产。

从五世达赖喇嘛起，重大的宗教、政治仪式均在此举行，同时又是供奉历世达赖喇嘛灵塔的地方。

宫殿的设计和建造根据高原地区阳光照射的规律，墙基宽而坚固，墙基下面有四通八达的地道和通风口。屋内有柱、斗拱、雀替、梁、椽木等，组成撑架。铺地和盖屋顶用的是叫“阿尔嘎”的硬土，各大厅和寝室的顶部都有天窗，便于采光，调解空气。宫内的柱梁上有各种雕刻，墙壁上的彩色壁画面积有2500多平方米。

宫内还收藏了西藏特有的、在棉布绸缎上彩绘的唐卡以及历代文物。布达拉宫在，1989年进行了全面的修建。

长城

长城位于中国北部，东起山海关，西到嘉峪关，全长约6700公里，通称万里长城。长城是中华民族攀登的缩影，也是中华民族文明的象征。

万里长城是世界建筑奇迹之一。它东、西、南、北纵横交错绵延起伏于中国辽阔的土地上，是月球上“唯一能看得见的人工工程”，也是中国第一名胜和中国旅游点的代表，被联合国科教文组织列入《世界文化遗产名录》。自燕国开始修长城起，长城已经有2000多年的历史了。人们今天见到的是明长城，它西起甘肃嘉峪关，东至鸭绿江边。八达岭是代表性的一段，是长城的高峰，海拔1000多米，是旅游胜地之一。长城城墙高平均7.8米，顶宽7.8米，可以五马并骑，十列并行。

故宫

明清两代的皇宫，始建于明永乐四年（公元1406年），建筑面积为15万平方米，房屋9000多间。故宫的布局可分为外朝和内廷两大部分。外朝以三大殿为中心，是皇帝举行大典、召见群臣的场所。内廷以乾清宫、交泰殿和坤宁宫为中心，是皇帝居住并处理日常政务、后妃皇子居住和祀神的地方。内廷与外朝之间有广场分开。此外，在内廷东面还有一组宫殿，俗称“外东路”，是乾隆所建的太上皇宫。西面有皇太后、皇太妃的住处。内廷中另有花园三座，供帝后游玩。

故宫的正门是午门。明清时出入午门有严格的等级规定，正门只供皇帝出入，此外只有皇后大婚入宫时可走一次。进士前三名在殿试放榜后出紫禁城也可走一次。平时文武官员从东偏门出入，王公国戚从西偏门出入。每年入冬第二个月的十日，皇帝在午门举行颁布历书的典礼。每当军队凯旋时，皇帝要挑选日子在午门举行受俘礼。每年正月十五，午门还要悬灯，赐宴百官，皇帝亲临观灯，与大臣作诗。民间传说和小说戏曲中常有“推出午门斩首”的说法，实际上禁城之内从不斩人，午门之外并非刑场。但在明代，大臣如果触怒皇帝，常要受廷杖（打屁股），受刑地点就在午门外御路东侧，也有被棍打死的。清代一般不再用廷杖的刑罚。

外朝三大殿中最重要的是太和殿，俗称金銮殿，面积2377平方米，是宫城中最壮观的建筑，也是全国现存最大的木构殿堂。明清两代24个皇帝在此登基，宣布即位诏书。元旦、冬至、皇帝生日、册立皇后、派将出征、金殿传胪、赐宴等，皇帝都要在这里举行仪式，接受文武百官的朝贺。太和殿后的中和殿，是皇帝举行大典前休息的地方。每逢加皇太后徽号和祭祀的前一天，皇帝在这里阅览奏章和祭文。先农坛举行皇帝亲耕仪式时，要先到这里来看种子、农具和祝辞。清朝皇帝每10年修一次家谱（即玉牒），皇帝阅视时，也在中和殿举行仪式。中和殿后是保和殿。皇帝册立皇后太子时，去太和殿接受群臣朝贺之前，先在这里穿礼服戴冠冕。清代皇帝每年除夕和元宵在保和殿宴请满朝大臣。

内廷前殿乾清宫，是明朝皇帝的寝宫和日常活动的地方。有暖阁9间，每间分上下两层，各有楼梯相通，每间设床三张，共27张床，皇帝可以随意换床睡觉，以防被人暗害。明朝的一些宫廷命案，都是在乾清宫发生的。清朝顺治、康熙帝仍在乾清宫住。雍正帝搬到养心殿以后，乾清宫就成了内廷举行典礼、接见官员的地方。乾清官正屋内挂有一块“正大光明”匾，匾后是藏秘密立储匣的地方。明代皇帝都是公开册立太子。清康熙帝因有35个儿子，两次废立皇太子，矛盾很大。雍正继位后就创立了秘密立储的办法，事先秘密写好继承人的名字，一式两份，一份带在皇帝身边，一份放在“正大光明”匾后面。等皇帝死后，由大臣们开启储匣，宣布御书指定的继承人。乾隆、嘉庆、道光、咸丰四个皇帝都是被秘密立储的。

养心殿原是康熙的书斋，雍正搬到这里后，清代诸帝都把这里当作寝宫和处理日常政务的地方。最西的一间，因乾隆帝将所得东晋书法家王羲之的《快雪时晴帖》、王献之的《中秋帖》和王殉（xún 寻）的《伯远帖》三件稀世珍品藏在这里，所以命名为三希堂。养心殿的东暖阁是皇帝寝宫。同治、光绪时，慈禧在这里垂帘听政。辛亥革命发生后，1912年2月12日隆裕太后在此宣布退位诏书，清朝灭亡。

内廷西六宫中的储秀宫，曾是慈禧的住处。它与翊坤宫、体和殿组成一个院落。布置陈设极其奢侈豪华。慈禧在体和殿吃饭，每天正餐两顿，小吃两次。每顿饭主食50多种，菜120多种。每天用肉500斤、鸡鸭100多只，每顿饭要450多人侍候。面前摆三张描金大方桌，平时喜欢吃的放在前面，慈禧只尝几样，其余都是摆排场的。

外东路的太上皇宫，是乾隆准备在当满60年皇帝以后退休养老的地方，所以宫殿的名称都是希望长寿，得遂心愿的意思，如乐寿堂、遂初堂、符望阁、颐和轩等。宁寿宫旁还有一个占地5920平方米的花园。慈禧从光绪二十年（公元1894年）后由储秀宫搬到乐寿堂来住。现在乐寿堂已被辟为珍宝馆，其中金发塔、大禹治水玉山子、象牙席等都是稀世之宝。外东路还有一口著名的珍妃井。珍妃是光绪的宠妃，13 岁时与姐姐同选入宫，美丽聪慧，很得光绪欢心，但被慈禧厌弃。戊戌变法失败后，慈禧将她打入冷宫。光绪二十六年（公元 1900 年），八国联军入侵北京，慈禧挟光绪逃往西安，临走前命人将珍妃推下井去。这年珍妃才 25 岁。

故宫的四角各建有一座高大的角楼，多角、多檐、多屋脊的造型使角楼的轮廓具有玲珑绚丽、参差错落之美，同时又显得端庄雄伟、气势不凡。角楼坐落在城墙转角处，又以城墙下的护城河水为对景，与落在水面上的倒影相辉映，更增添了诗情画意。

秦始皇兵马俑

1994 年 3 月 1 日举世闻名的“世界第八大奇迹”——秦始皇兵马俑二号俑坑正式开始挖掘，这是本世纪以来巨大的考古发现之一。

在二号俑坑内已出土有铜矛、铜弩机、铜镞、残剑等，其中还发现了一批青铜剑，长度为 86 厘米，剑身上共有八个棱面。考古学家用游标卡尺测量，发现这八个棱面的误差不足一根头发丝，已经出土的 19 把青铜剑，剑剑如此。这批青铜剑内部组织致密，剑身光亮平滑，刃部磨纹细腻，纹理来去无交错，它们在黄土下沉睡了 2000 多年，出土时依然光亮如新，锋利无比。科研人员测试后发现，剑的表面有一层 10 微米厚的铬盐化合物。这一发现立刻轰动了世界，因为这种铬盐氧化处理方法，只是近代才出现的先进工艺，德国在 1937 年，美国在 1950 年先后发明并申请了专利。

在清理一号坑的第一过洞时，考古工作者发现一把青铜剑被一尊重达 150 千克的陶俑压弯了，其弯曲的程度超过 45 度，当人们移开陶俑之后，令人惊诧的奇迹出现了，那又窄又薄的青铜剑，竟在一瞬间反弹平直，自然恢复。当代冶金学家梦想的“形态记忆合金”，竟然出现在 2000 多年前的古代墓葬里。

事实上，关于铬盐氧化处理的方法，绝不是秦始皇时代的发明，早在春秋战国时期，中国人就掌握了这一先进的工艺。那么我们就会问：他们的技术渊源是什么呢？

北京周口店

在周口店“北京人”遗址中，迄今已经发现生活于年代久远的更新纪中期北京猿人6个头盖骨和40多个个体老幼猿人骨骸化石，还有10万件各种石制物品和取火工具。这些遗骨化石的历史可追溯到50万年前。从这座独一无二的遗址上，使人们可以了解到很久以前亚洲大陆人类生存和社会发展的情况，从而揭示了人类进化的过程。

在约70万年到20万年前，北京周口店一带生息繁衍着一群手执石器的北京人。从这里发掘的头骨、石器及用火痕迹表明，直立人已经存在，人类进化的确是在依从猿到人的序列中完成的。北京人生活的周口店第一地点的洞穴很大，东西140多米，宽度2米至40米不等，在洞的中部又向南北各伸出一个裂隙，经常出入的洞口估计在岩洞的东头。当北京人最初在这里居住生活的时候，洞里绝大部分还比较空旷。长年累月的风雨给山洞带进了大量的土沙，再加上洞壁、洞顶塌落下来的大量石块，以及北京人的生活垃圾、死亡动物的骨骼，结果山洞就一层叠一层地一直堆到了几十米高的顶部，从下到上的堆积可分13个层次，年代跨度从距今70万年到20多万年，而北京人头骨则处在距今40至50万年的地层中。

北京人和我们现代人类的外貌是不同的。北京人头骨的特征是前额低平，眼眶上缘有两个互相连接的粗大眉骨，像房檐一样遮盖着双眼；脑壳很厚，大约比现代人要厚一倍。现代人的头盖骨是上部膨大，下部收缩，形成馒头状。相对而言，北京人的脑子还不算大，大约只有现代人平均数的80%。如果和猿类相比，则又大得多，现代猿类的平均脑量只有北京人平均脑量的40%左右。现代人的嘴巴前缘和前额几乎是位于一条垂直线上，而北京人的嘴巴则特别向前伸，远远超出这条垂直线之外。可见，北京人的形象正好介于猿类和人类之间，说他像一只大猿，他又有若干人的特征；说他像人，可是它保留猿的性质也不算少。

良渚

2002年，“金字塔漫游者”探测活动的现场直播在全世界掀起了“金字塔”

热潮。然而，浙江省文物考古研究所良渚文化研究专家王明达指出，中国良渚的“土筑金字塔”与埃及金字塔相比毫不逊色。

在许多人的脑海中，金字塔与埃及画上了等号，却鲜有人注意到，距今四五千年的中国良渚文化完全可以与以金字塔为代表的埃及古文明相媲美。

良渚有一百多座被称为“土筑金字塔”的高台土墩。因为属于土建筑，难以保存，所以如今只留下了一小部分的遗迹。但由这些祭坛和墓葬结合的复合遗迹，仍能看出当年的辉煌。如 1987 年发现的瑶山祭坛，由红土台、灰土围沟等围成，高约 18 米，发掘面积约 1600 平方米，实际面积约 2.2 万平方米。而目前已知的良渚最大的古城址——余杭莫角山遗址总面积达 30 万平方米，其中有 3 万多平方米可能是一座包括宫殿、广场等的巨型建筑。除了人体解剖等少数几个方面以外，良渚古墓丝毫不逊于埃及金字塔。

王明达认为，良渚文化是中国史前文化最辉煌的时期，在华夏文明史上有着独特的地位，但是目前，我们对于良渚文化的了解还只能“管中窥豹”，相信随着考古工作的深入，还会有更多的惊喜等待着。

中国的五岳

泰山、恒山、华山、嵩山、衡山历来被称为中华五岳。中国自古就有“五岳归来不看山”之说。古人曾以“恒山如行，泰山如坐，华山如立，嵩山如卧，衡山如飞”形象地描绘出五岳的特色。

泰山古称岱山，又名岱宗，春秋时期改称泰山。因地处东部，故称东岳。现坐落在中国山东省界内。古人以东方为万物交替、初春发生地，故有“五岳之长、五岳之首、五岳独尊”之誉。泰山成山于 25 亿年前的太古代，在年龄上也为五岳之中的“大哥哥”。泰山主峰玉皇顶海拔 1545 米，在五岳中排行第三。泰山气势磅礴雄伟，峰峦突兀峻拔，谷幽溪深，劲松飞瀑，云海翻腾，景色秀丽。山上名胜古迹众多，为中国名山之首，因而有“天下第一名山”之称。唐代诗人李白诗中有“凭崖望八极，目尽长空闲”的佳句，杜甫《望岳》诗云：“会当凌绝顶，一览众山小。”

“旭日东升”、“晚霞夕照”、“黄河金带”、“云海玉盘“为岱顶四大奇观。泰山不仅以雄奇壮丽的风光称著于世，而且是中国碑刻最多的名山。从公元前 209 年至公元 1987 年，在 2000 多年的历史中，泰山上汇集了中国 14 个朝代

1242 块碑刻，人称“历代书法展览馆”。其中秦“李斯碑”、汉“张迁碑”、晋“孙夫人碑”、北齐“经石峪大字”、唐“纪泰山铭”等都被视为稀世国宝。联合国教科文组织于 1987 年把泰山列为世界自然遗产。

嵩山古时曾称嵩高、崇山、岳山，为中华五岳之一。现坐落中国河南省界内，因居泰山、华山、衡山、恒山之中，故称中岳。嵩山是在 23 亿年前的嵩阳运动中隆起成山的，在“五兄弟”中年龄屈居“老二”。逶迤百里的嵩山，雄居中原腹地，七十二峰，峰峰拱嵩，崖仞屏立、山石峥嵘。古云“嵩高雄岳，峻极天下”，因此有“五岳独雄”之美誉。登峰极目远眺，北望黄河，明灭一线；鸟瞰山麓，名胜古迹星罗棋布。闻名于世的少林寺就坐落在五乳峰下。

恒山又称太恒山、元岳、常山，为中华五岳之一。因地处北部，故称北岳。恒山最老的岩石年龄已有 20 亿年，若论“资”排“辈”，在五岳中排行第三。恒山连绵数百里，横亘塞上，主峰在山西浑源县城南，海拔 2017 米，为五岳之冠，故有“五岳独高”之称。恒山号称一百零八峰，诸峰起伏，峰峰出奇，危岩峭壁，高耸入云。“望常山之峻险，登北岳而高游”就是对恒山的赞誉。山间名胜古迹甚多，闻名于世的悬空寺，就建在恒山的悬崖峭壁之上。岳顶松涛、夕阳返照、金鸡报晓、玉羊游云等有特定环境和时间的自然景观，更令游人神往。

有“五岳独秀”之誉的衡山，为中华五岳之南岳，其“奠基石”为 10 亿年前的沉积岩，在五岳兄弟中排行第四。坐落中国湖南省界内，绵延不断的衡山群峰，屹立于滔滔湘江之滨，跨越湘中八百里，山峦雄伟，峰峦叠衬，千姿百态。古人有诗云：“行尽千山与万山，衡山更在碧云间、”衡山主峰祝融海拔 1290 米，可俯瞰群山，观赏日出。祝融峰之高、藏经殿之秀、方广寺之深、水帘洞之奇为南岳“四绝”。到南岳，春来游花市，夏能观云海，秋宜望日出，冬可览雪景，是一个览胜、探奇、度假、云游的极好去处。

华山因“远望之若花状”而得名，又以其西临少华山，而称太华，为中华五岳之一。坐落中国陕西省界内，因地处西部，故称西岳。华山主体由年龄 1.5 亿岁的花岗岩组成，是五岳中的“小弟弟”。华山海拔 1997 米，仅次于北岳居第二位。华山以奇险峻秀冠天下，“自古华山一条路”便道出了华山的“五岳独险”。华山倚天拔地于 800 里秦川的南侧，远远望去，浑然一体，四面如削，五峰对峙，万般险峻，素有“奇险天下第一山”之称。“东岳独尊，中岳独雄，北岳独高，南岳独秀，西岳独险”。巍巍五岳，各具特色，为中华名山的代表。

中国的四大名亭

醉翁亭:在安徽省滁州琅琊山中,为琅琊寺僧智仙所建。著名文学家欧阳修被贬到滁州任太守时,常来亭中饮酒赋诗,并撰写了脍炙人口的《醉翁亭记》。

陶然亭:在北京右安门的东北,是清朝康熙三十四年工部郎中江藻所建,以唐代诗人白居易的诗句"更待菊黄家酿熟,与君一醉一陶然"而命名陶然亭。

爱晚亭:位于湖南省长沙市岳麓山清风峡口,原名"红叶声"。为岳麓书院院长罗典所建。后取唐代诗人杜牧"停车坐爱枫林晚,霜叶红于二月花"的诗句,而改名"爱晚亭"。

湖心亭:位于浙江省杭州市西湖中心的小岛上,原名"振鹭亭",明万历年间重建后改称湖心亭。

中国四大回音建筑

石磴琴声:位于四川省潼南县境内,在涪江岸边,有36级石梯,好像一把巨大的石琴,每个阶梯,犹如一根根琴弦,只要把脚踏上石磴,拾级而上,脚下就会响起美妙悦耳的琴声,令人神往。

天坛音壁:即北京的天坛回音壁。如站在壁前轻轻哼唱,和声随之而起,深沉婉转,娓娓动听;如放声大喊,则回声四起,洪亮粗犷,萦绕耳畔,荡人心魄。

莺莺宝塔:即山西普救寺塔,又称舍利音塔。塔身呈方形,有13层,高50多米。登塔的人,用石投地,回声即起。投前地,则声在塔底;投后地,则声在塔顶。因古典名著《西厢记》源于此,为了纪念崔莺莺,故名"莺莺宝塔"。

蛤蟆音塔:在河南省郏县城内,建于清康熙年间,游人如以掌击塔,塔内会发出"咯咯……"的鸣声,好像有千只蛤蟆在鼓膜低唱,妙不可言。

四大佛教名山

中国四大佛教名山分别是浙江的普陀山、安徽的九华山、山西的五台山、四川的峨眉山。相传四山分别为观音菩萨、地藏菩萨、文殊菩萨、普贤菩萨显灵说法的道场，故又称“四大道场”。

五台山是文殊菩萨的道场，位于山西省五台县，位居中国佛教四大名山之首，是世界五大佛教圣地之一，并被誉为“中国古建筑艺术的宝库”、“中国佛教造像艺术的展览馆”、“中国佛教音乐奇葩”和“国际佛教文化交流中心”。

峨嵋山是普贤菩萨的道场，位于四川西南部，距成都市130公里。相传佛教于公元1世纪即传入峨嵋山。近2000年的佛教发展历程，给峨眉山留下了丰富的佛教文化遗产。峨嵋享有“峨眉天下秀”、“天下名山”、“动植物王国”、“地质博物馆”之美誉。

普陀山是观音菩萨的道场，雄峙于杭州湾以东的莲花洋中，与世界著名渔港沈家门隔海相望，素有“海天佛国”、“南海圣境”之称。全岛面积12.5平方公里，形似苍龙卧海。普陀山的宗教活动可上溯于秦。自唐建立观音道场以来，经历代兴革，寺院林立。鼎盛时期，全山共有3大寺、88庵、128茅篷，4000余僧侣，史称“震旦第一佛国”。普陀山四面环海，风光旖旎，幽幻独特，被誉为“第一人间清净地”。

九华山是地藏菩萨的道场，位于安徽省长江南岸的池州市境内，原名九子山。唐天宝年间大诗人李白游此山见山色奇秀，状如莲花，吟唱出“妙有分二气，灵山开九华”之诗句，九华山因此得名。

四大道教名山

四大道教名山分别是四川的鹤鸣山、江西的龙虎山、湖北的武当山、安徽的齐云山。

鹤鸣山（一作鹄鸣山）位于四川，又名东山。现在山上还留有道教造像数十尊，露天仅有一尊圆雕立体像，其余皆刻于龛内，其中，唐显宗大中十一年（857年）所造天尊像，身穿宽领大袖道袍，足着道靴，是道教造像的代表作。石壁间还有唐代诗人李商隐《剑州重阳亭并序》碑刻及书法家颜真卿《大唐中兴颂》石刻，皆为珍品。

龙虎山位于江西省鹰潭市贵溪县渔塘乡境，由酷似龙虎的二山组成，是我国典型的丹霞地貌区，原名云绵山。相传因第一代天师在此炼丹，丹成而龙虎现，故改名龙虎山。

武当山位于湖北省西部丹江口市境内，方圆400公里，东邻襄樊市，西接十堰市（新兴的汽车城），背靠神农架林区，面临丹江口水库，是国家第一批重点风景名胜区之一，有七十二峰、二十四涧、十一洞、十石、十池、九泉、九井、三潭、九台以及元、明建筑群等风景胜迹。

齐云山又名白岳、云岳，距安徽省屯溪市33公里，在休宁县城西15公里处，海拔1000余米，面积60多平方公里，因最高峰齐云岩得名，以幽深奇险著称。齐云山有三十六奇峰、七十二怪岩、二十四涧及其他许多洞泉飞瀑，与黄山、九华山合称“皖南三秀”，素有“天下无双胜境，江南第一名山”之誉。

奥林匹亚宙斯巨像

宙斯，天神，古希腊神话中最高的神，罗马神话中称朱庇特，为克洛诺斯与雷亚所生的最小儿子。克罗诺斯通过推翻他的父亲乌拉诺斯获得了最高权力，他得知他会和自己的父亲一样被自己的孩子推翻，于是把他的孩子们吞进肚子。他的妻子瑞亚因为不忍心宙斯也被吞进肚子，于是拿了块石头假装宙斯给他吞下。宙斯长大后，联合兄弟姐妹一起对抗父亲，展开了激烈的斗争。经过十年战争，在祖母大地女神盖亚的帮助下战胜了父亲。宙斯和他的兄弟波塞冬和哈迪斯分管天界、海界、冥界。从此宙斯成为掌管宇宙的统治者。木星的拉丁名起源于他。

宙斯与多位女神和女人生下多位子孙，当中有阿波罗和阿尔忒弥斯兄妹、狄俄尼索斯、赫拉赫勒斯等。宙斯为了接近女神和女人，可谓无所不用其极，而且他总是偷偷摸摸的，所以总会令赫拉生气。为了不被赫拉知道他外遇的所在地，他总会以各种不同的方法去阻碍赫拉。宙斯也有一些男性情人，如盖尼米得。

宙斯神殿是古希腊的宗教中心。神殿位于希腊雅典卫城东南面，依里索斯河畔一处广阔平地的正中央，为古希腊众神之神宙斯掌管的地区；目前这地方尽是一片黄澄澄的丘陵，但是在古希腊时期，四周环绕翠谷和清冽溪水，景境幽雅，不远处更有一座密林，绿意浓郁，林中小径两旁更是花木扶疏，争奇斗妍，美不胜收，更是当时的宗教中心。在古希腊时代，那地位于雅典城墙外，到了哈德连帝时代为了扩大雅典城规模，将城墙往外扩展，才把神殿纳入城内。

神殿本身采多利克式建筑。表面铺上灰泥的石灰岩，殿顶则用大理石兴建而成，神殿共由34条高约17公尺的科林斯式石柱支撑着，面积达41.1公尺×

107.75公尺。庙前庙后的石像都是用派洛斯岛的大理石雕成。庙内西边人字形檐饰上的很多雕像，十足是雅典的风格。这么建造，天上宙斯大神是否喜欢？据说菲迪亚斯建造雕像时，曾亲到奥林匹斯山问宙斯神，而大神以降下霹雳闪电，打裂神庙铺道作回答。至于神殿主角"宙斯"，采用了所谓'克里斯里凡亭'技术，是在木质支架外加象牙雕成的肌肉和金制的衣饰。宝座也是木底包金，嵌着乌木、宝石和玻璃，历时八年之久才完成。

宙斯像的构成材料、年代背景以及装饰用的雕像，都能详细说明，但是菲迪亚斯的作品风格却很难确定。根据古代文献记载，菲迪亚斯雕塑神像的技术达到巅峰，能使神像具有高不可攀的庄严气概。特别是宙斯像，能够在普通的宗教形象外，增添了独特的性格。

宙斯神殿是希腊的宗教中心，由城邦和平民送来的祭品种类很多。几百年来，一直在露天神坛叩拜宙斯。神坛据说是用献给宙斯的各种祭品的灰烬造的。宙斯神殿建于公元前470年，公元前五世纪由当地建筑师伊利斯人李班监建一座宏伟的庙宇，作为宙斯神殿，并于公元前456年完成，庙前庙后的石像都是用派洛斯岛的大理石雕成，宙斯神像则由雕刻家菲迪亚斯负责。

虽然宙斯神像已消失于世上，但他却以另一方式至今犹存，伟大的宙斯脸孔变成东正教的全能基督像。在伊斯坦堡科拉的圣方济各小教堂内，顶端宝座上坐着的就是化为基督的奥林匹亚宙斯神。这尊异教神祇究竟如何转化为代表基督形像？考古学家估计有几种原因，第一，奥林匹亚神像本身就是极其完美的奇观；第二，神像代表最高神性几乎已达千年之久。

阿杰尔的塔西利

在阿杰尔高原的遗址上，有世界闻名的史前洞窟壁画和雕刻艺术群。据统计共有15000多件岩石壁画和雕刻，记载了公元前6000年至公元初撒哈拉的生态环境、动物迁徙以及人类进化的生动背景，具有重大的科学价值和艺术价值。被世界各国学者公认"世界上最大的一个史前艺术博物馆"。

阿杰尔的塔西利位于阿尔及利亚东南撒哈拉沙漠中部，塔西利国家公园面积3000平方公里。公园地区的海拔高度，由北部的1500米，逐渐升高到东南部的1800米。史前时期的洪水在这里留下了狭窄的峡口、深长的河谷，以及由积存雨水而形成的湖泊。这里生长着油橄榄和名叫"达罗特"的千年古柏等古老珍稀植物。

塔西利史前洞窟中有公元前6000年——公元初年几个世纪的壁画和雕刻作品15000多件，小至几厘米，大至七八米。大多数彩色图像是用各种土色颜料绘制，有褐色、红色、淡绿色和黄色，还有白色和天蓝色，图像一层一层地画在岩石上，一些完整的场面在内容上毫无关系却彼此覆盖着，有的多达12层。根据风格、技术、石垢的色泽、所表现的动物种类、服饰及武器等差别，非洲岩画大体可分为四期，阿杰尔高原的岩石图画也不例外。

阿杰尔高原岩画不仅为我们研究撒哈拉地区的生物、气候等问题提供了重要的形象材料，同时也是一部绚烂多彩的非洲史前社会生活史。通过那一幅幅描绘在山岩峭壁上的久已消失的生活图景，我们仿佛可以感受到非洲史前人类为了控制自然，曾经在这片土地上不顾一切地斗争，并获得创造世界的无限欢乐。

阿尔卑斯山

阿尔卑斯山脉是欧洲最高大的山脉，位于欧洲南部，呈一弧形，东西延伸，长约1200多千米，平均海拔3000米左右，最高峰勃朗峰海拔4807米。山势雄伟，风景幽美，许多高峰终年积雪。晶莹的雪峰、浓密的树林和清澈的山间流水共同组成了阿尔卑斯山脉迷人的风光。欧洲许多大河都发源于此。

这条耸立在欧洲南部的著名山脉，西起法国东南部的尼斯附近地中海海岸，呈弧形向北、东延伸，经意大利北部、瑞士南部、列支敦士登、德国西南部，东止奥地利的维也纳盆地。总面积约22万平方千米。长约1200千米，宽130～260千米，东宽西窄。

山脉主干向西南方向延伸为比利牛斯山脉，向南延伸为亚平宁山脉，向东南方向延伸为迪纳拉山脉，向东延伸为喀尔巴阡山脉。阿尔卑斯山脉可分为3段。西段西阿尔卑斯山从地中海岸，经法国东南部和意大利的西北部，到瑞士边境的大圣伯纳德山口附近，为山系最窄部分，也是高峰最集中的山段。在蓝天映衬下洁白如银的勃朗峰（4807米）是整个山脉的最高点，位于法国和意大利边界。中段中阿尔卑斯山，介于大圣伯纳德山口和博登湖之间，宽度最大。有马特峰（4479米）和蒙特罗莎峰（4634米）。东段东阿尔卑斯山在博登湖以东，海拔低于西、中两段阿尔卑斯山。

阿尔卑斯山脉是古地中海的一部分，早在1.8亿年前，由于板块运动，北大西洋扩张，南面的非洲板块向北面推进，古地中海下面的岩层受到挤压弯曲，向上拱起，由此造成的非洲和欧洲间相对运动形成的阿尔卑斯山系，其构造既年轻又复杂。阿尔卑斯造山运动时形成一种褶皱与断层相结合的大型构造推覆体，使一些巨大岩体被掀起移动数十千米，覆盖在其他岩体之上，形成了大型水平状的平卧褶皱。西阿尔卑斯山是这种推覆体构造的典型。

阿尔卑斯山脉是欧洲最大的山地冰川中心。山区为厚达1公里的冰盖所覆，除少数高峰突出冰面构成岛状山峰外，各种类型冰川地貌都很发达，冰蚀地貌尤其典型，许多山峰岩石嶙峋，角锋尖锐，挺拔峻峭，并有许多冰蚀崖、U形谷、冰斗、悬谷、冰蚀湖等以及冰碛地貌广泛分布。现在还有1200多条现代冰川，总面积约4000平方公里，其中以中阿尔卑斯山麓瑞士西南的阿莱奇冰川最大，长约22.5公里，面积约130平方公里。

阿尔卑斯山脉地处温带和亚热带纬度之间，成为中欧温带大陆性湿润气候和南欧亚热带夏干气候的分界线。同时它本身具有山地垂直气候特征。山地气候冬凉夏暖，阳坡暖于阴坡。高峰全年寒冷，在海拔2000米处年平均气温为0℃。山地年降水量一般为1200～2000毫米，但因地而异。海拔3000米左右为最大降水带。高山区年降水量超过2500毫米，背风坡山间谷地只有750毫米。冬季山上有积雪，如勃朗峰3000米高处，年降雪量厚达20米，因河河谷的因斯布鲁克，3月的积雪区下界为海拔900米，5月间升高至1700米，9月升至3200米，再往上为终年积雪区。阿尔卑斯山区常出现焚风，所到之处，常引起冰雪迅速融化或雪崩而造成灾害。阿尔卑斯山脉是欧洲许多河流的发源地和分水岭。多瑙河、莱茵河、波河、罗讷河都发源于此。山地河流上游，水流湍急，水力资源丰富，又有利于发电。

阿尔卑斯山脉的植被呈明显的垂直变化。可分为亚热带常绿硬叶林带（山脉南坡800米以下）；森林带（800～1800米），下部是混交林，上部是针叶林；森林带以上为高山草甸带；再上则多为裸露的岩石和终年积雪的山峰。山区居民，西部为拉丁民族，东部为日耳曼民族。动物有阿尔卑斯大角山羊、山兔、雷鸟、小羚羊和土拨鼠等。

西、中阿尔卑斯山风景宜人，设有现代化旅馆、滑雪坡和登山吊椅等。冬季滑雪运动吸引大量游客。山麓与谷地间的不少村镇，山清水秀，环境幽雅，每年都有大量游客来此旅游。

东非大裂谷

东非大裂谷是世界大陆上最大的断裂带，从卫星照片上看去犹如一道巨大的伤疤。这条裂谷带位于非洲东部，南起赞比西河口一带，向北经希雷河谷至马拉维湖(尼亚萨湖)。北部分为东西2支，东支裂谷带沿维多利亚湖东侧，向北经坦桑尼亚、肯尼亚中部，穿过埃塞俄比亚高原入红海，再由红海向西北方向延伸抵约旦谷地，全长近6000千米。这里的裂谷带宽度较大，谷底大多比较平坦。裂谷两侧是陡峭的断崖，谷底与断崖顶部的高度从几百米到2000米不等。西支裂谷带大致沿维多利亚湖西侧由南向北穿过坦噶尼喀湖、基伍湖等一串湖泊，向北逐渐消失，规模比较小。东非裂谷带两侧的高原上分布有众多的火山，如乞力马扎罗山、肯尼亚山、尼拉贡戈火山等，谷底则有呈串珠状的湖泊约30多个。这些湖泊多狭长水深，其中坦噶尼喀湖南北长670千米，东西宽40千米~80千米，是世界上最狭长的湖泊，平均水深达1130米，仅次于北亚的贝加尔湖，为世界第二深湖。

在1000多万年前，地壳的断裂作用形成了这一巨大的陷落带。板块构造学说认为，这里是陆块分离的地方，即非洲东部正好处于地幔物质上升流动强烈的地带。在上升流作用下，东非地壳抬升形成高原，上升流向两侧相反方向的分散作用使地壳脆弱部分张裂、断陷而成为裂谷带。张裂的平均速度为每年2厘米~4厘米，这一作用至今一直持续不断地进行着，裂谷带仍在不断地向两侧扩展着。由于这里是地壳运动活跃的地带，因而多火山、多地震。

东非大裂谷是纵贯东部非洲的地理奇观，是世界上最大的断层陷落带，有地球的伤疤之称。有关地理学家预言，未来非洲大陆将沿裂谷断裂成两个大陆板块。

东非大裂谷分东西两支。东支南起莫桑比克境内西雷河口，向北穿越肯尼亚全境，一直延伸到西亚的约旦河岸，其中以肯尼亚境内的一段具有最显著的地貌特征。这段峡谷长约800多公里，宽50~100公里，深450~1000米。裂谷两侧断层崖壁陡峻，象筑起的两道高墙，谷深达几百米至2000米，高差悬殊。首都内罗毕就坐落在裂谷南端的东墙上。茂密的原始森林覆盖着群山，无数热带野生动物生活在群山的怀抱中，一座座高大的死火山屹立在群山之中，在火山熔岩中蕴藏着大批古人类、古生物化石，是地质学、考古学、人类学的宝贵研究资料。裂谷底部是一片开阔的原野，20多个狭长的湖泊，有如一串串晶莹的蓝宝石，散落在谷地。中部的纳瓦沙湖和纳库鲁湖是鸟类等动物的栖息之地，也是肯尼亚重要的游览区和野生动物保护区，其中的纳瓦沙湖湖面海拔 1900 米，是裂谷内最高的湖。南部马加迪湖产天然碱，是肯尼亚重要矿产资源。北部图尔卡纳湖，是人类发祥地之一，曾在此发现过 260 万年前古人类头盖骨化石。

裂谷地带由于雨量充沛，土地肥沃，是肯尼亚主要的农业区。东非大裂谷带湖区，河流从四周高地注入湖泊，湖区雨量充沛，河网稠密，马隆贝湖、马拉维南部湖泊，北距马拉维湖南口仅 19 公里。长 29 公里，宽 14.5 公里，面积 420 平方公里。水深 10 米～13 米。科学家在东非大裂谷地带发现了大量的早期古人类化石，尤其“露西”的骨架化石同时呈现了人、猿的形态结构特点。东非大裂谷带也是非洲地震最频繁、最强烈的地区。

美国大峡谷

美国大峡谷位于美国西南部，亚利桑那州西北与犹他州、内华达州交界处凯巴布高原的三角地带。由于科罗拉多河穿流其中，故又名科罗拉多大峡谷。这一大片隆起的高原，最深处达 1500 米，地形险峻绮丽，地质多由花岗石构成，色彩夺目，大峡谷是科罗拉多河的杰作，科罗拉多河流经大峡谷，将大峡谷分为北峰和南峰。南北峰相距只有 10 英里，但驾车需绕行 5 小时约 215 英里。这条河发源于科罗拉多州的落基山，洪流奔泻，经犹他州、亚利桑那州，由加利福尼亚州的加利福尼亚湾入海，全长 2320 公里。“科罗拉多”在西班牙语中意为“红河”，这是由于河中夹带大量泥沙，河水常显红色故名。它是联合国教科文组织选为受保护的天然遗产之一。

科罗拉多大峡谷的形状极不规则，大致呈东西走向，总长 349 公里，蜿蜒曲折，像一条桀骜不驯的巨蟒，匍伏于凯巴布高原之上。它的宽度在 6 公里至 25 公里之间，峡谷两岸北高南低，平均谷深 1600 米，谷底宽度 762 米。科罗拉多河在谷底汹涌向前，形成两山壁立、一水中流的壮观，其雄伟的地貌，浩瀚的气魄，慑人的神态，奇突的景色，世无其匹。1903 年美国总统西奥多.罗斯福来此游览时，曾感叹地说：“大峡谷使我充满了敬畏，它无可比拟，无法形容，在这辽阔的世界上，绝无仅有”。

柬埔寨的吴哥窟

吴哥窟巨大的庙宇坐落在炎热、潮湿的雨林中部的空旷地带。在吴哥这座东南亚柬埔寨古代高棉王朝都城的其他一些地方，建筑物已被丛林所取代。

吴哥建在公元9世纪～公元15世纪高棉国王统辖的一片大平原上。吴哥窟建于公元12世纪，是城内庙宇内最令人难忘的建筑。它是世界上最大的宗教建筑。主庙被一排排围墙包围着，它的一些巨塔形似含苞欲放的荷花。庙内有许多雕像、台地、工廊和庭院，均呈对称布局。吴哥窟的长廊外部雕有丰富多彩的印度教神像和神话传说。

1413年吴哥被荒弃。整个庙宇由大石块砌筑而成，石块间的缝隙严密，没有使用任何粘合物。庙宇过去由巨大的护城河环绕着，现在这些护城河已几乎绝迹。

吴哥地区的庙宇直到1860年才被发现，但一个世纪后，人们才弄清楚吴哥城的规模。以前其人口超过100万，地域辽阔。高棉人修建了一系列复杂的沟渠和长方形的大湖或水库，这使得即使是在旱季，城市及其周围地区也能得到充足的供水。

巴比伦空中花园

与罗得斯岛巨像一样，考古学家至今都未能找到空中花园的遗迹，事实上不少在自己著作中提到空中花园的古人也只是从别人口中听回来，并没有真的看过，到底空中花园是否纯粹是传说呢?

巴比伦空中花园位于 Eulc hrares 河东面，伊拉克首都巴格达以南50里外左右，四大文明古国之一巴比伦中。巴比伦的空中花园当然从来都不是吊于空中，这个名字的由来纯粹是因为人们把原本除有“吊”之外，还有“突出”之意的希腊文“kremas—tos”及拉丁文“pellsilis”错误翻译所致。一般相信空中花园是由 Nebuchadnezzar 王(公元前604～公元前562)为了安慰患上思乡病的王妃安美依迪丝(Amyitis)，仿照王妃在山上的故乡而兴建了空中花园。

空中花园在公元前600年建成，是一个四角椎体的建筑，由沥青及砖块建成的建筑物以拱顶石柱支撑着，台阶种有全年翠绿的树木，河水从空中花园旁边的人工河流下来，远看就仿似一座小山丘。

巴比伦空中花园最令人称奇的地方是那个供水系统，因为巴比伦雨水不多，而空中花园的遗址相信亦远离 Euphrares 河，所以研究人员认为空中花园应有不少输水设备，奴隶不停地推动连接着齿轮的把手，把地下水运到最高一层的储水池，再经人工河流返回地面。另一个难题是在保养方面，因为一般的建筑物，要长年抵受河水的侵蚀而不塌下是不可能的，由于米索不达米亚平原(Mesopotamianplain)没有太多石块，因此研究人员相信空中花园所用的砖块是与别不同，它们被加入了芦苇、沥青及瓦，更有文献指石块被加入了一层铅，以防止河水渗入地基。

希腊雅典卫城

希腊雅典卫城是古代七大奇观之一，坐落山上的最高处，在雅典的任何一处都可望见。有“希腊国宝”之誉，已有约 4000 年历史，供奉希腊神话中雅典娜的守护神，亦即智慧女神雅典娜。雅典娜女神雕像有 12 米高，由象牙和金子制成，在昏暗的庙中金光闪烁。古代末期，此雕像被罗马皇帝带往君士坦丁堡，从此下落不明。神殿长 228 公尺、宽 11 公尺、高 65 公尺，内外比例对称，每根巨柱均向内微斜，这种独特的设计在美学原理上，矫正了视觉上的偏差，被认为现存建筑最具均衡美感的伟大建筑。现今虽有点破败，但当年的雄姿，却也依稀可辩，令人着迷。

世界最大的金字塔

被誉为古代世界七大奇迹之首的胡夫大金字塔，在 1889 年巴黎埃菲尔铁塔落成前的四千多年的漫长岁月中，一直是世界上最高的建筑物。

据一位名叫彼得的英国考古学者估计，胡夫大金字塔大约由 230 万块石块砌成，外层石块约115000块，平均每块重2.5吨，像一辆小汽车那样大，而大的甚至超过15吨。假如把这些石块凿成平均一立方英尺的小块，把它们沿赤道排成一行，其长度相当于赤道周长的2/3。

1789年拿破仑入侵埃及时，于当年7月21日在金字塔地区与土耳其和埃及军队发生了一次激战，战后他观察了胡夫金字塔。据说他对塔的规模之大佩服得五体投地。他估算，如果把胡夫金字塔和与它相距不远胡夫的儿子哈夫拉和孙子孟卡乌拉金字塔的石块加在一起，可以砌一条三米高、一米厚的石墙沿着国界把整个法国围成一圈。

在四千多年前生产工具很落后的中古时代，埃及人是怎样采集、搬运数量如此之多，每块又如此之重的巨石垒成如此宏伟的大金字塔，真是十分难解的谜。

胡夫大金字塔底边原长230米，由于塔的外层石灰石脱落，现在底边减短为227米。塔原高146.5米，经风化腐蚀，现降至137米。塔的底角为51°51′。整个金字塔建筑在一块巨大的凸形岩石上，占地约52900平方米，体积约260万立方米。它的四边正对着东南西北四个方向。

希巴姆古城

希巴姆古城位于也门中部的哈德拉毛省，距首都萨那以东约470公里。1982年联合国教科文组织将希巴姆古城作为文化遗产，列入《世界遗产名录》。

16世纪的希巴拇城堡被军事防御墙环绕，是基于垂直建筑规则建造的最古老、最杰出的都市规划典范之一。在悬崖上的这座塔状建筑给人印象深刻，由此这座城市得名“沙漠中的曼哈坦鸡尾酒”。

希巴姆古城为东西约500米，南北约400米的长方形城市，周围环绕着5～6米高的城墙，城墙的西面是河流，另三面是棕榈林。东部城堡围墙中的房屋布局借鉴了穆斯林的城市风格。高耸的建筑密集地排列在山上，可以更有效地抵御洪水，东部的500多座房屋从沙漠中拔地而起，涂上白色灰泥的房顶可抵挡雨水冲刷。房屋自上而下逐渐加宽，墙脚也涂有防水的涂料。狭窄封闭的房屋正面从5层直至9层装饰着木门和其他装饰，部分装饰是12世纪的遗物。居住于其间的7000居民享有5座清真寺，其中一座建于8世纪。

该城星期五清真寺的历史最为悠久，是哈罗恩·阿尔·拉希德哈利发在位时的建筑，建于公元904年。寺院的西北角内墙是用烧制砖砌成的，这在希巴姆极为罕见,另一座古老的清真寺是阿尔·坎哈清真寺。最早的房屋建于16世纪中叶,以丰富美丽的装饰而引人注目。

西班牙阿罕布拉宫

西班牙古谚语说“如果您离世前都未到阿罕布拉宫走一趟,那么您这辈子都白活了!”。阿罕布拉宫有“红堡”之称,是Abu Alahmar这位胆识过人的国王建造的,是一座“摩尔人的皇家宫殿”,是摩尔文明的瑰宝,分为美丽的“王宫”和卡罗斯五世为对抗回教建筑而建的文艺复兴式的正方形建筑物——卡罗斯五世宫殿(Palacio de Carlos V),以及Alcazaba宫殿(现在已成为废墟)与国王的夏季别墅——黑内拉利飞(Ceneralife)。这里最后的主人还有一段凄凉的历史,宫殿的末代主人不想在Alhambra血流成河,于1492年次日离开祖先的美丽庭园,回非洲沙漠去了。来到皇宫如同进入“一千零一夜的世界”,在壮丽的建筑中有着精美的雕刻装饰,桃金娘庭园中青翠绿树与水池中的倒影互相辉映,狮子庭园里的喷泉与回廊列柱美化视觉、大使厅里的镂空窗格与墙壁上的题字相辅相成。另外,国王的夏宫“轩内洛尼菲宫”里满是参天的翠绿树和连成一气的水池及水瀑,处处散发出阿罕布拉宫迷人的韵味!

巴西里约热内卢基督像

巴西里约热内卢附近的科尔科瓦杜山顶,一尊30米高的基督耶稣大型石雕像耸立在那里,这是世界上最大的耶稣雕像。1921年,巴西人民庆祝独立100周年时,人们提议在科尔科瓦杜山顶修建一座巨型的耶稣基督雕像,让救世主伸开他宽大的双臂来拥抱这座城市。1921年雕像开工,经过10年的艰苦施工,1931年雕像终在科尔科瓦杜山顶落成。这尊雕像体积庞大,有200吨重,左右手的指间距达到了23米。雕像中的耶稣基督身着长袍,双臂平举,深情地俯瞰山下里约热内卢市的美丽全景,预示着博爱的精神和对独立的赞许。耶稣像面向着碧波荡漾的大西洋,张开着的双臂从远处望去,就像一个巨大的十字架,显得庄重、威严。耶稣基督的身影与群山融为一体,一些云团不时飘浮在山峰之间,使耶稣像若隐若现,使他显得更加神秘圣洁。巨大的耶稣塑像建在这座高山的顶端，无论白天还是夜晚，从市内的大部分地区都能看到，成为巴西名城里约热内卢最著名的标志。

意大利古罗马斗兽场

意大利罗马作为世界著名的古城，最吸引游客的是象征古罗马帝国的斗兽场，虽然现在的罗马斗兽场只剩下了一些残垣断壁，但它却是古罗马历史的象征。起初古罗马只是意大利的一个城邦，后来罗马开始向外扩张，到了公元前二世纪成为地跨欧、亚、非三洲一个非常强大的奴隶制帝国。罗马人最喜爱的娱乐就是对血淋淋的角斗场面作壁上观。大批的角斗士被驱赶上角斗场，相互残杀，或与野兽肉搏，嗜血的贵族奴隶主则在角斗士的流血牺牲中获得一种野蛮的快感。

智利复活节岛巨像

复活节岛上的巨型石像（当地人称“莫埃”）是一个待解的世界之谜，没有真正知道它们是用来做什么的。有600多尊石像错落分布在海滨，茫然地遥望着太平洋。大部分石像有3.5米~6米高，也有一些石像高达12米，重90吨。即使在今天，人们也很难搬动如此巨大的石像。石像用火山岩雕成，竖立在平台上。有些石像的头上有一块红石头，就像戴了一顶”帽子”。这些石像是由公元400年左右来到岛上的人雕成的。一些石像已被毁坏或被推倒，大约在公元1680年，岛上的两个部落之间发生过一场战争。每个部落可能都推倒自己的石像，再去雕凿更大、更好的石像。

最早在遥远的复活节岛上定居的是波利尼西亚人，他们来自太平洋的其他岛屿。波利尼西亚人是技术娴熟的探险家，航行到复活节岛可能是为了逃避战争或寻找食物。1722年，第一批欧洲人在复活节那天登上该岛，复活节岛因此而得名。

印度泰姬陵

泰姬陵在今印度北方邦的阿格拉，莫卧儿帝国国王沙杰汗为他死去的皇妃蒙太姬修建的陵墓。公元1630年始建,1653年建成。它由殿堂、钟楼、尖塔、水池等构成,全部用纯白色大理石建筑,用玻璃、玛瑙镶嵌,绚丽夺目,有极高的艺术价值,是伊斯兰教建筑中的代表作。

1983年根据文化遗产评选标准被列入《世界遗产目录》。建于1632年至1654年的泰姬陵表达了一个国王对他亲爱的妻子无与伦比和刻骨铭心的纪念。泰姬陵百看不厌,它在一天里不同的时间和不同的自然光线中显现出不同的特色。虽然它是一座陵墓,可它却没有通常陵墓所有的冷寂,相反你感到它似乎在天地之间浮动。它的和谐对称、花园和水中倒影融合在一起创造了令无数参观者惊叹不已的奇迹。估计有2万名工匠参与了泰姬陵的建造,历时22年才完成。据说一位法国人和一位威尼斯人参与了工程的部分工作。至今没有一位建筑师被记录肯定参与了陵墓的建造——这对这个建筑物是很适宜的,因为建造它的本意在于让人们只记住在陵墓里的人。

泰姬陵是用从322公里外的采石场运来的大理石造的,但它却不是有些照片里的那种纯白色建筑。成千上万的宝石和半宝石镶嵌在大理石表面,陵墓上的文字是用黑色大理石做的。从一道雕花的大理石围栏上可以看到出色的手艺。阳光照射在围栏上时,它投下变化纷呈的影子。从前曾有银制的门,里面有金制栏杆和一大块用珍珠穿成的布盖在皇后的衣冠冢上(它的位置在实际埋葬地之上)。窃贼们偷去了这些珍贵的东西,许多人曾企图挖取镶嵌在大理石栏上的宝石,但泰姬陵的雄伟壮丽仍使人为之倾倒。

约旦佩特拉古城

佩特拉古城,峡谷中的城市佩特拉(Petra)是约旦的一座古城,位于约旦安曼南250公里处,隐藏在一条连接死海和阿卡巴海峡的狭窄的峡谷内。佩特拉一词源于希腊文"岩石"(petrus)。1985年佩特拉根据文化遗产遴选标准作为约旦的被列入《世界遗产目录》的第一份文化遗产。

佩特拉整座城市高大雄伟的殿堂排布在周围山崖的岩壁上,门檐相间,殿宇重叠,十分壮观。山谷在宝库的一边展开,展现出众多开凿于岩石中的坟墓。这些墓由粉色的沙岩构成,也掺杂着很多其他颜色。有的碑上的雕刻暴露在风中,受到侵蚀而无法辨认。有足够的考古学方面证据表明,早先的佩特拉既不是玫瑰红也不是类似鲑鱼的粉红色,而是灰泥粉饰,与今天看到的情况完全不同。

秘鲁马丘比丘城堡

在印加遗迹中,最著名的就是"马丘比丘"。它坐落在秘鲁库斯科城西北110千米处,一座海拔2458米的山巅上。在克丘亚语中,"马丘比丘"意为"古老的山顶",它是世界七大古迹之一。自从古代巴比伦空中花园颓圮之后,就将这座高踞在秘鲁安第斯山脉群峰之间的什加送城递补上了,又称为"高空城堡"。马丘比丘的两边是悬崖峭壁,山下激流湍湍,地形十分险要。早在公元前,印加人就在这里休养生息,创造了灿烂的文化。后来不知何故,昌盛一时的古城竟变成一座空城,淹没长达400多年,不为人们所知。直到1911年,美国耶鲁大学历史教授海勒姆·宾加曼只身攀登上险峭的悬崖,马丘比丘才像一颗深埋已久的珍珠,以耀眼的光辉展现在人们面前。

马丘比丘是秘鲁古代文化的一颗瑰宝,巧夺天工的宏伟建筑凝聚着印加人的勤劳和智慧,在世界建筑史上占有十分重要的地位。为此,联合国教科文组织宣布它为人类最重要的文物遗址之一。马丘比丘又是一座充满神秘色彩的城市,至今仍有许多不解之谜。自从宾加曼发现古城遗址以来,世界各国学者纷至沓来,对古城继续进行研究和发掘文物。秘鲁政府为了利用古迹发展旅游,特地从库斯科修建一条通往古城山脊下的铁路,成千上万游客为领略印加古城的雄姿不远千里前来猎奇观光,使得这座荒凉的古城变成了秘鲁的一个引人注目的旅游胜地。

埃及国立考古博物馆

埃及国立博物馆位于开罗市中心,这里景色宜人,尼罗河在开罗市中心横穿而过。博物馆是一座红褐色建筑，收集了大约 30 万件的珍贵物品，有法老的雕像、木乃伊，埃及的艺术品精华以及埃及人生活用具等。

埃及博物馆始建于 1863 年，它的前身是布拉克博物馆，是由法国考古学家马里约特建立的，他当时任埃及考古局局长。1920 年迁移到现在的馆址。博物馆第一部分以法老雕像为主展示埃及古代历史画卷。公元前 5000 年左右，尼罗河流域便有埃及人居住，过着农耕生活；大约公元前 3600 年，形成不少都市，这时埃及进入前王朝时代。这一时代的一些代表性遗物为陶器、调色板和一些壁画，博物馆中陈列有描绘着动物和船只的“耶拉孔城出土的壁画”，表示征战的“凯旋的调色板”等。公元前 3100 年尼罗河流域统一到第六王朝的时期称埃及“占王国时期”，又称“金字塔时期”，这时的法老雕像以于沙卡拉金字塔的祭殿附近发现的“卓瑟王坐像”，以及耶拉孔城出土的“沛比一世和王子梅连拉雕像”为代表。其中有一座“开罗的书记像”具有相当高的水平，雕像写实逼真，反映了当时雕刻的高超技艺。

反映埃及“中王国时代”的雕像，博物馆中陈列着“孟图赫特普二世”的坐像，他头顶红冠，身着白袍，神色刚毅，一副统治天下的优越感。另外，还有“行进中的士兵”群像，反映了当时的动荡之虞。

在新王朝时期，博物馆中展示有吐特摩斯三世当年的英姿。最让人流连忘返的是“黄金面罩”和“金制人形棺”。十八王朝吐坦阿蒙的人形棺，用厚约 3 厘米的金板打造而成，上面用红宝石、青金石、彩色玻璃等进行装饰，相当富丽堂皇，显示了当年国王的尊贵和奢侈。

博物馆第二部分主要展示大量的古埃及石棺、木乃伊、陪葬品等，阐释古埃及人的来世哲学。他们认为，人死后只要保持肉体不腐，就能使人复活再生。因此，他们制造坚固的坟墓，广泛制作木乃伊，以待游荡的灵魂再次进入。在博物馆中，陈列着许多石棺，有阿斯特姆卡布的石棺，古天昂克的石棺，矮人杰克尔的石棺等等。在埃及人的心目中，石棺是相当重要的，它直接用于保护身体。因而石棺特别讲究，有长方形、弧形及人形，有些石棺造形精致，饰有各种精美石刻，石棺内部涂以油彩画，描绘死者在冥世的活动。另外，还有一些陶制的偶人作为随葬品。博物馆中所藏的“戴头巾的和戴假发的陪葬人俑”，雕刻生动、逼真、写实，表现了古代雕刻家功底的深厚和对生活的深刻体察。

第三部分主要展示埃及艺术品。在埃及古风时期，雕像有着特有的古拙气息，并且有一定的规范，使人感到沉闷和压抑。博物馆中展示的“泰伊夫妇”、“王妃伊希斯”等石雕像，体现了这一风格。到埃及十八王朝阿克那吞王时代，艺术风格有了某些变化，发展了一种自然主义和写实主义的艺术风格，这种风格叫“阿玛纳风格”。陈列室中展出的阿克那吞王的雕像一反其他雕像的威严夸张之势，表现了普通人的平常状态。另外，反映平民生活的木雕更为写实和活泼，具有浓郁的生活气息。

古埃及艺术的另外两种表现形式是浮雕和纸草图卷。纸草图卷主要以《生死书》为主。浮雕则表现了多种社会活动的场景，如“跳舞的人群”、“惩罚敌人的孟图赫特普二世”、“梳头的王妃”、“打斗的男人”等等。

博物馆的第四部分主要描述古埃及平民的生活状况，它展示的一系列出土物品，生动地反映了当时平民的辛苦劳作和为社会创造财富的情景。如一组纺纱与织布的模型中，有的人在捡麻，有的人在缠麻，有的在织麻，俨然一个小型的手工业作坊。还有反映社会生活各方面的物品，如供奉死者的鹅鸭、水果等。由于古埃及特殊的气象条件，这些生动的样本均保留至今，使我们对当时的食物有所了解。埃及古墓中还出土了其他许多地区极难保存的东西，如工具，有水平器、定规、垂直定规、梯子，以及笔、羽毛笔、木制调色板、墨盒和墨绳等文具，其他还有竖琴、七弦琴、五弦琴等乐器，反映了当时人们丰富多采的生活和一定的科技水平。

拉姆西斯二世神庙

阿布森贝神庙是古埃及第 19 王朝法老拉姆西斯二世为崇拜太阳神于公元前 1257 年建造的。他是古埃及统治时间最长的君主，在位 67 年之久，还是位富于革新精神的外交家、建筑家和军事家。公元前 1280 年，拉姆西斯二世在卡迪什大败叙利亚国王海蒂特后，签订了人类历史上第一个和平条约，并强娶叙利亚公主为妾。他把这件事和其他所有值得夸耀的业绩一起刻在卢克索卡纳克神庙的石壁上。

举世闻名的拉姆西斯二世神庙具有极高的数学和天文学价值。几千年来，每年只有 2 月 21 日（拉姆西斯二世生日）和 10 月 21 日（拉姆西斯二世登基日）清晨，太阳光准时直射神庙大门，水平穿过 61 米深的柱廊直抵隧道洞底，不偏不倚地照在端坐神庙尽头的拉姆西斯二世石像上。人们称这两天为“太阳节”，2 月太阳节是麦收的开始；10 月太阳节是尼罗河涨水的结束。由此可见古埃及数学、天文学、建筑学的文明程度。

60年代初，埃及修建阿斯旺高坝，库区500万人口被迫迁徙。为保护神庙不被水淹，联合国教科文组织发动50多个国家捐资4000多万美元，组织3000多位当代一流的科学家，采用瑞士人的方案将神庙切成9～30吨的巨石1036块，上移60米后重新组装，搬迁耗时达5年之久。科学家们采用最新科技手段挽救了神庙，可终究留下了一个永世的遗憾，由于不可思议的误差，从此太阳光照在拉姆西斯二世身上的时间由21日后移至22日，现代科学在数千年的拉姆西斯二世的神威下黯然失色。

卢克索神殿

卢克索神殿坐落在卢克索高中心的尼罗河东岸，长达260米的卢克索阿蒙神殿证明了卢克索辉煌过去。它是古埃及第十八王朝的第十九个法老（公元前1398～1361年在位）艾米诺菲斯三世为祭奉太阳神阿蒙、他的妃子及儿子月亮神而修建的。到第十八王朝后期，又经拉美西斯二世扩建，形成现今留存下来的规模。神庙长262米，宽56米，由塔门、庭院、柱厅和诸神殿构成。塔门是神庙的主要入口。在塔门两侧矗立着六尊拉美西斯二世的巨石雕像，其中靠塔门两侧的两尊高达14米。进入塔门的东北角是太阳神阿蒙庙。

协和广场被誉为是世界上最美丽的广场，卢克索的方尖碑在那里被重新旋转在一个很高的基座上。基座四周绘有方尖碑制造、搬运的过程。基座和方尖碑碑体的图案、文字全部金饰，在夜色巴黎中闪闪发光，美轮美奂。在上个世纪被分开的两座方尖碑命运迥异，而形象也大不相同。现存于卢克索神殿的这座方尖碑以古朴的神殿为背景，显得更有历史的沉重感。方尖碑高25米，高于其后的塔门，直挺而上，与左侧两株笔直的棕榈树形成无生命的与有生命的和谐共存。

穿进圆柱门，是艾米诺菲斯三世的柱廊庙，三面由双层柱廊环绕。残存的遗迹中有一幅浮雕，描绘了艾米诺菲斯三世法老由神引导步入圣殿的情景。

中央大厅东面的降生室，实际上是一个小型礼拜堂，四周石壁上的浮雕描绘着穆伊亚女王和阿蒙太阳神象征性结婚，以及他们在女神帮助下，降生王子时的情景。庭院四周三面建有双排雅致的似纸草捆扎状的石柱，柱顶呈弧形花序状，十分优美。北部入口处是造型独特的柱廊，柱子共14根，每根约16米高。公元前1290～1224年，是第十九王朝的第三位国王拉西斯二世法老在位时期。拉美西斯二世是埃及历史上颇有名望的一位国王，他具有雄才大略，喜欢南征北战，也喜欢大兴土木，一生建树颇多。在正史和野史上，有关他的记载不少。他在世时征集了大量人力、物力和财力，对卢克索神庙进行了一番修饰。游人一来到这里，立刻就感到他的存在。在神庙塔门两旁，耸立着两尊高 14 米的坐像，这就是拉美西斯二世的雕像，神庙墙上的浮雕生动地描述了他执政初期与赫梯人作战的情景，左右两边的浮雕构成一幅完整的组画。左边的画面描绘了当时的军营生活、战前召开军事会议及法老御驾亲征、在战车上指挥战斗的情况。右边的画面栩栩如生地描绘了这位法老如何向敌人发动进攻、弯弓射箭的动作及赫梯人溃逃的情景。在拉美西斯庭院里，石柱中立有一尊石雕像，这正是拉美西斯二世法老。旁边的石壁上镌刻着一些浮雕和文字，叙述了举行庆典仪式的情形。柱旁石壁上浮雕描绘了新年之际"圣船"队从卡纳克到卢克索往返的盛况。古埃及人信仰的太阳神阿蒙一家分乘 4 条船，由法老和祭师陪同，从卡纳克神庙出发，尼罗河两岸浩大的队伍，跟船同行，歌舞相伴，气氛十分热烈。"圣船"一到卢克索神庙，便开始烹牛宰羊，群臣欢宴的场面热闹非凡。石碑原为一对，另一座于 1831 年被移走，现立在法国协和广场。

卡纳克神殿是卢克索古迹的精华部分，因为它既是埃及最大的庙宇遗址，也是卢克索古迹中规模最大、保存得最完整的建筑群，其建筑之宏伟、工艺之精细、构思之巧妙、均令人叹为观止。这座神庙位于卢克索北侧，始建于公元前 19 世纪的古埃及第十二王朝。这项宏伟的工程前后持续了数个朝代，主要工程完成于拉美西斯二世和三世。后来又经修葺和扩建，使神庙的面积达到了现在的 31 公顷。它有两个塔门，大塔门在外，建于 2000 多年前希腊人统治时期的托勒密王朝，塔墙厚约 15 米，高约 46 米，宽 113 米。人们更感兴趣的是第一塔门，因为它的历史更悠久。这个塔门建于 3000 多年前，塔门的石头上刻有艾米诺菲斯三世法老和图坦阿蒙国王的名字。塔门两旁各耸立着一尊拉美西斯二世的雕像。

傍晚从尼罗河上看卢克索神殿，似浮动在棕榈树顶的一艘大船，高高耸立的方尖碑恰如船前撑旗的桅杆，圣船载满了千年的历史与沧桑。

罗德港巨人雕像

公元前的罗德岛是重要的商务中心，它位于爱琴海和地中海的交界处，罗德港于公元前408年建成。历史上罗德岛曾经被许多势力范围统治过,其中包括摩索拉斯(他的陵墓也是七大奇迹之一)和亚历山大大帝。但在亚历山大大帝归天之后,全岛又陷人了长时间的战争。

马其顿侵略者德米特里带领四万军队(这已超过了整个岛上的人口)包围了港口。经过艰苦的战争,罗德岛人击败了侵略者。为了庆祝这次胜利,他们决定用敌人遗弃的青铜兵器修建一座雕像。雕像修筑了12年,它有110英尺高,也就是说,和大家熟知的纽约自由神像的高度差不多。雕像是中空的,里面用复杂的石头和铁的支柱加固。但这个伟大的雕像建成仅仅56年后就被强烈地震毁坏了。传说中雕像两腿分开站在港口上,船只是从腿中间过去。想象一下那是多么壮观而有趣的场景啊。

摩索拉斯陵墓

这座伟大的白色大理石陵墓是为摩索拉斯和他的妻子修建的。整座建筑高达135英尺,由两名希腊设计师设计,外面装饰以奇异的雕刻花纹。刚一建成就声名远播。

摩索拉斯陵墓位于哈利卡纳素斯,在土耳其的西南方,底部建筑为长方形,面积是40米×30米,高45米,其中墩座墙高20米,柱高12米,金字塔高7米,最顶部的马车雕像高6米,建筑物被墩座墙围住,旁边以石像作装饰。顶部的雕像是四匹马拉着一架古代战车。此陵墓著名之处除了它的建筑外,还有那些雕塑。摩索拉斯陵墓的雕塑由四名著名的雕刻家Bryaxis,LeocHares,ScoPas和Timotheus制造。每人负责陵墓的其中一边。

在15世纪初哈利卡纳素斯被侵占,新的统治者为了建一座巨大的城堡,在1494年将摩索拉斯陵墓的一些石头用作建筑材料。时至今日,有不少的雕塑仍然幸存,并存放在英国伦敦的博物馆内。自从19世纪开始,摩索拉斯陵墓一直有进行考古学的挖掘,这一些挖掘提供不少有关摩索拉斯陵墓的资料,令我们对摩索拉斯陵墓的形状和外观有更多的认识。

亚历山大灯塔

它不带有任何宗教色彩,纯粹为人民实际生活而建,亚历山大灯塔的烛光在晚上照耀着整个亚历山大港，保护着海上的船只。另外，它亦是当时世上最高的建筑物。

在亚历山大大帝（Alexander the Great）死后不久，他的手下之一 Ptolemy Soter 便称霸埃及，并建都于亚历山大，有鉴于亚历山大港附近的海道十分危险，Ptolemy Soter 便下令由建筑师 Sostratus 及亚历山大图书馆（Alexarndria Library/Mouseion）合作兴建亚历山大灯塔，灯塔于公元前 290 年竣工。

它以白色大理石建造而成，共分为三层，最低的一层为四角柱，高 55.9 米，第二层为八角柱，高 18.30 米，而最高一层为圆柱，高 7.30 米，屋顶上还有海神波赛顿（Poseidon）的雕像，整座灯塔高达 117 米，竟相当于一幢现代四十层高的建筑物！灯塔内部是螺旋状阶梯，燃油由阶梯运往塔顶，塔顶的一座房间内，工人便依靠燃烧石油的灯光，再利用后方的镜收集光线，然后反射出去，晚上便是这样以火光照耀大海，白天则依靠反射阳光，据说灯光能照射到 56 公里外的海道那么远，并具有防卫和侦察敌人的功用。

后来新的统治者迁都开罗（cairo），灯塔失修，公元 956、1303 及 1323 年的三次大地震差不多将整座灯塔摧毁。公元 1480 年，遗址的大理石块更被改用来兴建碉堡，亦步其他已被摧毁的五个遗迹后尘，成为除了现存的金字塔外，最后一个消失的奇观。

当亚历山大灯塔建成后，它以 400 英尺的高度当之无愧地成为当时世界上最高的建筑物。他的设计者是希腊的建筑师索斯查图斯。1500 年来，亚历山大灯塔一直在黑夜中为水手们指引进港的路线。它也是六大奇迹中最晚消失的一个。14 世纪的大地震彻底摧毁了它。一位阿拉伯旅行家在他的笔记中这样记载着："灯塔是建筑在三层台阶之上，在它的顶端，白天用一面镜子反射日光，晚上用火光引导船只。"1996 年 11 月，一组潜水员在地中海深处发现了据说是亚历山大灯塔的遗留物。

宙斯神像

宙斯是希腊众神之神，为表崇拜而兴建的宙斯神像是当时世上最大的室内雕像，宙斯神像所在的宙斯神殿则是奥林匹克运动会的发源地，部分奥运项目就曾经在此举行。遗址位于希腊西岸奥林匹亚（Olympia）的古城中。

宙斯神殿建于公元前 470 年，于公元前 456 年完工，由建筑师 Libon 设计，宙斯神像则由雕刻家 Pheidias 负责。神殿是以表面铺上灰泥的石灰岩建成，殿顶则使用大理石兴建而成，神殿共由 34 条约高 17 米的科林斯式（corinthian）支柱支撑着，神殿的面积达 41.1 米 × 107.75 米，宙斯神殿是多利斯式（Doric——style）的建筑，整座神像及他所穿的长袍都是由黄金制成，他头戴橄榄编织的环，右手握着由象牙及黄金制成的胜利女神像，左手拿着一把镶有闪烁耀眼金属的权杖，上面有一只鹰停留着，底部的宝座则以狮身人面像、胜利女神及神话人物装饰，该宝座的底座宽 6.5 米，高 1.0 米，神像则约高 13 米，相等于四层高的现代楼宇，宝座上宙斯头部差不多顶着神殿。位于奥林匹亚的神殿于公元 5 年被大火摧毁，虽然宙斯神像因被运到君士坦丁堡（Constantinople）而幸免于难，可是神像最终亦难逃厄运，于公元 462 年被大火烧毁。

巴特农神殿

巴特农神殿位于雅典老城区卫城中心，建于公元前 447 ~ 438 年，由名建筑师与雕刻师菲迪亚斯承担神庙设计。巴特农神庙是多立克式建筑艺术的登峰造极之作，有“希腊国宝”之称。

神庙外部呈长方形，长 228 英尺，宽 101 英尺，有 46 根多立克式环列圆柱构成柱廊。其额枋、檐口、屋檐多处饰有镀金青铜盾牌、各种文饰和珍禽异卉等装饰性雕塑；由 92 块白色大理石饰板装饰而成的中楣饰带，有描述希腊神话内容的连环浮雕；东西庙顶的人字墙上，有雕刻着乘 4 马金车在天空奔驰的太阳神赫利俄斯、侧身躺卧的酒神狄俄尼索斯和驾银车遨游太空的月神塞勒涅的浮雕以及描写万神之王宙斯请火神赫淮斯托斯劈开他的脑袋，雅典娜全身披甲从中跃出的一组浮雕。神庙主体建筑为两个大厅，两旁各倚一座有 6 根多立克圆柱的门厅，东边门厅通向内殿，殿内供奉着巨大的雅典娜女神，神像设计灵巧，可搬动转移隐蔽。

巴特农神殿可谓历经沧桑，几经磨难。公元 1687 年威尼斯军队炮轰城堡，庙内内殿、殿墙等建筑夷为瓦砾。18 世纪下半叶开始了欧洲列强来此盗运、抢夺文物，现有不少原属神庙的古物都散失。

第十章　未解之谜

尼斯湖的水怪

尼斯湖位于英国北部苏格兰大峡谷中，是一个形状狭长的淡水湖。传说，有一种或几种怪物生活在湖中。据说，最早目击怪物的是一位农民。1933 年，一对夫妇向媒体透露了他们亲眼目睹一只巨兽在尼斯湖中嬉水的经历后，引起了人们极大的兴趣，大家还为怪兽取了一个名字——尼西，意思是“有趣的动物”。此后，又有一些人声称看见过尼斯湖的水怪。于是，有人对此进行了调查，甚至下水捕捉，但结果却令人不太满意。从此，尼斯湖水怪就成了不明巨大生物的代名词。

科学工作者们利用先进的声呐设备对整个尼斯湖进行了全面探测，发现了几个可疑的大型移动物体，但除最后一个之外，其他的都有合理解释，且结果都不是大型动物。1987 年，科研人员采用超声波技术再次对尼斯湖进行了扫描，发现了一个可移动的大型动物体，但由于河水浑浊，没有拍摄到清晰的照片，究竟是什么不得而知。

当然，也有许多人不相信尼斯湖里有什么水怪。他们认为，这只是人们的错觉，将水獭等水中动物看成了怪物，还有人认为，这是一些无聊的人制造的新闻。事实究竟是怎样的，相信终有一天会真相大白。

麦田怪圈

麦田怪圈，Crop Circles 在长满麦子的麦田一夜之间出现有些麦弯曲而伏倒呈现有规律的圆圈形图案。17 世纪以来，麦田怪圈的起源争论就不绝于耳。近日，媒体报道俄罗斯又出现麦田怪圈，这是全球每年出现250个麦田怪圈中的最新发现，再次引起关注。有人说是超自然力量造成，有人说是鬼魂超感觉活动，甚至是外星人太空船。科学家证实，80%的麦田怪圈是人为制造，而此次俄罗斯的麦田圈被指是电磁场作用的结果。这些美轮美奂的图案究竟是人造还是“天造”？这仍然是个谜。

智利湖泊神秘消失

在智利南部的安第斯山脉，一个面积为5英亩的冰川湖突然消失，湖底出现可疑裂缝。

智利贝纳多—奥希金斯国家公园的巡逻人员表示，在五月下旬他们发现了一个100英尺深的大坑，但是在三月份时那里还是这个冰川湖的所在地。曾经漂浮在冰川湖面上的几大块冰块还存在，脏迹斑斑。

智利南部地区麦哲伦的国家林务局负责人表示：“这个湖就这么消失了，没有人知道到底发生了什么事情”。

有学者提出，这个冰川湖的水由湖底裂缝流入了地下，最终造成这个冰川湖的消失。但是专家们却不明白为什么会出现这样的裂缝，因为这一地区最近并没有发生过地震。而位于冰川湖下游的河流流量也骤然减小。

北纬30度

打开世界地图册，我们不难发现沿着北纬30度，从地理自然景观和人文景观大致可以明显地看出，这里既有世界屋脊“青藏高原”上的珠穆朗玛峰，又有海底最深处的马里亚纳海沟。同时世界著名的几大河流——埃及的尼罗河、伊拉克的幼发拉底河、中国的长江、美国的密西西比河等，都是在这一特殊的纬度线进入浩荡的海洋。而且这里也是当今世界上许多著名于世的文明之谜，诸如众所周知的古代埃及金字塔群和狮身人面像，非洲北部撒哈拉沙漠的“火神火种”壁画，古巴比伦的“空中花园”和令人谈之色变、闻之丧胆的“百慕大三角区”以及远古玛雅文明遗址的所在地……。可以说，在北纬30度线附近或在这一纬度线上，奇事怪事，数不胜数。但这是巧合还是外星人的举动，我们一直都无法解释。

武夷山悬棺之谜

同天葬、水葬一样，悬棺葬是一种古老的丧葬形式。葬址一般选择在临江面水的高崖绝壁上，棺木被放置在距离水面数十至数百米的天然或人工开凿的洞穴中，有些则是直接放在悬空的木桩上面。武夷山九曲溪两岸的峭壁上，至今仍存有悬棺遗迹十余处。

经过碳 14 测定，白岩和观音岩保存完好的两具船棺距今已有三千多年，随葬的龟形木盘是具有商周青铜文化特征的遗物。据考证，当年我国南方分布着大大小小许多部落，他们大多具有某些共同的文化特征，因而被今人统称为古越人。船是古越人生活中必不可少的用具，把死者放入船形棺木是对死者的敬重。而出于对高山的崇仰，他们又把逝者安放在最接近"天神"的地方，以使他们不被世人打扰，从而更好地庇佑后人。

重达数百公斤的棺木是如何安放在悬空的绝壁上的呢？从棺木棺盖首尾两端凿有穿绳用的方孔推测为悬索吊下。在放置悬棺的峭壁背后或两旁一般地势较为平缓，人们先将棺木运上山，派工匠凿好洞穴或架好木桩，再将棺木吊装好。有时候，先沿崖壁凿出平行的一条通道，将棺木依次推进，可以集中放置一批棺木以省去许多麻烦。据三国时吴人沈莹的《临海水土志》记载，当时浙江瑞安至福建. 连江一带的"安家之民"和"台湾土著"、"夷州民"在饮食起居、风俗习惯上非常相近，都有悬棺葬的习俗。而在台湾偏僻的小岛兰屿的雅美人中间，这种葬俗保留至今。

三星堆的七大"千古之谜"

三星堆遗址及其出土文物的许多重大学术问题，至今仍是难以破译的千古之谜。虽然专家学者对其中"七大千古之谜"争论不休，但终因无确凿证据而成为悬案。

第一谜，三星堆文化来自何方？目前有其来源与岷江上游新石器文化有关、与川东鄂西史前文化有关、与山东龙山文化有关等看法，即人们认为三星堆文化是土著文化与外来文化彼此融合的产物，是多种文化交互影响的结果。但究竟来自何方？

第二谜，三星堆遗址居民的族属为何？目前有氐羌说、濮人说、巴人说、东夷说、越人说等不同看法。多数学者认为岷汀上游石棺葬文化与三星堆关系密切，其主体居民可能是来自川西北及岷江上游的氐羌系。

第三谜，三星堆古蜀国的政权性质及宗教形态如何？三星堆古蜀国是一个附属于中原王朝的部落军事联盟，还是一个相对独立的已建立起统一王朝的早期国家？其宗教形态是自然崇拜、祖先崇拜还是神灵崇拜？或是兼而有之？

第四谜，三星堆青铜器群高超的青铜器冶炼技术及青铜文化是如何产生的？是蜀地独自产生发展起来的，还是受中原文化、荆楚文化或西亚、东南亚等外来文化影响的产物？

第五谜，三星堆古蜀国何以产生、持续多久，又何以突然消亡？

第六谜，出土上千件文物的两个坑属何年代及什么性质？年代争论有商代说、商末周初说、西周说、春秋战国说等，性质有祭祀坑、墓葬陪葬坑、器物坑等不同看法。

第七谜，晚期蜀文化的重大之谜"巴蜀图语"。三星堆出土的金杖等器物上的符号是文字？是族徽？是图画？还是某种宗教符号？可以说，如果解开"巴蜀图语"之谜，将极大促进三星堆之谜的破解。

奇怪的"响沙"

没错，有些沙子真的能发出声音，而且有些沙子还会"唱歌"呢！这样的沙子叫史鸣沙。

我国甘肃省敦煌县城南6000米处有一座鸣沙山，山峰陡峭，黄沙遍布。只要风儿吹过，山上的沙子就会发出一阵阵悦耳的响声，有时像是丝竹管弦之声，有时又好像正在吹响的号角。宁夏中卫县的沙坡头黄河岸边，也有一座鸣沙山，附近一居民经常听到这块沙地发出轰隆的巨响，就像打雷一样。内蒙古包头市的南部有一个响沙湾，同样存存鸣沙现象。响沙湾的沙子发出的声响有时好像飞机擦过天空发出的轰鸣声，有时又像是航行在大海上轮船拉响的汽笛声。

实际上，不仅是中国，其他国家和地区同样存在鸣沙现象。在美国的长岛、马萨诸塞湾、威尔斯西岸、英国的诺森伯兰海岸、丹麦的波恩贺尔姆岛、波兰的科尔堡以及蒙古的戈壁滩、智利阿塔卡玛沙漠、沙特阿拉伯的一些沙滩和沙漠，都会发出奇音妙声。据说，世界上已发现了100多处类似的沙丘。

通古斯大爆炸

住在西伯利亚地区通古斯河畔小镇上的居民们，至今还时常提起发生在这里的可怕事件。那是1908年6月30日的早晨，小镇的居民还没完全从睡梦中醒来。忽然，在天边的一角出现了一个比太阳还亮的大火球。它托着长长的尾巴，发出巨大的"噼啪"声，迅速地冲向地面。就在将要落入远远的密林时，这可怕的大火球突然炸裂开来。一股巨大的火柱直冲上天空，紧接着黑色的蘑菇云升起来，爆炸的冲击波使半径32千米以内的树木几乎全部被连根拔起。冲击波形成的飓风，把周围几百千米以内的马匹、房屋全部卷走。爆炸使许多人和上千只动物丧生，6000多平方千米的森林全部被摧毁。

这场大爆炸强烈地扰动了地球的大气，甚至远在美国华盛顿，也可以感觉到由它引起的气流扰动。因爆炸而产生的地震，波及到美国、印度尼西亚等地区。在西伯利亚、欧洲、非洲的北部一带接连出现了三天"白夜"现象。

后来，科学家们认为，通古斯大爆炸的破坏力相当于500枚原子弹和几枚氢弹的威力。

有人提出，这是一次天外陨石撞击地球的事件。那巨大的"火球"实际上是陨石在进入地球大气层时，与大气摩擦产生高温而形成的。但是，在爆炸现场，即没有发现陨石坑，也没有搜集到任何陨石的碎片。另外一些人认为，可能是一种质量很小的黑洞坠到了地球上，才会发生这巨大的爆炸。但到目前为止，黑洞只是理论上存在的天体，人们还没有观测到它。后来，又有人提出，这种大爆炸是强烈的雷电引起的，不过没有足够的证据。前苏联的一位科学家卡扎切夫认为，很可能是外星人驾驶的宇宙飞船，在西伯利亚着陆时发生了故障，从而引起的爆炸。还有人说，那来自天外的不速之客，也许是一颗彗星。

几十年来，关于这场灾难的起因，始终是人们争论的焦点问题，但至今未作出确切的结论。

集体自杀的鲸

鲸是生活在海洋中的大型哺乳动物，一旦离开海洋，它就会很快死亡。然而，却经常发生鲸集体上海滩搁浅"自杀"的事件。据统计，自1913年以来，集体自杀的鲸类总数超过了1万。人们想尽各种办法，企图将那些"想不开"的鲸再次送回大海，但一切努力都无济于事，那些强行拉回深水的庞然大物还会再次冲上海滩，直到生命终止。

这是怎么回事呢？科学家认为，鲸虽然也有一定程度的智慧，但是它绝不可能真正像人那样有意识的自杀。对此，科学家们有着截然不同的解释。有人认为，波涛汹涌的海水严重影响了鲸身体中的导航系统，使它听不清声音，不能辨别方向，从而陷入了绝境。生物学家们不同意这个观点，他们认为鲸受到地球磁力的影响，稀里糊涂地送了性命。也有人认为，鲸体内的寄生虫使它的听觉发生病变，从而导致了鲸的"自杀"。最近，又有人发现，在海中航行的军舰上的声呐系统会影响鲸的回声定位系统，使它发生紊乱，有可能致鲸自杀。

神农架盛产白色动物

在自然界中，白色动物极为稀少，因此非常珍贵。白色的北极熊只分布在北极圈一带，台湾和云南的白猴、非洲的白狮、印度的白虎等，都因其数量稀少，而备受瞩目。然而，各种各样的白色动物却经常出没在我国湖北的神农架，引起了人们极大的兴趣。到目前为止，在这一地区发现了白金丝猴、白熊、白狼、白蛇、白松鼠、白龟、白猿、白猫头鹰、白獐、白麂、白雕、白蜘蛛等20多种白色动物。人们常说："天下乌鸦一般黑"，但在神农架却发现了白色的"乌鸦"。

神农架的白色动物引发了科学界的大讨论。科学家认为，大多数白色动物应该属于种白化现象，只有少数种类可能是远古时期留下来的品种。也有人提出，这是由于神农架地区特殊的水文气候、地理环境等诸多因素造成的后果。还有人说，这些白色动物是新的动物品种。究竟是什么原因. 目前还不能下结论，有待于进一步考察和研究。

四大科学难题

当前世界上有四个最大的科学难题，全球各专业的科学家都在设法揭开大自然的这些秘密，如能解开这些谜团，那么人类的生活以及对世界的看法将发生根本的变化。

1. 人体基因结构

人的基因存储在一个螺旋形的大分子中。现在科学家希望能准确地知道在哪一种基因中存储哪些信息，因为每种基因由约3万个信息构成，要一个一个地检查，现在才查明约10万种基因中的100种。日前，科学家们已解出一个志愿者的全部基因密码，如能揭开全部基因的秘密，那么由于基因受损而引起的癌症、糖尿病以及其他迄今已知的4000多种遗传疾病都可以通过修复基因来根治。

2. 宇宙中的黑暗物质

根据新的计算，宇宙间存在的物质比现在天文学家看见的要多九倍，宇宙爆炸论才能成立。然而这些物质在哪里，是什么成分，是否还能发现大量的黑暗物质，完全是个未知数。

3. 受控核聚变

用7克氢核燃料能够产生6吨煤的能量，而且氢核燃料是从水中提取的，用之不尽，对人类和环境的危害也只是现在能源的1%。现在理论问题虽然解决了，实际问题还没解决。氢核聚变的前提是1亿度高温，如何建造能承受如此高温的熔炉。

4. 生命起源

美国科学家米勒仿造出40亿年前地球上的条件，结果在此条件下产生出氨基酸——生命的组成部分。但是如何演变成生命仍然是个谜，现在计算机科学家编制出人工生物的程序，在计算机世界中观察“生命”起源，他们认为，这是理解生命结构的第一步，未来的目标要模拟出生命的形成。

南北极冰层中沉积水银之谜

冰天雪地的北极一向被认为是没有污染的清净地，但科学家却发现当地食物链中的水银量在不断增加。原因何在呢？加拿大安省怀雅逊大学化学、生物及化工系华裔教授吕延家领导的研究小组经过多年的研究，终于以新发现的“汞雨”现象解开了这个谜团。她也凭着这项发现获得了加拿大安大略省省长杰出研究奖。

南北极的“汞雨”发生在每年春天，当两极经过漫长的冬夜之后，原来存在于空气中的水银与海水蒸发的盐分，经突然再现的阳光照射后产生化学反应，成为较重的悬浮粒子形态迅速降落地面，因此称为“汞雨”。“汞雨”现象引起世界各国科学界的重视，先后召开了多个国际会议。汞可以由无机物转变为有机化合物的特性在元素中独一无二。无机状态的汞很稳定，可以用于补牙；但甲基化汞等有机汞则含有剧毒，只要数滴就足以致命。

为什么南北极对称经线上都有大铁矿

在北极地区的俄罗斯西北部，有个叫作科拉半岛的地方，其具体纬度是北纬 66°～73°。前苏联的地质学家在这里发现了世界级的特大铁矿，其品位储量都是上乘的。这个发现是令人鼓舞的，因为在资源危机的今天，在北极地区发现特大的铁矿床对俄罗斯来说是有现实意义的。但地质学家们并没有就此止步，他们又把目光转移到与此对应的南极方向，从科拉半岛沿经线南下至南纬 66°～73°地方——南极大陆的查尔斯王子山。科学家们在这里果然发现了 70 米厚、绵延 200 多千米的带状磁铁矿。

南北极对称地点发现世界级的超级大铁矿是非常有趣的。人们有理由提出疑问，这种铁矿分布与南北磁极的位置是何种关系？它与现在人们通常解释的大陆漂移是何关系？如果把南北极已发现的铁矿与美国、澳大利亚以及中国海南岛的铁矿联系在一起去考虑，它可能反映了大陆板块漂移的某种规律。这种运动规律至今仍然是一个未解的大自然之谜。

秦始皇陵布局之谜

屡有奇迹出现的秦始皇陵在 7000 多件兵马俑的“护卫”下，已历经了 2200 多年的风雨。最新的考古勘探与研究表明，这个困扰人们多年的帝王陵园的布局之谜已经解开。

专家认为，秦始皇陵园就像是一座设计规整建筑宏伟的都城，面积约2.13平方公里，整个陵园布局可分为4个层次，即核心部位的地下宫城（地宫）、内城、外城和外城以外，主次分明。

秦兵马俑博物馆名誉馆长、秦陵考古专家袁仲一说，陵园核心的核心是地宫，即平常人们所说的秦始皇陵墓，它占据着内城南区2/3的面积。在内城和外城之间是秦陵园的外廓城部分。最后是外城垣之外的地区，其东边除了众所周知的秦兵马俑坑外，还有98座小型马厩坑及众多陪葬墓。

袁仲一分析，秦始皇时代中国社会正处于大转型时期，秦始皇陵不仅在中国陵寝史上首设陵邑、建设寝殿便殿，还首开大规模修建陪葬坑之风气。同时，秦始皇陵园内一墓独尊，没有发现皇后陵，其过渡性与复杂性常常出人意料。

幽灵岛之谜

1831年7月10日，一艘意大利船途经西西里岛附近，船长突然发现东经12°42′15″、北纬37°1′30″的海面上海水沸腾，喷涌起一股高20多米的水柱，直径大约200米。霎那间，水柱变成了一团500多米高的烟柱，扩展到整个海面。因为从未见过如此景观，船长被惊得目瞪口呆。8天后，这位船长再次经过这一海域，发现一个从未见过的小岛出现在海面上，岛高3米左右，中央部位仍在喷出巨大的蒸气柱和碎屑物质，周围海面上漂浮着大量红褐色石块和死去的鱼。

这年8月4日，这座小岛已经增高到60多米，许多人冒着灼热的蒸气上岛考察。他们发现岛上既没有动植物，也没有贝壳和海藻，只有浮石、火山渣和纺锤形的火山弹等物质覆盖着小岛。随后，英、法、德等国先后派专家前去研究勘查，并争先恐后地为小岛命名，“费迪南德岛”便是其中之一。英王匆匆宣布此岛主权为英国所有。

正当人们忙于测量、命名，将它画入海图，并确定其军事及民用价值时，9月9日，即小岛生成后一个多月，它却已经缩小到只剩原来的1/8；又过了两个月，小岛在海面上消失得杳无踪迹了。

此后100多年里，这座小岛一再出现和消失，最后一次浮到海面上来的时间是1950年。关于这种时隐时现岛屿的记载和报道，历史上发生过多起。从公元前186年到公元19年，爱琴海中就曾先后涌现过4个小岛，当时被称为

“神岛”。挪威海域的“多尔蒂岛”从1840年到1929年也曾多次出现后消失，消失后又出现。

这种时隐时现的小岛究竟是从何而来，又因何而去呢？多数地质学家把小岛的成因归结于海底火山喷发作用。在海洋的底部，有许多活火山。当这些火山喷发时，喷出来的碎屑物质和熔岩在海底冷却、凝固、堆积起来，随着喷发物质不断增多，堆积物多得高出海面的时候，就生成了一个新的岛屿。

至于小岛的消失，有的学者归因于火山岩浆喷出形成的熔岩未能形成与海底基岩坚固连接的基底，新岛屿抵抗不了海流的不断冲刷从而自根部折断，最后消失了。有的学者归因于岛屿形成后，再发生的一次海底猛烈爆炸摧毁了小岛；还有学者认为是火山活动造成同一地点地壳下沉，于是小岛陷落了。多种假设各有各的道理，但它们都不能说明，这类小岛怎么会一而再，再而三地在同一地点突现、消失，再突现、再消失，而在其邻近海域，却没有发生强烈的地震、海啸和湍流？这些现象始终困惑着无数科学家。

5200年前的冰人

名叫奥特兹的世界最古老木乃伊的躯体是1991年发现的。当时，几个德国登山家在意大利与奥地利交界的一处正消融的冰河内发现了他。当时，身高5英尺2英寸（约合1.57米）的奥特兹脚上套着山羊皮绑腿，躯体保存完好，右手上还握着一把刀。登山家们最初以为他是现代登山客，但科学家没多久便发现他来自5200年前。

最初，科学家曾推断他可能死于风寒，但就在两年前，科学家对木乃伊进行的一次X光检查却有惊人发现：冰人肩部竟有密度相对较大的物质，进一步检查发现，这是一枚深深刺人肩骨的箭头，这意味着冰人很可能是在躲避敌人追赶时中箭身亡的。对冰人所持刀具及衣服残片进行的化学分析表明，其上至少溅有另外4人的血迹，而冰人的右手处也有很深的伤口。

《科学》杂志发表了最新研究成果，冰人出生在现今意大利境内，活动范围不超过冰河以南60公里。这位生活在新石器时代晚期的“欧洲先民”，最可能的出生地是在意大利蒂罗尔南部的艾尔萨克谷，后来在温什高山区度过一段时光，随后启程前往葬身地——奥茨谷。

提供冰人活动轨迹关键线索的是其腿骨与牙齿。珐琅在牙齿发育成形时固化,通过分析其成分可得出冰人在3~5岁时吃过的食物痕迹,而骨骼成分分析则能提供冰人成年后的行踪线索,至于他存临死前几小时干了什么,查查冰人肠道内的内容就能知道答案。冰人肠道内的花粉表明,他的最后一段日子应是在距死亡现场以南不远的地方度过的。骨龄分析表明,他死时年仅46岁。

沼泽中的男子

1950年,一群挖泥炭的人在丹麦策伦德芬的泥炭沼泽中,发现一具铁器时代的男子尸体。他的面部因浸在沼泽中的酸液里而保存完好,看上去似乎仍在安睡一样。他在此已沉睡了大约2000年了。

他是什么人?为何被埋在沼泽里?令人颇感奇怪的是,尽管他表情安祥,但脖子上却套着绞索,这说明他是被吊死的。那么他是被谋杀的,还是因犯罪而处死的?

这具策伦德芬的男尸并非是在该沼泽中发现的第一具。数年来,挖泥炭的人已发现了多具铁器时代的男女尸体。他们大多数不是被绞死、吊死,就是被人割断喉咙后死去的,其中还有一位年轻姑娘是被人溺死的。以前发现的这些尸体通常未经仔细验尸就又埋掉了。直到策伦德芬男尸被发现后,人们才意识到这些发现的重要性,并进行了细致的验尸。

对策伦德芬男尸的胃部检查表明,他死前不久曾吃过一顿粥,而粥中的谷粒为冬季食物,因此他必定是死于冬季。这一发现使人们相信,沼泽中的人并非都是因为犯罪而被处死的。

北欧的冬季漫长而又酷寒。因此,为确保春季按时来临而举行的仪式,几乎无疑是宗教的一部分。这些人很可能是这种仪式上的祭品。

这些沼泽中的人极有可能是在隆冬的庆典上用以祭神的人祭。1952年,在离策伦德芬男尸17千米处发现了另一具尸体秉格劳巴勒的男尸。他的喉管被割断,头盖骨也被砸碎了。

策伦德芬的男尸头戴皮帽,帽带紧系。他的双手没有体力劳动的痕迹,因此可能是一位神职人员或贵族。这具尸体的脖上围着绳套,但安详的表情说明他死时未曾挣扎,因此可能是一个自愿的殉教者。

神秘的古埃及金字塔

古埃及到底建了多少座金字塔说法各异，有的说有 70 多座，有的说有 80 多座。埃及考古文物局局长 1993 年 1 月 3 日宣布，“在吉萨地区又发现一座金字塔。这是世界上最重大的考古发现，使金字塔总数增至 96 个”，此数字应是较为可信的。古人把死看作一种再生，所以像生前一样精心设计了死后的寓所。人类对死的沉迷或许会在下个世纪结束。相信下个世纪不会再有什么君主或总统造这类坟墓了。法老为来世建“大厦”，埃及最主要的金字塔的主人是法老。法老，这个称谓的原意就是“住在大房子中的人”。作为国王的人是“无房户”吗？金字塔仅是解决国王们死后的住房问题吗？当然不是。法老们关心死亡，主要是为来世作物质方面的准备。来世是埃及宗教信仰的一个主要特征。国王不想让死成为权力的终结，所以国王死后用香料等药物涂尸防腐，然后将尸体（木乃伊）和食物及其他必需品一起放入巨大的陵墓中。

久放不腐的人体

具有悠久历史的意大利西西里岛的古老遗址中，还保留着旧石器时代绘画的驿罗萨里奥洞窟教堂。从外表看，它很普通，可是它的另一个神秘之处更令人吃惊：在这里的地下，竟沉睡着 8000 具木乃伊！

这里有个地下墓室，在墓壁两侧密密麻麻地立着许多木乃伊，令人心惊胆颤。而真正使这座地下墓室闻名于世的却是 8000 具木乃伊中一个年仅 4 岁的女童木乃伊。

这个女童名叫伦巴尔特·劳扎丽亚，她死于 1920 年 12 月 6 日。她死后，她的母亲十分悲哀，特将巴勒莫的一位名叫萨拉菲亚的医生请来了，向他恳求：“请您设法让我孩子的遗体永不腐败，这是我唯一的祈愿”。萨拉菲亚医生为这个女童做了特殊注射，据说他使用了数种药剂。

如今 70 年过去了，这个女童仍安眠在一个单独的玻璃棺内，无论怎么去看，她都令人觉得依然是活人一般。凡是看见了女童的人，都会情不自禁地发出感叹：呵，她还活着！

她依然那样可爱、美丽，面庞仍像生前那样红润、丰满，肌肤也是那样粉嫩、光滑。此时此刻谁会相信，她已死了 70 年了呢？事实上，即使对于众多的科学家来说，女童的存在也是一个无法解开的谜团。

水晶骷髅

1926 年在洪都拉斯玛雅文明的故址发现了水晶的雕刻。摘下下颚的那一部分，从下部碰一下，两眼会发光。尽管从解剖学角度看来，大致是正确模刻人类的头盖骨，但齿列紧密相咬的精巧程度实在令人叹服。

还有个让人吃惊的制作方法，牙齿有一部分明显地是使用旋转一类的工具切削了的痕迹。使这个精致的工艺品能上下合并，旋转工具在当时的技术水准想是无论如何不可能存在的吧，这使水晶头骨之谜更加令人费解。

蓝皮肤的人

就人的肤色来说，世界上有黄、白、棕、黑四种人。现在，有人还发现了蓝色皮肤的人。

据报道，一支考察队在非洲西部与世隔绝的丛林中，发现了一个庞大的蓝皮肤家族。他们居住在洞穴之中，过着狩猎的原始生活。考察队员们简直不敢相信自己的眼睛，他们怀疑这些人的身上涂抹了什么东西才使它们的皮肤变蓝的。但是，经过进一步的调查，队员们发现，这些奇特的人不但皮肤是蓝色的，血液也是蓝色的！

无独有偶，美国一位著名的运动生理专家在智利境内海拔 6000 多米的高山上，也发现了蓝皮肤的人。他的行动十分敏捷，灵活得就像猴子一样。另一位美国生物学家在喜马拉雅山考察时，也曾在 6000 米以上的地方，发出了蓝皮肤的人。这些蓝色人在空气稀薄的高山上竟能谈笑自如，还能做笨重的劳动。

据说，在非洲撒哈拉沙漠中，也生活着为数不多的蓝色人。由于他们极力避免与其他人接触，因此人们很难发现他们的踪迹。当探险人员第一次看见这些蓝色人时，惊讶极了，还以为自己遇到了“天外来客”呢！

旅鼠集体投海

鼠类的生存能力极强，在与人类的“斗争”中，有时还会占上风。但是令人大惑不解的是，有一种繁殖能力很强的旅鼠，每隔三至四年，便会成群结队地投海自尽。

这是为什么呢？一些学者认为，大约在1万年前，旅鼠生活在多年冻结不化的大冰原上，后来，由于气候变化，冰雪融化变成了北冰洋。而那些跳海的旅鼠以为当年的冰原大陆依然存在，因此才会奋不顾身地跳进大海，这只是它们保留了迁移的本能。

也有人认为，旅鼠是在寻找它们远古时期的家园——大西洲。虽然大西洲早已不复在，但它们仍然痴心不改，遵循着祖先的足迹，以为可以到达彼岸。这样，才会落得葬身大海的可悲下场。而持反对意见的人则认为，旅鼠投海与它们超强的繁殖能力有关——过多的旅鼠破坏了居住地的生态平衡.为了缓解这种状况，一些旅鼠就选择了自尽。

以上的这些说法都只是推测，到底是什么原因使旅鼠周期性的大批投海自尽，而又没有导致它的灭绝呢？科学家们正在继续探索。

亚特兰蒂斯城

2300多年以来，这个充满了传奇色彩的城市之国一直激发着人类的想象力。根据传说，亚特兰蒂斯城的城墙和宫殿都是用黄金筑成的，并且在公元前11500年沉没在大海中。这个神话可以追溯到古希腊哲学家柏拉图，他在《克利梯阿斯篇》和《蒂迈乌斯篇》中第一次提到亚特兰蒂斯城。根据柏拉图的记载，是地震让亚特兰蒂斯沉人大海。柏拉图把这个高度发达的富庶国家描述成“被隔开的水域和土地环绕着”——也就是被环形的运河所环绕。从此，热衷于研究亚特兰蒂斯城的人们在地球上发现了50多个可能是该城遗址的地方，在大西洋、在黑海、在亚速尔群岛、在桑托林岛和克里特岛，甚至在北海中的德国赫尔果兰岛。目前人们仍在继续寻找。

诺亚方舟再现

“你要用柏木造一只方舟，舟内建造一些舱房，内外都涂上沥青。你要从一切有血肉的生物中，各带一对，即一公一母，进入方舟，与你一同生活”，上帝用这几句话命令诺亚造一艘船，用它来拯救他的全家和动物免遭大洪水的淹没。在150天的大水之后，诺亚方舟停靠在今天土耳其东部的亚拉腊山上。

1949年，人们在亚拉腊山西北翼5000米高处测绘地形时发现了一个罕见的石头形成物。这个形成物像个船身，其183米的长度和《圣经》中记载的诺亚方舟的规格大致吻合。它在研究界引起了“方舟热”。80年代，业余考古学家罗恩·怀亚特对这一现象进行了研究，并根据这个物体上的大量线痕来证明它就是诺亚方舟。它的形成“只是”因为地陷还是更多地涉及科学家们今天所说的“亚拉腊山反常”，现在也许只有通过地质卫星的照片才能展示清楚。

星象盘

在德国内布拉附近的米特尔贝格山发现的星象盘是直径为32厘米的青铜盘，重达两公斤，有3600年的历史。

3年前，两个盗墓贼发现了这只星象盘并试图将其卖掉。后来，它在瑞士巴塞尔被查封。内布拉的星象盘在全世界引起了轰动。“这只出土文物就像英国著名的巨石阵和埃及的金字塔一样重要”，德国考古学家哈拉尔德·梅勒博士说。

这只星象盘是在252米高米特尔贝格山顶峰上的一堵环形的围墙里发现的。“我们不知道它是侯爵的坟墓还是存放圣物的地方”，梅勒猜测道。对于天文学家沃尔夫哈德·施洛瑟来说，这只星象盘是有关宇宙的最古老的表现形式。“很有可能是当时祭司用这只星象盘来预测下一次月食的发生。他一定是拿着这个铜盘站在那个小丘上。月亮一旦位于昂星团上方，几天后就会出现月食”。在过去长达1000年的时间里，存米特尔贝格山这只星象盘的出土地方有可能被看作天文观测台。目前，这个星象盘已经存放在哈雷的萨克森一安哈尔特州立博物馆里。

恐龙陨石坑

恐龙是地球上出现过的最大的陆地脊椎动物。它们突然灭绝的谜团看来已经被慢慢地揭开。原因可能是因为6500万年前有一颗小行星撞到了墨西哥尤卡坦半岛上,美国最近的计算机模拟也表明了这一点。直到12年前,这个巨大的陨石坑才被发现。从2001年12月起,德国波茨坦地理研究中心开始了这方面的研究。这个天体可能以相当于100亿颗原子弹的冲击力在地球表面撞出了几公里深的裂缝,撞击的碎片纷纷散落,引起了强烈地震、海啸、大洪水和大火灾。这次碰撞产生的大量灰尘和气体混合到大气中,遮天蔽日,使气候出现反常。先是大火,再是冰川期,接下来又是难以忍受的炎热。这场生态灾难造成了植物群和动物群的灭绝,其中包括恐龙。

人体自燃之谜

早期最有充分证据证明人体自燃事件之一,是巴托林在1673年做的记录。巴黎一个贫苦妇女,一天晚上回家上床睡觉后,夜里自燃而死。次日早晨人们发现,她只有头部和手指遗留下来,身体其他部位燃烧为灰烬。根据这次自燃事件由法国人雷尔在1800年发表了第一篇关于人体自燃的论文。

以后不长的时间内,法国、英国、意大利都有过人体自燃现象引起轰动的实例。最近一次比较有影响的是1976年12月27日,由《阿尔及利亚先驱报》报道的拉歌斯市一户7口之家有6个成员烧死,成为当时最难解释的谜。报道说:“现场调查显示该木房一切物件完好无损,连被褥也整齐地放在床上,但从被焚死者的严重程度来看,房中一切应荡然无存”。

按照常规来讲,人体的器官组织和骨骼只有在摄氏900~1000度的高压火葬场才有可能烧成灰烬,而自行燃烧的确不可思议。此外有人提出其他自燃因素,如流星、闪电、体内原子爆炸、激光束、地磁能量等,但这些在什么样的条件下才能发挥作用形成自燃,则没有解释。总之,人体自燃现象目前仍是一个难解之谜。

地下陵寝的宝藏

秘鲁政府近年宣布对古印加奇姻王国首都废墟的地下国王陵墓加以严格保护，不允许人们随便破坏它，并且在严密防卫下，由两位经验丰富的秘鲁考古学家花费几年时间在此地挖掘。他们在寻找什么呢？

在16世纪下叶，一位名叫古特尼茨的西班牙商人探险来到此地，他由一位印第安部落头人引路，穿过错综复杂、九曲十折的地下迷宫，来到这座地下的国王陵寝。瞬间这位青年商人被金光灿烂的黄金珠宝照耀得不知所措，这座陵寝内摆满珍奇珠宝，其中包括一些镶有翡翠眼睛并用黄金铸造的鱼，印第安头人平静地告诉面前这位惊恐万分的西班牙人，只要他协助建设当地的公共工程，这些黄金便全归他了。无须犹豫，这无疑是一个千载难逢的良机，古特尼茨拼命点头，于是，他如愿以偿以一个巨富的姿态返回西班牙。

至于古特尼茨捞得多少黄金可能永久成为未知数，但根据1576年的西班牙税收记录记载，古特尼茨不仅向国王密报了这处"小鱼"宝藏，而且慷慨地奉献了900磅黄金为税金，可见他得到了多少财富。然而，在他之后的无数探宝者却没有这种运气，但总有人提供了激动人心的线索，在当地废墟下面，隐藏有一处"大鱼"宝藏，里面摆满更多陪葬的黄金物品。此说真真假假，为陵寝蒙上了一层神秘的迷雾，而揭开这层迷雾，则有待于那两位秘鲁考古学家的运气了。

亚马孙密林的黄金城

在古代，有一个以南美秘鲁为心的印加帝国，十分强盛，京城内所有的宫殿和神殿都是用大量金银装饰而成，金碧辉煌，灿烂无比。16世纪初，西班牙人推翻了印加帝国，掠夺了所有黄金宝石，西班牙统帅庇萨罗听说印加帝国的黄金全是从一个叫帕蒂酋长统治的玛诺阿国运来的，而且那里金银财宝堆积如山，庇萨罗立即组织探险队，开赴位于亚马孙密林深处的黄金城。然而在这个广袤无垠的原始森林里，每前进一步都意味着恐惧和死亡，这里有猛兽毒蛇，有野蛮的食人部落，有迷失道路的危险，一支支探险队或失望而归，或下落不明，使庇萨罗遥望这片森林只有以想象自慰了。

随后,西班牙人、葡萄牙人、英国人、荷兰人和德国人风闻黄金城的消息,谁都想一攫千金,于是蜂拥而至,深入亚马孙密林。其中,有位叫凯萨达的西班牙人率领约716名探险队员向黄金城进发,在付出550条性命的惨重代价后,终于在康迪那玛尔加平原发现了黄金城和传说中的黄金湖,找到了价值300万美元的翡翠宝石,然而这仅是黄金城难以估价财宝中的微小部分。

传说中的黄金湖就是哥伦比亚的瓜达维达湖。在17世纪初时,一位印第安族最后一位国王的侄儿向人们描述了在黄金湖畔所举行的传统加冕仪式,当时,王位继承人全身被涂上金粉,如同黄金塑就,然后在湖中畅游,洗去金粉,他的臣民纷纷献上黄金、翡翠,堆在他的脚旁,这位新国王将所有黄金丢进湖中,作为对上帝的奉献,这种传统仪式举行过无数次,可见黄金湖的蕴藏量对人们的诱惑了。

从16世纪以来,对黄金湖的打捞一直没有停止过。1545年一支由西班牙人组织的寻宝队,在3个月时间内就从较浅的湖底捞起几百件黄金用品。1911年,英国一家公司挖了一条地道,将湖水抽干了,但太阳很快地把厚厚的泥浆晒成于硬的泥板,当英国人再从英国运来钻探设备时,湖中再度充满湖水,这次代价昂贵的打捞归于失败。

1974年,哥伦比亚政府担心湖中宝藏落入他人之手,出动军队来保护这个黄金湖,从此再也无人能够接近这批宝藏。于是,神秘的黄金湖便成为一个无法揭开的谜底了。

神秘失踪的第八奇观

18世纪初,以追求豪华生活而著称的普鲁士国王腓特烈一世心血来潮,异想天开,建造了被他称为世界第八奇观的琥珀屋。琥珀屋约55平方米,全部用琥珀板镶成,室内的装饰板也全部用带银箔的琥珀板镶成,堪称旷世珍宝,世界一绝。不久,为了讨好俄国,腓特烈一世将这稀世之宝作为礼物送给彼得大帝。

彼得大帝病逝,继位的女皇又对琥珀屋加以扩整,使之更加精美、珍贵、华丽,成为皇宫里的一颗灿烂明珠。二次大战期间,德军占领苏联,一个以掠夺文物为目的的法西斯组织将琥珀屋拆卸装箱运往柯尼斯堡。战后,苏联一个寻找琥珀屋组织根据一个德国人的指点,在波罗的海水中打捞起17个箱子,可是,箱内装的不是琥珀屋,而是滚珠和轴承。在重新研究大量材料时,寻宝人员发现德国一位研究琥珀极有造诣的艺术教授罗德博士是位知情人，原来罗德博士从纳粹手中接收了琥珀屋，并亲自为它编排目录，举办过小范围展览，而且在法西斯失败前曾下令拆卸琥珀屋，但是罗德对琥珀屋的确切收藏位置模糊不清，正当他继续考虑线索时却不明不白的暴死了。搜寻队又将线索转向一位名叫库尔任科的苏联妇女身上，她曾与罗德一块共事，并负责保管被认为是包括琥珀屋在内的艺术展品。

这位妇女回忆说，在德军撤退时，一群军人曾歇斯底里地破坏这些艺术品，接着城市又燃起了熊熊大火，那些展品和放置它们的城堡被烧成一片灰烬。因此出现这样一个问题，琥珀屋是否就混在这批艺术品中？

线索中断了，但并没有阻止搜寻队的行动，而且不少德国人也纷纷协助寻找琥珀屋，一家图文并茂的杂志甚至登出广告，号召人们提供有关琥珀屋的线索。一时间，从柏林、莱比锡、慕尼黑、汉堡等地来的信件犹如雪片飞向编辑部。

一位青年提供了一条有价值的情报，他的父亲乔治·林格尔曾是纳粹的军官，具体过问并执行了掩藏琥珀屋的命令，并在生前曾亲口告之，琥珀屋藏在一个名为斯泰因达姆的地下室。这份情报义给人注射了一针兴奋剂，搜寻队推断，琥珀屋至今未转移出罗德博士所在的那座城市，也许它仍在一个地下室静静地沉睡着，看来想要揭开琥珀屋之谜是件不易的事情。

葬于海底的加州金矿

公元1849年，美国加州发现金矿，一时间便掀起淘金热，西部和东部的冒险者云集此地，为一寸矿地而争夺，火并、流血整整8年后，一群群人带着用血汗换来的黄金，准备回家，结束这种残酷危险的日子。

一大群淘金者风尘仆仆，带着他们的妻子、孩子，辗转万里，开始了又一种恐惧的行程。他们从旧金山搭船到巴拿马，再搭骡车横越巴拿马地峡，最后乘船驶往纽约。这群人离开巴拿马两天后，也就是1857年9月10日，所乘坐的“中美”号汽船遇上了意料不到的灾难，这艘小小的汽船有750余人，吃水太紧，加上遇到飓风，狂风暴雨的袭击使船舱破裂，海水漏了进来。人们发现船帆被强风吹断，锅炉的火熄灭了，一望无际的大海使这群人感到绝望。他们组成自救队，妇女和儿童被送上救生艇，全部获救，但423名淘金汉连同那无法估量的黄金葬身海底。那些幸存者们个个已无法确定沉船的准确方位，这批加州黄金宝藏的下落成为一个谜团。

一位著名的寻宝专家名叫史宾赛,他曾有过寻获几艘在美国内战中沉没船只的成绩,对这艘载有黄金的“中美”号汽船表示了强烈兴趣。目前,他已花费了15年时间来寻找“中美”号,并深信已找到该船沉落的确切地点,并希望在两年内打捞出这批黄金。史宾赛似乎为解开加州宝藏之谜带来一线光明。

变化莫测的钱坑宝藏

1795年10月,三位少年登上离加拿大仅3英里处的橡树岛旅游,他们发现朝海一面的大片红橡树林中突然出现空旷地,地中间独立着一棵古橡树,树枝上似乎挂过一个古船的吊滑车,正下方有一个浅坑。根据迹象判断,这里可能埋有海盗的宝藏。

原来,橡树岛在17世纪时是海盗出没之地,有一个著名海盗叫威廉·基特,1701年他在伦敦被处决,临死前提出一个交换条件,若他能免一死,愿告诉一个埋宝地方。但他被拒绝,连同那个宝藏一道被送进阴间。

那么,基特的宝藏是否就是埋在此地呢!三位少年开始挖掘,发现那坑像个枯井,每融10英尺就碰到一块橡木板,最终毫无结果。1803年,又一群人继续挖掘,当挖到90英尺深时,发现了一块刻有神秘符号的石板,经专家破译,意思是在此下面埋藏了2000万英镑。人们欣喜若狂,他们一边抽水一边挖掘,在一天晚上用标杆探底时,在98英尺深处触及到类似箱子的硬物,当即大伙谈起了宝藏分配。可是第二天,人们惊讶地发现,坑内积水已达60英尺深,于是希望成为泡影。仍不死心的掘宝者又陆续做过15次挖掘,耗资300万美元。在1850年时,人们又有个奇怪的发现,退潮时,“钱坑”东面500英尺处海滩上不断冒出水,犹如吸满水的海绵不断受挤压一样;同时又发现了一套精巧复杂的通向“钱坑”的引水系统,它们使“钱坑”变成一个蓄水坑。于是人们作出一个推论,海盗将钱坑挖得很深,然后从深处倒过来挖出斜向地上的侧井,宝藏可能离“钱坑”几百英尺远而埋在斜井尽头,离地面不过30英尺深,这使海盗们可以迷惑掘宝者,而自己才能轻易挖出宝藏。

1897年人们又在155英尺深处挖出一件羊皮纸卷,上用鹅毛笔写着二封信,有的人还挖出了铁板,这些发现更使人相信海盗们埋了一笔巨大财富。20世纪时人们估计有1000万美元,在60年代便传说有1亿多美元了。在“钱坑”

挖掘时，曾有一个传说，必须死掉7个人才能揭开其秘密，目前已有6人在企图到达坑底途中丧生。看来，真正秘密的揭开已为期不远了。

现在，一个由加拿大和美国人组成的联合公司正在对“钱坑”进行前所未有的大规模发掘，在岛中心投资1000万美元钻了一口巨井，高达20层楼，并在其他地方钻了200个洞，有的达165英尺深，已接近岩层；钻头从地下带出了金属制品、瓷器、水泥等物，这家公司格外卖力，计划再挖一口直径为80英尺、深200英尺的大井，并预备了足够的抽水泵，看样子，他们准备将橡树岛翻个底朝天。

原来，他们推测可能有几十亿美元埋在地下，这大概是力量和耐心的真正源泉。“钱坑”之谜的揭晓为期不远了，它可能犹如埃及图特王陵墓一般举世震惊，它也可能是一个耗费巨资掘出的空洞。

恐怖的亚利桑纳州金矿

在美国亚利桑纳州，有一个称为迷信山的山区，这里荒草丛生，怪石峥嵘，猛兽出没，到处是凶狠的响尾蛇。在山中某一个不知名的地方，有座被人们称为“迷失荷兰人金矿”吸引着无畏的探险者们。

1840年末，一位名叫伯拦塔的探险人深入山区，几经艰险，终于发现一处矿藏丰富的金矿，他仔细地作了标记，以便终生受用。从此很多探宝人一直想找出这处金矿，但很多人不幸葬身荒野，有些人则在途中惨遭印第安人伏击而身亡。在通往黄金路上障碍重重，充满恐怖的气氛。

后来有一位德国探险者华兹终于找到了这处金矿，他经常在山上待上两三天，然后神秘地潜回老家，每次总会捎上几袋高品质的金矿。知道这个金矿地点的还有他的两个同伴，但是他俩全被人神秘地杀害了，凶手是谁？不得而知，大概和这座金矿一样成为永久的秘密。

1891年，华兹死于肺炎，他在临终前画了一张地图，标明了这处金矿的位置。1931年一位名叫鲁斯的男子弄到了这张不知真伪的地图，于是他携带地图，进入了迷信山山区，然而他却一去不返。6个月后，有人在迷信山区发现了他的头颅，头上中了两枪，样子很惨，可以想象他一定被一种极为可怕的景象吓呆了，那么杀手又是何人呢？1959年又有3位探险者在这处山区遇害，是谁杀了他们呢？无论怎样，凶手肯定是金矿的知情人，他们试图保留这不成为秘密的秘密，然而这一切阻止不了倔强的寻宝人。因而，探险者的身影、枪声、腥血、响尾蛇、荒野的呼啸构成了亚利桑纳金矿恐怖的色调。笼罩在迷信山山区的迷雾更加使人混沌不安。

幽谷奇雾之谜

黑竹沟由于山谷地形独特，植被茂盛，再加之雨量充沛，湿度大，山雾是这里的特色，经常是迷雾缭绕，浓雾紧锁，使沟内阴气沉沉，神秘莫测。此处的山雾千姿百态，清晨紫雾滚滚，傍晚烟雾满天，时近时远，时静时动，忽明忽暗，变幻无穷。据当地彝胞讲，进沟不得高声喧哗，否则将惊动山神，山神发怒会吐出青雾，将人畜卷走。考察者分析，人畜入沟死亡失踪原因，迷雾造成的可能性很大，人们进入这深山野谷的奇雾之中，地形又不熟，很难逃脱这死亡谷的陷井。当地人和考察者总结出这样一个顺口溜"石门关，石门关，迷雾暗沟伴保潭；猿猴至此愁攀援，英雄难过这一关"。彝族同胞自豪地说，黑竹沟是一个金山银地，连雾也舍不得离。这里"盛产"的雾，扑朔离奇得象软绵绵的飘布，一旦深入其中，会把你包围，把你吞没，这里的雾为什么这样变幻莫测？为什么会导致伤亡？雾气会不会含有其他成分，还有待人们去研究。

阿留申岛弧之谜

阿留申岛弧是地震频繁的地区之一，令人感兴趣的是阿留申岛弧向南弯曲，这种形状似乎显示有一种自北向南的力推动形成的，如史前冰川的推动等。另外，阿留申岛弧南侧的深海沟表明，太平洋的海底扩张对其他作用是向北推进的，但从太平洋洋脊位置来看，太平洋洋脊伸入到北美大陆，南北向偏东分布，其扩张方向应是向西偏北，而不应向北，那么，阿留申海沟是如何形成的呢？

印度洋上的光轮

自 19 世纪中叶开始，海上"光轮"就引起了人们的注意。1848 年，英国一艘船只的航行报告中讲到，两个海上"光轮"向该船旋转而来，当它们靠近该船时,船的桅杆倒了,并散发出强烈的硫磺气味。1880 年 5 月的一个黑夜,“柏特纳”号轮船正在波斯湾海上航行。突然船的两侧各出现一直径约 500 ~ 600 米的巨大“光轮”。这“光轮”围绕着自己的中心旋转着向船只擦来,20 分钟后消失。

奇异的湖

察尔汗盐湖位于柴达木盆地,从青海省格尔木市区出发,不用一小时就能到达。这里曾经是一个水域辽阔的大湖,后来气候干燥,湖面缩小,湖水含盐量增高,成了盐湖。原来的湖区成了干盐滩,残留下来的小湖,湖面上也结了一层厚厚的盐盖,就像冬天湖面上结的冰。放眼望去,整个湖面白茫茫一片,就像终年的积雪。所谓“万丈盐桥”指的就是利用这种盐盖所修的公路。青藏公路有 31 千米的路段是修在察尔汗盐湖上的。事实上,青藏铁路有 32 千米的钢轨也架设在察尔汗盐湖上。所以来此观光,你就能看到火车和汽车在湖面上飞奔的壮美景观。

奇异的贝加尔湖

在俄罗斯西伯利亚东南,有一个全世界最大的淡水湖——贝加尔湖。在西伯利亚人眼中,贝加尔湖是一片神圣不可侵犯的“荣耀之海”。就是这样一个极富吸引力的蓝色深湖,蕴藏着无尽的奇特谜团。这些谜团就像贝加尔湖本身一样,变幻莫测。英国研究员发现,一般湖泊深到二三百米时便少有生物。贝加尔湖却是特例,湖深处含氧丰富,生物种类奇多,甚至在 1600 米底部仍可见到大量生物群。这可能是因为湖面强风吹袭,再加上每年大批沉入湖底碎冰带来足够的溶氧,才使得湖底蕴藏生机吧。贝加尔湖内特有的底栖生物含量之丰也令人惊叹,欧洲湖泊像虾状的扁形虫总数只有 11 种,而贝加尔湖却高达 335 种之多。

蛇岛的奥秘

神奇的大自然，供给人类空气、阳光和水，同时也给人类带来了许多不可思议的谜。在中国辽宁省旅顺西北25海里处的渤海湾海面上，有一个面积约1平方千米的岛屿。岛上地势陡峭，多洞穴和灌木。就在这样一个由石英岩和石英砂岩组成的小岛上，盘踞着成千上万条蝮蛇。因而，人们称它为蛇岛。蛇岛以蝮蛇的数目众多而闻名中外。的确，当你踏上蛇岛，你就会发现，无论在树干上或草丛中，还是在岩洞里或石隙内，处处有蛇。它们蜷伏着，爬行着，张口吐舌，露出一副凶相。这些蛇会利用各种保护色进行伪装，它们倒挂在树干上就像枯枝，趴在岩石上恰似岩石的裂纹，蜷伏在草丛间又活像一堆牛粪。据统计，蛇岛上的蝮蛇有2万多条，并且每年增殖1000条左右。这种情景在世界上也是独一无二的。人们不禁要问，在这弹丸之地的孤岛上为什么栖息着这么多的蝮蛇？

奇特森林的奥秘

森林，相信大部分人都见过。但你知道地下森林是怎样的吗？或者说什么是地下森林呢？这其实是一种特殊的地理现象。地下森林之所以称为地下，在于从外表几乎看不见森林。它生在火山口里面，只有到了火山口边上，才可看到口里面有森林。在黑龙江省安宁县境内的张广才岭上，海拔千余米处就有中国著名的地下森林。它很壮观，面积600平方千米，生长在7个死火山口内。这个地下森林是怎么形成的呢？有关专家推断，1万年前这些火山处于活动时期，常喷出大量岩浆，等到岩浆冷却以后，就变成了7个大深洞。由于长久的刮风下雨，岩层风化剥蚀，加上动植物、微生物等活动，逐渐有了土壤。动物或风力携带来了种子，种子扎下根，由草本植物的繁茂直到长出树林来。火山口一带是植物生长的“世外桃源”。这里年平均气温4℃，年降水量600～800毫米。火山口内比较潮湿，土层肥沃，生长的植物竟达百余种。

南极的不冻湖

南极是人迹罕至的冰雪世界，素有白色大陆之称。在南极，放眼望去，皑皑白雪、银光闪烁。这片1400万平方千米的土地，几乎完全被几百至几千米厚的坚冰所覆盖。零下五六十摄氏度的温度，使这里的一切都失去了活动，丧失了原有的功能。石油在这里像沥青似凝固成黑色的固体，煤油在这里由于达不到燃点而变成了非燃物。然而，有趣的自然界却奇妙地向人们展示出它那魔术般的本领，在这极冷的世界里竟然奇迹般地存在着一个不冻湖。科学家提出这是气压和温度在特殊条件下交织在一起的结果。在3000多米冰层下，压力可达到278个大气压。在这样强大的压力下，大地所放出的热量比普通状态下所放出的热量多，而且冰在－2℃左右就会融化。另外，冰层还像个大地毯，防止了热量的散发，使得大地所放出的热量得以积存。这样在南极大陆的凹部就可以使大量的冰得以融化，变为湖水。

海火之谜

海洋是地球上占地面积最广的区域。在岁月的长河中它涌现出许多难解的谜团，例如奇异的海火现象。海火是怎样产生的？一般认为，这与海里的发光生物有关。水里的发光生物因受到扰动而发光，是早为人们所熟知的现象。这些生物种类繁多，除甲藻外，还有许多细菌和放射虫、水螅、水母、鞭毛虫以及一些甲壳类、多毛类等小动物。因此，人们推测，当海水受到地震或海啸的剧烈震荡时，便会刺激这些生物，使它们发出异常的亮火——海火。

响石与跳石

任何时候都不能用一成不变的眼光来看待事物，对于石头也是如此。因为石头不仅能跳，还能如乐器似的发出悦耳动听的声音。浙江省湖州有一个黄龙洞，这是一个不引人注目的小溶洞。但是，倒挂在这个小溶洞顶部的很多岩石却是不同寻常的，因为它们是闻名天下的“响石”，会发出美妙的音乐。如果用力敲击这些岩石，就如拨动琴弦，不同的打法会发出不同的音响。假如音乐家有节奏地敲打它们，还可以演奏一曲动听的“响石乐”。石头能当乐器使，这到底是怎么回事呢？原来黄龙洞是由石灰岩组成的，斗转星移，石灰岩被含有二氧化碳的流水所溶解，渐渐形成了溶洞。而溶洞靠近古太湖，古太湖的湖水升降十分频繁，石灰岩逐渐被冲刷溶解。久而久之，石灰岩成为中空状，而且形式各种各样。它们还有一个共同的特点就是比较扁而薄，因此只要受到了震动，就能发出各种清脆的音响，萦绕在耳边。

沸石

沸石的奥秘在科学仪器检测下终于露出了其“庐山真面目”。它的晶体非常细小，只有在电子显微镜下才能看到。它是无数沸石晶体构成的集合体。晶体的形状也各不相同，每个晶体的内部有大小均匀的孔穴与孔道，可想而知，构成晶体的孔穴和孔道当然就更小了。孔穴被孔道连通，形成了非常整齐的孔穴孔道网。在孔穴和孔道中，常常有水和镁、钾、钙等物质，受热或遇上干燥环境，水汽就会冒出来。

恐怖的毒石

1986 年 8 月，非洲马里共和国的一个地质勘探队正在亚名山进行勘探，挖着挖着，猛然觉得下面硬硬的，好像有什么异常物体，急于挖到“宝”的他们，不辞辛劳地干了起来。很快，一块美丽的大石头呈现在他们面前。石头的上部呈蓝色，下部呈金黄色，形状就像鸡蛋一样，大约重 5 吨。他们还未来得及分享“胜利”的喜悦，就已感觉到手脚麻木，视线模糊，接着发出痛苦的呻吟。不久，他们被送到了医院，虽经医务人员奋力抢救，还是因中毒过深而未能逃出死神的魔爪。他们为什么会中毒呢？据科学家解释这种石头多在火山口附近，由于被火山喷出的亚硫酸和硫化氢气体浸熏，所以有了毒性。

“鬼火”的成因

“鬼火”是不是就单单是磷火呢？其实不然，在长谷镇研究者们把所有出现“鬼火”的地方全都标绘在地图上。这时，他们发现“鬼火”都出现在石英矿的断层带附近，因而估计这与石英的压电效应有一定联系。为了验证这一设想，他们做了一次人工地震的实验。果然，当地震发生时，仪器记录下了石英因受压而产生激变电压并伴随出现无线电波的辐射。与此同时，红外摄像仪上则拍下了“鬼火”的真迹，从而证实了“鬼火”的产生确实与石英的压电效应有关。据此，他们认为，由于长谷镇附近的断层是一种活动断层，当断层发生错动时，地下的石英受到压力，产生压电电荷。电荷聚集到一定数量便会放电。若放电足够强烈，就会使近地面的空气大量电离，温度骤升，放出熠熠群光，出现一团团直径为5～100厘米大小的光球。

木乃伊尸体的防腐

木乃伊的防腐过程如下：清空了内脏器官后，他们开始用棕榈油涂遍尸体的全身。有时在缝合好尸体之前还要再添进去一些沥青或者松香等防腐物。然后把这具已经处理得很干净的尸体放在铺了一层泡碱、脱水盐等防腐剂的床上，再在尸体上放上更多的泡碱。食盐本来对皮肤有很强的腐蚀性，还是造成脱发的原因。但经过提炼后的食盐却具有完全不同的特效功能，可以起到保护皮肤和头发的作用。用泡碱浸泡了40天，等尸体的水分被完全排出后，再用尼罗河水冲洗掉尸体表面的原料，最后用亚麻布包起来，等待下葬。木乃伊就制作完毕了。对尸体进行防腐处理的方法有许多种，但在新王国时期所使用的方法最为复杂，效果也最好。要防止人体的内脏器官不腐烂很不容易，所以他们就干脆把这些器官从体内取出来，用食盐把里面的水分吸干，再用食油或者液态的松香浸过，然后用一种名叫卡诺皮克的罐子一样的容器保存起来，随木乃伊一起葬入陵墓（到了后来，这些器官是用亚麻布包好之后又放进体内一起埋葬的）。他们还经常用一根长管子穿过鼻孔，把脑袋里的液体抽干。古埃及人认为这些东西没有多少价值，因为心脏才是人类智慧和感情的源泉，才是时间的无限性的衡量尺度，所以他们把心脏留在了体内而把其他的器官用刀子挖出来。

奇怪的倒影塘

广州一村庄有个奇怪的倒影塘。塘内的倒影来自广东花县最高的山峰独秀峰。此峰并不高，海拔仅 400 多米。它离那口鱼塘有 5 公里之遥，然而它的倒影竟然出现在那口鱼塘里。附近有许多类似的鱼塘，但都没有倒影，唯独那口鱼塘是个例外。更有趣的是，独秀峰在鱼塘西边，倒影也出现在西边，如果倒影在下午出现，也许是夕阳斜射的结果，可是：上午太阳从东方升起，鱼塘也有倒影出现。

首个发现癌病毒的人

1911 年 1 月 21 日发表的弗朗西斯·佩顿·劳斯的一份报告，称癌肿瘤是病毒所致。这一提法在医学史上是首次。劳斯是纽约市洛克菲勒研究所的内科医生和病毒学家。

在此前一年，一位养鸡人送给劳斯一只发育奇特的鸡。他从这只鸡的癌性肿瘤中抽出传染物，又注到另外几只健康鸡体内，于是癌症状传给了这几只健康鸡。既然这种污染物能穿透很薄的薄膜，看来它就是所有微生物中最小的——病毒。劳斯医生毕业于马里兰州巴尔的摩市约翰斯——霍普金斯大学。他在医科大学的学历是非常完美的，但他的研究成果在科学界看来却有争议。目前还没有证据表明癌症对人或动物有传染性，因此没有理由为此而过分惊慌。

古塔不倒的奥妙

中国古代用糯米饭拌以桐油石灰来粘合砖块，这种粘合剂的强度甚至超过了现代的水泥砂浆。上海松江的护珠塔用这种优良的粘合剂，加上古代砌砖技艺的精湛，使整座塔能够浑然一体，再加上这种粘合剂随着建筑时间推移会越来越坚固，因此残缺的塔砖不会一块块塌落。另据有关专家考察研究，古塔不倒也是由于当地地质构造的关系。由于天马山护珠塔是建造在沉降不均匀的地基上，东南方向土质较软，西北方向土质较硬，所以塔向东南方向倾斜。但江浙一带多东南风，护珠塔建在天马山顶，四周空旷，所受东南风力更强。因此，塔的倾斜力与风力相平衡，风力起到支撑作用，使护珠塔斜而不倒。

奇雨之谜

1940 年 6 月 17 日，前苏联高尔基省巴甫洛夫区米西里村突然一声霹雳，在蓝色的闪电中一串串古钱随着雨水从天而将，原来这是数千枚中世纪俄国的银币。

奇雨不奇，怪雨不怪，这些都是自然界中出现的小概率事件，是大气运动的结果，并非虚无的“天意”、“神力”的恶作剧，亦与世事毫无关连，那么奇雨是如何而来的呢?

大气和海洋一样有时风平浪静，有时漩涡丛生，上下翻腾，龙卷风便是大气中的“翻江倒海”者，也是奇雨现象的制造者，龙卷风是强烈积雨云的伴生现象，当积雨云出现时，中心的气流就会旋转起来，不断被吸上去，然后周围空气又向中心辐合，造成漩涡的扩展，于是漩涡的转速就会逐渐加快起来。龙卷风的气流将地面的尘埃或水吸入空中，直至云里。1956 年，上海出现的强龙卷风，竟然把一个 22 万斤重的大油罐吸到 15 米高的空中，再甩到 120 米以外的地方，可想而知，龙卷风将粮食、金属、鱼蛙等吸入空中是多么轻而易举。

在俄罗斯下的所谓“银币雨”是在离米西里村不远的地方，古时候贵族们在地下埋了许多银币。长年累月，地面被侵蚀，暴风雨把泥土冲走，龙卷风把银币卷向天空，以后又随着雨水纷纷落下。在西班牙下的所谓“麦雨”，经过调查，原来是由于从乌云中向地面伸出了一个类似的“象鼻”旋转的、极快的云柱，把摩洛哥某处的一个大粮仓卷走，飞过崇山峻岭来到西班牙时降落而成。“黄雨”原来是雨中夹带了来自当地林区一种黄色的松树花粉。“红雨”后来才知道这是来自大西洋庞大的气旋把北非沙漠中大量微红色和赫石色的尘土带到空中的缘故。1962 年，马来西亚丰盛港突然降落了一阵黑雨，这是大风把马来西亚的黑土层卷向天空后随雨一起落了下来。